Sprachförderndes Experimentieren im Sachunterricht

Anja Gottwald

Sprachförderndes Experimentieren im Sachunterricht

Wie naturwissenschaftliches Arbeiten die Sprache von Grundschulkindern fördern kann

 Springer VS

Anja Gottwald
Zürich, Schweiz

Dissertation, Universität Bielefeld, 2012

ISBN 978-3-658-11277-6   ISBN 978-3-658-11278-3 (eBook)
DOI 10.1007/978-3-658-11278-3

Die Deutsche Nationalbibliothek verzeichnet diese Publikation in der Deutschen Nationalbi-bliografie; detaillierte bibliografische Daten sind im Internet über http://dnb.d-nb.de abrufbar.

Springer VS
© Springer Fachmedien Wiesbaden 2016

Gedruckt auf säurefreiem und chlorfrei gebleichtem Papier

Springer Fachmedien Wiesbaden ist Teil der Fachverlagsgruppe Springer Science+Business Media
(www.springer.com)

Dank

Die vorliegende Untersuchung habe ich von 2008 bis 2011 an der Universität Bielefeld bei Frau Prof. Dr. Lück in ihrer Arbeitsgruppe Chemiedidaktik durchgeführt.

Mein Dank gilt den Menschen, die diesen Weg begleitet haben. Unter der Leitung von Frau Prof. Dr. G. Lück konnte ich ein komplexes Thema bearbeiten, das mich von Beginn an fasziniert hat. Unter ihrer Betreuung konnte ich viel lernen.

Herrn Prof. Dr. H. Wenck danke ich sehr herzlich für die Zweitbegutachtung.

Freundlicher Dank gilt den Kolleginnen und Kollegen der Arbeitsgruppe Chemiedidaktik: Prof. Dr. Björn Risch, Dr. Anke Seidel, Dr. Mareike Wehmeier, Angelika Pahl, Miriam Schmidt sowie Wolfgang Below, Gudrun Bülter und Jörg Müller.

Jede empirische Studie profitiert von einem wohlwollenden Klima am Untersuchungsort. So war es mir eine Freude, dass die Schulleitenden und Klassenlehrerinnen der Untersuchungsschulen, Frau Macherey-Löhr und Frau Schindler in Lage sowie Herr Riedinger und Frau Ebel in Bielefeld-Babenhausen, sich für das Sujet der Arbeit interessierten und die Untersuchung nach Kräften unterstützten. Dafür vielen herzlichen Dank!

Meinen neuen Kolleginnen und Kollegen in Basel-Land rechne ich hoch an, dass sie mir trotz Lehrverpflichtung und Forschungsvorhaben mit Wohlwollen und Flexibilität begegnet sind. Dies war eine unvorhergesehene, warmherzige Unterstützung. Stellvertretend für das ganze Team danke ich besonders Prof. Dr. Pascal Favre.

Von Herzen danke ich meinen Eltern, die selbst mit „Vorlesen und Erzählen" sowie „Experimentieren" im Kindergarten engagiert sind. Ihr seid die Besten!

Meinen Freunden danke ich für ihre vielfältige Unterstützung, besonders Iris Claußen, Dr. Martin Janssen, Prof. Dr. Christof Mandry, Dr. Sönke und Petra Ostertun mit ihren Kindern, Dr. Benjamin F. Pierce und Katrin Voigt. An Roland und Jason: Danke für Eure Unterstützung.

„Die Grenzen meiner Sprache

bedeuten die Grenzen meiner Welt"

Ludwig Wittgenstein

Abstract

Initial Position and Objectives

In german Science teaching, „language" usually stands for inconsistencies between everyday and scientific language (RINCKE 2007; ANTON 1999). LEISEN
asked „*Shall I now also teach language?*" a few years ago (LEISEN 2005). Little
research takes a constructive perspective on language (LÜCK 2009c; SCHEUER,
KLEFFKEN und AHLBORN-GOCKEL 2010), WAGENSCHEIN being an early and rare
exception (WAGENSCHEIN 1923). In his and LÜCK's wake, this study explores the
links between *doing* science experiments, „*talking* to understand science" (ROTH
2002) and the effects on the language competencies of primary care children.

In 2010, 6 % of adolescents in Germany left school without a certificate,
another 20 % only reached a Hauptschulabschluss leaving them with limited
options on the labour market. Since the first PISA study, it is know that
especially children with a migration background struggle in the german school
system, the main reason being „*deficits in the acquisition and use of the german
language*" (KIZIAK, KREUTER UND KLINGHOLZ 2012, p. 2, translation GOTT-
WALD). Accordingly, the first PISA report proposes the „*early identification and
support of weak readers*" in order to „*substantially reduce the potential group at
risk at the end of the compulsory school time*" (BAUMERT et al. 2001, p. 401,
translation GOTTWALD).

Before school entry, at least 20–25 % of children in Germany have language
deficits (BUNDESMINISTERIUM FÜR BILDUNG UND FORSCHUNG 2008). Since a
few years ago, enhancing german language skills is the single biggest effort in
the field of education politics. Unlike other initiatives, it is jointly and intensely
pursued pursued by all relevant stakeholders, from political parties via founda-
tions to private, local initiatives.

However – there is little consensus about the „how to" support language
development. The anglosaxon world is scientifically sophisticated in the area; the
german-speaking world is lacking vastly behind. Hence, there is hardly any
scientific evaluation for language tests, not to speak of development programs.
We propose to conduct hands-on science experiments on the primary care level

as a method of choice to enhance language acquisition and map out the reasons and rationale behind this approach from various points of view (e.g. the child's interest in nature's principles).

Methods of this Empirical Research

This piece of empirical research followed the principles of Qualitative Research. Its interventional parts were conducted in two Sprachförderschulen at primary school level. The research perspective was twofold: First, we investigated the effects of conducting Science Experiments on the language competencies of the children, and secondly, we aimed to explore *how* science experiments can be conducted fruitfully as a mean of language development in the frame of regular Sachunterricht lessons.

- Hypotheses on the effects of Science Experiments on language development:
  When conducting science experiments, children can improve not only their science knowledge but also their language competencies.
- Questions on Science Experiments as a means of language development:
  o Which topics and experiments are suited for which purpose, in the class room? Which criteria make for a „good experiment"?
  o Which didactical approaches are suited for conducting experiments in the classroom as a means of language development?

A pre- and post-test design was used for the first question. The second, exploratory one was analyzed using the protocols of all participating observations as well as our own classroom interventions, using Qualitative Content Analysis (MAYRING 2008).

Results

Language Development („Vocabulary'): Conducting experiments positively affects the children's language competencies, here their ability to name objects: While the correct naming of objects *used by the children while experimenting* increased 30 % on average, naming of objects *only seen during teacher experiments* gained 17 %. Naming of things not used in class during the intervention rose by 7.5 %.

‚Chemistry': The science knowledge of the participating children improved in the same magnitude as comparable studies (LÜCK 2000; RISCH 2006a) in spite of the language challenges and the bifocal approach of the experimental sessions.

Exploring the bifocal didactic approach during the intervention (‚science' and ‚language'), a variety of topics were explored and addressed: We developed criteria of purposeful experiments, formulated principal steps of conducting experiments with a bifokal approach and considerations for the use of the verbal process. The latter ones included Storytelling, the upfront preparation of vocabulary, methods to train grammatical structures along the way and the documentation in Science Diaries.

This dissertation proposes and justifies conducting science experiments by primary school children in the classroom as a fruitful and constructive way not only to improve their science skills, but also their language competencies.

Inhaltsverzeichnis

Verzeichnis der Abbildungen und Tabellen

Abbildungen

Tabellen

Einleitung

„**Physik entsteht im Diskurs**" – dieses Diktum HEISENBERGS zeigt, welche Rolle der Physiker dem sprachlichen Geschehen beim Experimentieren zugeschrieben hat (LEISEN 1999). Beim Experimentieren Beobachtungen zu beschreiben, Regelmäßigkeiten und Abweichungen, Vermutungen zu Kausalitäten und Gesetzmäßigkeiten zu formulieren: All dies verknüpft die kognitive mit der sprachlichen Verarbeitung von Erlebtem. Zieht man die Perspektive des *anderen* hinzu, vor dem Gesagtes sich bewähren muss, so wird das Betreiben von Naturwissenschaften ein Prozess sprachlichen Aushandelns, der auf die Klärung der Bedeutung von Phänomenen zielt.

In diesem Sinn kann **Argumentieren als (natur-) wissenschaftliche Arbeitsweise** per se gedeutet werden. GROMADECKI und MIKELKIS-SEIFERT fordern, Gesprächsabläufe im naturwissenschaftlichen Unterricht stärker zu untersuchen (GROMADECKI und MIKELKIS-SEIFERT 2006). Im angelsächsischen Raum hat dies Tradition (vgl. BURBULES und BRUCE 2001). So fragt ROTH in „Talking to understand Science": *„Like all science teachers, I want to create talk in my classroom that helps my students understand science. But what does it mean to ‚understand' science [...]?"* (ROTH 2002, S. 200).

Die deutsche Naturwissenschaftsdidaktik betrachtete das Phänomen „Sprache" lange unter der Perspektive der Differenz von Alltags- und Fachsprache und daraus entstehender Probleme (vgl. Kap. 1.4). So tituliert LEISEN 2005 einen Artikel zur Sprache im Physikunterricht *„Muss ich jetzt auch noch Sprache unterrichten?"* (LEISEN 2005). Nur wenige naturwissenschaftsdidaktische Arbeiten nehmen eine konstruktive Perspektive auf das Phänomen Sprache ein (LÜCK 2009c; SCHEUER, KLEFFKEN und AHLBORN-GOCKEL 2010).

Eine frühe Auseinandersetzung mit der **Entwicklung von Sprache durch Naturwissenschaften** findet sich in der Staatsexamensarbeit von **MARTIN WAGENSCHEIN**. Er thematisiert die Auswirkungen des mathematischen und naturwissenschaftlichen Unterrichts auf das sprachliche Ausdrucksvermögen (WAGENSCHEIN 1923). Sein Leitthema ist die Stilfrage, doch begründet er, wieso gerade Naturwissenschaften hier förderlich sein können: [1] „*Eine solche Definition zu geben, setzt zweierlei voraus: Vertrautheit mit den alten Begriffen, d. h. Beherrschung der Terminologie, und Sehen-Können der Beziehungen zwischen den alten und den neuen Begriffen*" (ebd., S. 5).

WAGENSCHEIN leitet von dem Bemühen um eine angemessene Formulierung positive Auswirkungen auf den Wortschatz sowie die Wahrnehmung und Fokussierung von Kindern ab.

Die vorliegende Arbeit geht in Anknüpfung an diese wagenscheinschen Gedanken (vgl. LÜCK 2009c) der konstruktiven Verbindung zwischen dem naturwissenschaftlichen Experimentieren von Kindern (*„doing science"*), dem verbalen Geschehen (*„talking to understand science"*, vgl. ROTH 2002) und dem Effekt auf die Sprachentwicklung der Kinder nach.

Dass Grundschulkinder großes Interesse an naturwissenschaftlichen Experimenten zeigen, ist bestätigt (RISCH 2006a). Anknüpfend an Arbeiten von LÜCK, die erstmalig im deutschen Sprachraum das Interesse von Kindergartenkindern an Naturwissenschaften sowie ihr Erinnerungsvermögen an die Experimente belegte (LÜCK 2000), hat RISCH herausgearbeitet, dass die eigene experimentelle Arbeit für Grundschulkinder über die Freude beim Experimentieren entscheidet: Sie wollen handeln.

Handlungsorientierung ist spätestens seit JOHN DEWEY keine didaktische Innovation mehr (vgl. DEWEY 1933), doch sind im Sachunterricht deutscher Grundschulen die Naturwissenschaften und das Experimentieren, gemessen an ihrer gesellschaftlichen Bedeutung und an ihrem Bildungswert, noch immer deutlich unterrepräsentiert. Während der Elementarbereich in Folge der Arbeit von LÜCK (2000) einen Experimentier-„Boom" erlebt hat, ist dies im Primarschulbereich deutlich schwächer ausgeprägt. Die Gründe dafür sind vielschichtig und werden an anderer Stelle ausgeführt (vgl. Kap. 1.3.3). Auch deshalb werden im qualitativ-empirischen Teil der Arbeit praxisrelevante Erkenntnisse zu Kernfragen der Gestaltung von Experimentiereinheiten im Unterricht formuliert.

Die **Stärkung der Naturwissenschaften im Sachunterricht** – und das eigene Experimentieren der Kinder – ist also weiterhin als fachdidaktisches und bildungspolitisches Desiderat anzusehen. Deshalb ist es auch Ziel dieser Arbeit, aufzuzeigen, dass es **große Synergieeffekte** gibt zwischen zwei Themen, die in der deutschen bildungspolitischen Debatte hohen Stellenwert besitzen: dem Ex-

---

1   WAGENSCHEIN fordert Kriterien für guten Stil: „1. Er muß original, d. h. der Persönlichkeit des Urhebers gemäß sein. 2. Er muß dem Gegenstande dienen, d. h. sachlich sein" (WAGENSCHEIN 1923, S. 3).

perimentieren als Mittel der Förderung des naturwissenschaftlichen Interesses und der naturwissenschaftlichen Bildung von Kindern sowie der Sprachförderung von Grundschulkindern.

Erst seit Beginn der 2000er-Jahre ist in Deutschland die **Bedeutung der Sprache für den Bildungserfolg** von Kindern ins Bewusstsein der Öffentlichkeit getreten; der Erstspracherwerb wurde jedoch der familiären Verantwortung zugeschrieben. So betitelt ANNETTE SCHAVAN, damals Ministerin für Kultus, Jugend und Sport in Baden-Württemberg, einen Artikel „Sprache als Schlüssel zur Bildung" (SCHAVAN 2004) und schreibt in ihm, *„der erste und wichtigste Ort für Worte ist die Familie"* (ebd., S. 692).

Die Verständigung mithilfe von Sprache ist eine entscheidende Voraussetzung für die intellektuelle und soziale Entwicklung jedes Menschen. Sie ist Grundlage für die Gestaltungsmöglichkeit der eigenen Rolle im gesellschaftlichen und kulturellen Leben sowie als Teil der Arbeitswelt. Sprachschwierigkeiten benachteiligen Kinder nicht nur sozial und emotional, sondern auch auf ihrem Bildungs- und Lebensweg in unserer technisch orientierten Wissensgesellschaft, da sie eine Barriere zur Entfaltung ihres intellektuellen Potenzials darstellen.

Aus diesem Grund ist Lesekompetenz einer der drei Erhebungsbereiche der **PISA-Studien**. Lesen wird als *„effektives Werkzeug"* für die *„Aneignung, Organisation und Anwendung von Wissen"* verstanden (BAUMERT ET AL. 2001, S. 70). Zwar hat sich in Deutschland *„der Anteil der Schülerinnen und Schüler, die insgesamt als schwache Leserinnen und Leser gelten müssen"*, zwischen 2000 und 2009 von 22,6 % auf 18,5 % verringert (KLIEME et al. 2010, S. 61), trotzdem *„muss auf der Basis dessen, was diese Jugendlichen im Lesen bei PISA-Erhebungen (nicht) meistern, davon ausgegangen werden, dass sie nur unzureichend auf eine Ausbildungs- und Berufslaufbahn in der Wissensgesellschaft vorbereitet sind"* (ebd., S. 63).

Die dargestellte Gruppe der „schwachen Leserinnen und Leser" überlagert sich mit den sechs Prozent Jugendlichen, die im Jahr 2010 ohne Schulabschluss blieben, und weiteren 20 %, die mit einem Hauptschulabschluss ebenfalls verminderte Chancen auf dem Arbeitsmarkt haben. Seit der ersten PISA-Studie werden *„als wichtigste Ursache für diese Probleme [...] Defizite bei Erwerb und Gebrauch der deutschen Sprache ausgemacht"* (KIZIAK, KREUTER und KLINGHOLZ 2012, S. 2).

Ab ca. 2005 reifte die bildungspolitische Erkenntnis, dass die Bildungseinrichtungen an der Aufgabe der **Sprachförderung** mitwirken müssen, um allen Kindern eine Chance auf Bildung zu ermöglichen. Parallel erfuhr die Institution Kindergarten eine Neudefinition als Bildungsinstanz (vgl. SEIDEL 2010), sodass sich die Forderung nach Sprachförderung institutionenübergreifend auf Kindergarten und Grundschule auswirkte. „Sprachförderung der deutschen Sprache" kann aus heutiger Sicht als *das* Thema der letzten Jahrzehnte bundesdeutscher Bildungsgeschichte angesehen werden, das ohne Parallele ist sowohl an Größe und Vielfalt seiner Fördermaßnahmen als auch hinsichtlich der Eintracht, mit der es über politische Grenzen und Akteursgruppen hinweg verfolgt wird. Es übersteigt als Thema den bis dahin unübertroffenen Einzug der Naturwissenschaften in den Elementarbereich, da sie als schulvorbereitende Maßnahme unter Behördenaufsicht flächendeckend und jedes Kind betreffend durchgeführt wird. Andere Themen wie die Ganztagsschule, Veränderungen des dreigliedrigen Schulsystems oder die Inklusion werden von politischen und betroffenen Akteuren kontrovers diskutiert. Das Thema „Sprachförderung" hat keine Kontrahenten.

Wenig Einigkeit gibt es über das „Wie" von Sprachtests und Sprachförderung:

> „Auch im Hinblick auf Sprachförderung gibt es [...] viele ungeklärte Fragen, deren Beantwortung dadurch erschwert wird, dass politische Vorgaben die fachliche Diskussion zuweilen unterminieren" (KIZIAK, KREUTER und KLINGHOLZ 2012, S. 17). „Im Grunde kann aber jede Situation zur Kommunikation mit Kindern genutzt werden, also gemeinsames Basteln oder sogar naturwissenschaftliches Experimentieren" (ebd., S. 18, Unterstreichung GOTTWALD).

Diese Studie setzt sich mit dem „sogar" des vorangegangenen Zitates auseinander. Es soll aufgezeigt werden, dass sich **gerade das naturwissenschaftliche Experimentieren im Kern zur Sprachentwicklung eignet.** Ohne den im späteren Verlauf der Arbeit beschriebenen Parallelen zwischen den Prozessen der Sprachentwicklung und dem Experimentieren vorgreifen zu wollen: Sowohl Experimentieren als auch Sprachentwicklung sind wesenshaft Suchen nach Bedeutung; beide Prozesse gehen vom Handeln aus, benötigen die Interaktion mit anderen, suchen nach Regelmäßigkeiten und zielen auf die Konservierung gefundener Bedeutungen in Symbolen, den gebrauchten Begriffen.

Anders als sinnliche Eindrücke bewahren benutzte Formulierungen Bedeutungen. Dabei zwingen Wortwahl und grammatische Strukturierung („Wer ist das Subjekt – wer bewirkt was?") die Sprechenden, gedachte Konzepte und Vermutungen festzulegen, Definitionen einzugrenzen und andere Erklärungsräume auszuschließen. DEWEY formuliert dazu: *„The suggestion of meanings by natural signs is limited to occasions of direct contact or vision. But a meaning fixed by a linguistic sign is conserved for future use"* (DEWEY 1933, S. 234). Die Möglichkeit, auf Bedeutungen und damit symbolisierte Konzepte zugreifen zu können, ist Basis des intellektuellen Lebens jedes Menschen:

„Since intellectual life depends on possession of a store of meanings, the importance of language as a tool of preserving meanings cannot be overstated" (ebd.). [2]

Hier beschreibt DEWEY einen selten genannten funktionellen Aspekt der Sprache: Wir benötigen Sprache nicht nur zur Interaktion mit anderen; wir brauchen Sprache, Worte und Begriffe auch, weil sie Ideen, Konzepte und ihre Verbindungen untereinander speichern. Damit sind sie nicht nur Sprech-, sondern auch Denkbausteine, die intellektuelles Leben erst ermöglichen.

Indem sie sinnliche Eindrücke verbalisieren, begeben sich Sprechende auf den Weg vom Konkreten zum Abstrakten. Zum Unbehagen von Schülerinnen und Schülern gegenüber Chemie und Physik trägt bei, dass Lehrkräfte zu früh zu hohe Abstraktionsstufen und Repräsentationsebenen nutzen, also chemische Formeln statt Wortgleichungen, physikalische Schaltpläne statt Beschreibungen. Häufig tun sie dies, bevor Schülerinnen und Schüler die darunter liegende Sprachebene fließend sprechen, und realisieren nicht, dass das „Sprechen über ..." bereits eine Abstraktionsstufe darstellt. Um den Kreis zu HEISENBERG zu schließen: Dieser Austausch über die Sache ist nötig, um meine vermutete Erklärung mit deiner *abzugl*eichen. Nur der Beweis der Tragkraft einer Erklärung an Einwänden und Fragen von anderen zeigt, wie stabil ein Gedankengebäude ist.

Diesen (im Kern wissenschaftlichen) Diskurs zu üben, ist Sache des Sachunterrichts. Dass dies auch für die Primarstufe keine übertriebene Forderung ist, beschreibt DEWEY. Er formuliert als grundsätzlichen Anspruch an die Bildungssysteme, vor allem eine Haltung des Denkens zu lehren:

> „It is evident that education, upon its intellectual side, is vitally concerned with cultivating the attitude of reflective thinking, preserving it where it already exists, and changing looser methods of thought into stricter ones wherever possible" (DEWEY 1933, S. 78, Unterstreichung GOTTWALD).

Es spricht viel dafür, wissenschaftliche Diskussionsweisen gerade *dann* (in der Primarstufe) und *dort* (im Sachunterricht) auf „leichte Art und Weise" zu etablieren: Nach DEWEY kann das Denktraining auf indirekte (also „leichte") Weise geschehen, indem Lehrende passende Problemstellungen schaffen:

> „The problem of method in forming habits of reflective thought is the problem of establishing conditions that will arouse and guide curiosity; of setting up the connections in things experienced that will [...] promote the flow of suggestions, create problems and purposes that will favor consecutiveness in the succession of ideas" (DEWEY 1933, S. 56).

---

2 Dass Sprache als Medium der Abbildung von Wirklichkeit Einschränkungen unterliegt, dazu DEWEY (1933, S. 234) sowie LÜCK (1999).

Diese Bedingungen zur Stimulierung einer fruchtbaren Diskussion können beim Experimentieren verwirklicht werden: Gut ausgewählte Experimente *erzeugen* nicht nur, sondern sie *erhalten* Neugier über einen Zeitraum; beim Experimentieren entstehen *automatisch* Verbindungen zwischen Phänomenen, die Vermutungen hervorrufen. Wenn die Lehrperson die Diskussion gut moderiert, kann sich eine Kultur des Herausarbeitens von Argumenten etablieren, die von zeitlicher Abfolge zu kausalen Zusammenhängen führt.

Die frühe Primarstufe scheint der beste institutionelle Zeitraum, diese Art von Diskurs zu etablieren:[3] Das spielerische Lernen des Elementarbereiches wird überführt in eine Lernumgebung, in der das verbale Geschehen stärker im Vordergrund steht. Dabei liegt es nahe, dass eine Diskussionskultur, die Beobachtungen von Vermutungen und Argumente von Behauptungen unterscheidet, von der Lehrperson aktiv etabliert werden muss, um das kindlich-naive Gleichsetzen von Meinung und Argument weiterzuentwickeln.

Dass sich die Naturwissenschaften und gerade das Experimentieren besonders eignen, eine **Diskurskultur** zu etablieren, beschreibt der französische Nobelpreisträger und Initiator des Programmes „La main à la pâte", GEORGES CHARPAK:

> „Weil es eine intelligente Annäherung an die Materie ermöglicht und erlaubt, sich ohne Illusionen, aber wirkungsvoll mit einer Realität zu konfrontieren, weil man ihren harten Widerstand schätzt" (CHARPAK 2007, S. 30, Unterstreichung GOTTWALD).

Mit Blick auf die spätere Verantwortung als Bürgerin und Bürger fährt er fort:

> „Weil die Naturwissenschaften ein Kompliment an die Intelligenz sind, aber auch, weil sie heutzutage dazu anregen, über Ethik, Gerechtigkeit und den moralischen Sinn unseres Handelns und unsere Entdeckungen nachzudenken" (ebd.).

Welche Leistungen in einer naturwissenschaftlichen Diskussion erbracht werden und dass diese erlernt werden müssen, beschreibt er wie folgt:

---

3 PIAGET beschreibt den Unterschied von Gesprächen unter Kindergarten- und Grundschulkindern. Für Erstere formuliert er: *„Ebensowenig, wie [...] Kinder sich die Überlegungen über die Ursache oder den Sinn von Phänomenen mitteilen, ebensowenig begründen sie ihre Behauptungen [...] durch das logische »weil« oder »denn«. Die Diskussion besteht bei ihnen [...] in einem einfachen Aufeinandertreffen von Behauptungen ohne logische Begründung"* (PIAGET 1972, S. 33). Für das Grundschulalter schreibt er jedoch, *„daß die Fähigkeit, die Erzählungen oder die Erklärungen zu ordnen, um das 7. bis 8. Lebensjahr erworben wird"* (ebd., S. 144). Entsprechend kann sicher ab diesem Alter eine argumentative Diskussionskultur eingeübt werden. Dabei wird auch jüngeren Kindern die Fähigkeit zum logischen Denken zugesprochen, doch ist für unsere Arbeit die Fähigkeit zur Argumentation zu berücksichtigen, nicht nur die zum Erkennen von kausalen Zusammenhängen an sich.

„Jeder muss in den Sinn der Diskussion eindringen, [...] die vorliegenden Tatsachen [...] unterscheiden, um seine Wahl zu treffen und diese mit gutem Grund öffentlich geltend zu machen [...]. Beurteilen, vernünftig sein, argumentieren, zuhören, diskutieren, die Mittel haben, um zu überzeugen, aber auch die eigene Meinung in Frage stellen und überdenken, nicht mit der Realität schummeln, [...] – dieser Sinn für Objektivität [...] ist nicht so einfach zu erlangen und kann nur Ergebnis einer unterstützten Erziehung sein" (CHARPAK 2007, S. 84).

Der zuvor beschriebene „harte Widerstand" der Naturwissenschaften offenbart sich bei der Deutung der Phänomene, der eine besondere Bedeutung zugemessen wird. CHARPAK schreibt deshalb den Naturwissenschaften und dem Experimentieren die Förderung von Kompetenzen zu, die Menschen benötigen, um *„sich an der Diskussion über die Zukunft der Gesellschaft zu beteiligen"* (ebd., S. 83):

„Denn versteht man nicht wenigstens ein bisschen ihre Sprache, bleibt die technische Welt dunkel, verschwommen und öffnet somit weit ihre Tore für alle politischen und magischen Verirrungen" (ebd., S. 30 f.).

Als Auswirkung dieses Nicht-Verstehens beschreibt GEIGER die Verführbarkeit durch *„wissenschaftlich-technologische Symbolik"* (GEIGER 2009, S. 61). Es sind im omnipräsenten Wirtschaftsleben nicht wissenschaftliche Standards wie Transparenz, Überprüfbarkeit und Wiederholbarkeit, die beeindrucken, sondern die wissenschaftliche *Anmutung* von Wirk*formeln* in Kosmetikprodukten, Joghurts oder Reinigungsmitteln. Bei den erwähnten Konsumartikeln mag das eine private Problematik bedeuten, doch stellt sich dies bei der gesellschaftlich nötigen Abschätzung z. B. von Technikfolgen anders dar:

„Für die Zivilgesellschaft, für das Ringen um Macht, Gerechtigkeit, Emanzipation und Demokratisierung ist die Verbindung zwischen Handeln und Reflektieren, zwischen Wissen und Wahrheit [...] elementar. [...] Damit die Beziehungen begriffen, gelebt und entwickelt werden können, müssen sie aber erfahren werden. In der herkömmlichen Schule, mit ihrem normalen Unterricht, mit ihren Selbstverständnis als „Lehranstalt" findet das nicht statt" (GEIGER 2009, S. 70).

In der vorliegenden Arbeit wird naturwissenschaftliches Experimentieren stets mit dem dazugehörigen Diskurs gedacht, dessen Kultivierung eine Kernaufgabe des Sachunterrichts ist – oder in unserer komplexen, auch naturwissenschaftlich und technisch geprägten Welt zumindest sein sollte.

1 Der Untersuchungsgegenstand: Ausgangslage und theoretische Grundlagen

Diese Arbeit untersucht einen Fragenkomplex im Schnittbereich von Chemiedidaktik und Psycholinguistik, dem man sich aus verschiedenen Perspektiven nähern kann.

Eine Perspektive sind die **Sprachkompetenzen von (Vor-) Schulkindern** in Deutschland. Wie viele Kinder sprechen gut genug Deutsch, um mit Erfolg versprechender Perspektive eingeschult zu werden? Kapitel 1.1 zeigt eine Momentaufnahme der Sprachstandserhebungen und Sprachfördermaßnahmen in Deutschland.

Die zweite zentrale Perspektive ist die der **naturwissenschaftlichen Fachdidaktiken**. Wie betrachten sie **das Phänomen „Sprache"**, wie **das Experiment** und seine Verwendung im Unterricht? Diese Fragen werden in Kapitel 1.2 dargelegt.

Die dritte Perspektive widmet sich dem **Ist-Zustand schulischer Praxis**. Was sehen Lehrpläne für den Sachunterricht vor, was interessiert die Kinder? Was wird wie von Lehrenden unterrichtet? Kapitel 1.3 beleuchtet diese schulpraktischen Fragen.

Die Untersuchung wurde an **Sprachförderschulen** durchgeführt. Kapitel 1.4 beschreibt die Rahmenbedingungen des Lernens im Förderschulsystem.

Das untersuchte **Phänomen „Sprachentwicklung"** ist von einer für Laien nicht vorhersehbaren Komplexität. Man muss die Grundzüge und -mechanismen der Sprachentwicklung jedoch verstehen, um nachvollziehen zu können, aus welchen Gründen wir das Experimentieren für eine probate Methode der Sprachentwicklung halten. Die *Grundlagen* mit ihren Bezügen zum Experimentieren beschreibt das Kapitel 1.5.

Im Kapitel 2 wird die **methodische Anlage der Studie** beschrieben: der Forschungsansatz, die Fragestellung, das Forschungsdesign, die verwendeten Methoden sowie die konkreten Rahmenbedingungen der vorliegenden Arbeit.

Die **Ergebnisse der Sprach- und Wissenstests** werden in Kapitel 3 dargestellt und diskutiert, bevor das Kapitel 4 **empirische Fragestellungen** aufnimmt. In Kapitel 4 zeigt sich der Charakter der Arbeit als **nutzeninspirierte Grundlagen-**

forschung (vgl. Tab. 6). Wie kann Experimentieren mit einem bifokalen Ansatz (also *auch* der Sprachförderung) im Unterricht gelingen? Die Fragen des „Knowhows" von Organisation und Durchführung des Experimentierens werden hier reflektiert.

Das abschließende Kapitel 5 formuliert die Erkenntnisse zusammenfassend und mit einem Ausblick auf sich anschließende Forschungsdesiderate.

1.1   Der Sprachstand von Kindern vor Schulbeginn

1.1.1   Sprachstandserhebungen und Sprachförderung in Deutschland

Bis zur Veröffentlichung der großen Vergleichsstudien vor ca. zehn Jahren und der durch sie ausgelösten öffentlichen Diskussion über notwendige Rahmenbedingungen für gelingendes Lernen aller Kinder in der Schule fand das Thema „Sprache" als Lernvoraussetzung keine besondere Beachtung. Da der kindliche Erstspracherwerb[4] scheinbar selbstverständlich abläuft, wurde er zuvor nicht prominent thematisiert.

Was jedoch schwerer wiegt als die mangelnde öffentliche Aufmerksamkeit, ist ein Defizit an Grundlagenforschung im deutschsprachigen Raum: „*Auch die Wissenschaft hat die Sprachaneignung erst relativ spät zu einem eigenen Forschungsobjekt gemacht und sich dabei überwiegend für einsprachig aufwachsende Kinder interessiert*" (BMBF 2008, S. 9). Während in der gesellschaftlichen Wahrnehmung der Konsens galt, dass „*sprachliche Förderung der Kinder jenseits des allgemeinen Schulunterrichts allenfalls eine Aufgabe des Elternhauses*" sei (ebd., S. 11), wird für den Bereich der Forschung formuliert: „*Die Kürze dieser Forschungsgeschichte bestimmt nachhaltig die Grenzen unseres Wissens über Sprachaneignung jenseits bloß individueller Beobachtungen*" (ebd., S. 9).

In der ca. 100-jährigen Geschichte der Spracherwerbsforschung sind „*die unterschiedlichen Etappen kindlicher Sprachaneignung mit unterschiedlicher Intensität und Dichte beforscht und in wissenschaftliche Einsichten überführt worden. [...] Während die frühen Phasen der Sprachaneignung vergleichsweise intensiv beforscht wurden [...], werden die Erkenntnisse um so geringer, je mehr sich die Prozesse der schulischen Phase nähern [...]*" (EHLICH 2007, S. 13).

---

4   Hier wird von der Erst- oder Unterrichtssprache gesprochen, um von den Fragen des Zweitspracherwerbs sowie den Fremdsprachen abzugrenzen.

Als Gründe für die unbefriedigende Forschungslage führt EHLICH an, dass Spracherwerbsforschung in ihrer Notwendigkeit für Langzeituntersuchungen auf zwei Hindernisse stoße: Zum einen stand zur Verarbeitung großer Mengen empirischer Daten lang keine angemessene Methodologie zur Verfügung, zum anderen sieht die institutionelle Forschungsförderung keine so langfristigen Projekte vor: *„Langzeituntersuchungen müssen den Förderstrukturen geradezu listig abgezwungen werden"* (ebd., S. 32).

So gibt es zwar eine *gesellschaftliche* Erwartung, was als „normal" zu gelten habe, doch sind solche *„Normalitätserwartungen [...] nicht ohne Schwierigkeiten"* (ebd., S. 10): Nicht nur ist es schwierig, bestimmte Etappen der Sprachaneignung zeitlich zu fixieren; darüber hinaus entsteht *„bei der Abweichung von solchen rigiden Normalitätsvorstellungen schnell eine Art Alarmismus, häufig verbunden mit „Lösungsvorschlägen [...]"* (ebd., S. 10). Diese sind oft fehl am Platz, weil Kinder wie bei allen erworbenen Kompetenzen unterschiedliche Geschwindigkeiten des Spracherwerbs zeigen: *„There is considerable diversity in the rate at which children aquire language"* (DOCKRELL und LINDSAY 1998, S. 118). Zudem gibt es eine signifikante Anzahl an Kindern, die nach einer gewissen Zeit „gleichziehen". Studien aus dem angelsächsischen Raum belegen, dass 40 % der vierjährigen Kinder mit Sprachproblemen diese bis zur Mitte ihres fünften Lebensjahres gelöst hatten (BISHOP und EDMUNDSON 1987). Doch gibt es auch Kinder, die weit hinter ihre Altersgenossen zurückfallen, sodass die Gefahr besteht, dass sie bei der Aneignung wichtiger Handlungs- und Wissensbestände benachteiligt werden.

BISHOP und ADAMS (1990) konstatieren, dass Kinder, deren Sprachprobleme nicht bis zum Schuleintritt gelöst wurden, diese Probleme später verfestigten: *„Many of the children who still had verbal deficits at 5 ½ years of age did have reading difficulties and persisting oral language impairments later on"* (ebd., S.1027). *„Those who did not [resolve their language problems] continued to manifest difficulties later".* Gestützt wird diese Erkenntnis durch Langzeitstudien, die zeigen, dass 60 Prozent der Vorschulkinder mit Sprachschwierigkeiten im Alter von zehn Jahren immer noch Sprachprobleme haben (WEINER 1985). Verstärkt wird die Bedeutung des Spracherwerbs in der Vor- und Grundschulzeit angesichts der Erkenntnis, dass es keine Hinweise dafür gibt, dass Sprachprobleme oberhalb von zehn Jahren abnehmen (BASHIR und SCAVUZZO 1992). Ganz im Gegenteil: Viele Kinder mit Sprachdefiziten erfahren dann zusätzliche, vielschichtige Probleme (vgl. Kap. 1.5.6).

EHLICH, BREDEL und REICH stellen fest, es sei *„schwer auszumachen, wie viele Kinder eines Jahrgangs, einer Jahrgangskohorte, [...] Förderung brauchen. Eine vorsichtige Schätzung rechnet mit einem Fünftel bis zu einem*

Viertel" (BMBF 2008, S. 10). Auch wenn ein internationaler Vergleich den Rahmen dieser Arbeit übersteigt, so erscheint die Größenordnung plausibel: TOMBLIN et al. beziffern in ihrer epidemiologischen Untersuchung das Vorkommen von Kindern mit (fachlich aufwendig) diagnostiziertem „Specific Language Impairment" (SLI) auf ca. 7 % (TOMBLIN et al. 1997).

Kinder mit SES (Sprachentwicklungsstörungen)

Kinder mit Sprachentwicklungsstörungen (SES) sind Kinder *„who have difficulties with language [...] whilst ‚everything else' appears to be normal"* (DURKIN und CONTI-RAMSDEN 2010, S. 105). Definiert sind SES also durch das **isolierte Auftreten von Sprachschwierigkeiten** ohne Schäden der Sinne (Augen, Ohren) oder des Gehirns. Ihre kognitiven Fähigkeiten und ihr IQ-Spektrum sind ebenso im Normbereich wie ihre Initiative – zumindest als Kleinkind –, mit Erwachsenen und Gleichaltrigen in Interaktion zu treten.[5] „Spezifisch" bei Sprachentwicklungsstörungen signalisiert also lediglich ihr isoliertes Auftreten (vgl. GRIMM 2000b), kein homogenes Bild an Störungen. Im Gegenteil: Die Gruppe der Kinder mit SES ist sehr heterogen, da die Ausprägungen der SES so divers sind wie die Strukturen der Sprache und die Mechanismen des Sprechens, vom Sprachverstehen bis zur Sprachproduktion.[6]

SES werden auch „Sprachentwicklungsdysphasien" genannt (GRIMM 2000a), da die Sprachentwicklung oft verspätet und verlangsamt einsetzt. Da es häufig zu Plateaubildungen auf niedrigem Niveau kommt, ist der Begriff der Dysphasie nicht treffend, da er suggeriert, es handle sich nur um eine zeitliche Verschiebung der Entwicklung. Dass dem nicht so ist, wird an anderer Stelle beschrieben (vgl. Kap. 1.5.6).

SES-Kinder sind häufig zunächst „late talker". Sie unterschreiten den diagnostischen Schwellenwert von 50 Wörtern im Alter von zwei Jahren – und holen den Rückstand nicht auf. Über den geringen Erwerb von Wörtern hinaus ist das Hauptmerkmal von SES die Beeinträchtigung der Grammatikentwicklung. SES-Kinder erwerben Grammatik langsamer, produzieren – über das Spielverhalten

---

5 Dass Kleinkinder noch kein Störungsbewusstsein durch ihre Sprachdefizite zeigen, kann neben der altersspezifisch hohen Frustrationstoleranz auch daran liegen, dass Mütter von SES-Kindern sich deren sprachlichem Niveau anpassen. Inwiefern die somit weniger ausgeprägte Struktur und weniger differenzierten Inhalte der Sprache eine kognitive Unterforderung der Kinder darstellt, wird noch diskutiert (vgl. Grimm 2000a, S. 631).

6 Als Beispiel seien die *„early* talker" genannt: Kleinkinder von bis zu zwei Jahren, die einen *größeren aktiven als passiven Wortschatz* besitzen. Sie sprechen deutlich mehr (und altersangemessen „richtig") als der Durchschnitt ihrer Alterskohorte, aber sie *verstehen weniger Wörter, als sie sprechen.* Dieses Phänomen ist bislang unerklärt.

hinaus – eine „eigene", nicht sprachkonforme Grammatik, bilden häufig nur kurze, einfachste Sätze, haben persistierende Probleme mit der Kongruenz zwischen Subjekt und Verb („die Kinder rennte") sowie dem Gebrauch von Artikeln und Flexionen.

Prävalenzdaten für Vorschulkinder mit SES schwanken zwischen drei und 15 Prozent (LAHEY 1988). Das amerikanische Bildungsministerium geht davon aus, dass zehn Prozent aller Schulkinder von Sprachproblemen beeinträchtigt werden (US DEPARTMENT OF HEALTH EDUCATION AND WELFARE 1979). Zieht man in Betracht, dass Kinder mit definierten SES die gravierenden Fälle möglicher Sprachstörungen sind, so erscheint die Größenordnung von einem Viertel Kinder mit „Sprachproblemen" plausibel.

Als vor zehn Jahren „Sprache" als zentrale Voraussetzung für gelingende Bildungswege von Kindern in den Blick der Öffentlichkeit rückte, begann die Bildungspolitik, die Kinder wahrzunehmen, die aufgrund von Sprachproblemen *„in der Schule an Stellen nicht mitkamen, an denen einfach eine mit der Normalitätserwartung übereinstimmende Sprachbeherrschung vorausgesetzt wurde"* (BMBF 2008, S. 11). Die Notwendigkeit zur Förderung dieser Kinder rückte stärker in den öffentlichen und bildungspolitischen Fokus (vgl. BAUMERT et al. 2001).

EHLICH, BREDEL und REICH beschreiben im „Referenzrahmen zur altersspezifischen Sprachaneignung" des Bundesministeriums für Bildung und Forschung (BMBF 2008), wie der heutige „Flickenteppich" an Sprachstands-Erhebungsverfahren sowie Förderprogrammen zustande gekommen ist (vgl. Abb. 1, S. 32). An seiner Entstehung sind mindestens drei Faktoren beteiligt gewesen:

- die „Ungeduld der Politik", rasch Lösungen für das Problem anzubieten;
- der deutsche bildungspolitische Föderalismus, der nur länderspezifisches Vorgehen erlaubt und ein gesamtdeutsches, koordiniertes Vorgehen verhindert;
- die Komplexität des Phänomens „Sprache", das in Verbindung mit der kurzen und wenig intensiven Forschungsgeschichte eine Hürde für die Erfassung relevanter, wissenschaftlich fundierter und pragmatisch erhebbarer Marker für die „normale" Sprachentwicklung darstellt.

Dem gesellschaftlichen Druck folgend sind in kurzer Zeit eine Vielzahl bildungspolitischer Initiativen entstanden. Sie setzen auf die eine oder andere Weise eine „Sprachstandsmessung" im Vorschulalter ein, um die so festgestellten Förderbedarfe möglichst vor Schulbeginn ausgleichen zu können. Die Erwartung war und ist, dass es (angesichts der vermeintlichen Selbstverständlichkeit des Spracherwerbs) möglich sein müsse, den sprachlichen Leistungsstand von Kindern mit einfachen Mitteln zu erheben und mögliche sprachliche Defizite der Kinder kostengünstig und in kurzer Zeit zu reparieren.

Beide Schritte, die Testverfahren und die (vermeintlich) auf ihnen aufbauenden Fördermaßnahmen, sind aus wissenschaftlicher Sicht nicht abgesichert.

In den Bundesländern kommt eine Vielzahl an Testverfahren zum Einsatz; auch sind die Kinder zum Testzeitpunkt unterschiedlich alt (s. Abb. 1). Die Heterogenität der Testparameter verhindert einen wissenschaftlichen Vergleich der Daten. Da der bildungspolitische Föderalismus eine Harmonisierung der Verfahren behindert, wird es auf längere Sicht in Deutschland nicht möglich sein, valide, deutschlandweite Aussagen über den Sprachstand von Kindern zu formulieren.

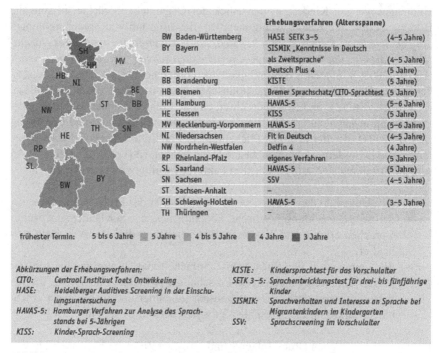

Abbildung 1:   Sprachstandserhebungsverfahren in Deutschland
(aus Klieme et al. 2008, S. 58)

Der „Referenzrahmen zur altersspezifischen Sprachaneignung" beschreibt, warum die Erwartungen der Bildungspolitik an einfache Lösungen für die Sprachförderung aus wissenschaftlicher Sicht gedämpft wurden:

> „Weder gibt es derzeit bereits jene [...] diagnostischen Verfahren, noch gar sind didaktische Verfahren einfach vorhanden, die eine passgenaue individuelle Förderung ermöglichen würden" (BMBF 2008, S. 12).

Auch wird prinzipiell festgestellt, dass es in Deutschland keine Sprachstandserhebungsverfahren gibt, die nach international anerkannten Kriterien auf Reliabilität und Validität getestet sind und neueren psycholinguistischen Kriterien genügen (ebd.; vgl. auch FRIED 2009, S. 11). Das Bundesministerium für Bildung und Forschung unterstützt deshalb die Forschung auf diesem Gebiet, sodass im Jahr 2005 die Expertise *„Anforderungen an Verfahren der regelmäßigen Sprachstandsfeststellung als Grundlage für die frühe und individuelle Sprachförderung von Kindern mit und ohne Migrationshintergrund"* entstanden ist. Der Titel dieses Werkes verdeutlicht, von welchem Forschungsstand aus Grundlagenforschung gefördert wurde; erst im Jahr 2008 erschien der *„Referenzrahmen zur altersspezifischen Sprachaneignung"*.

Die Forschung zu Sprachentwicklung und ihren Störungen ist im angelsächsischen Raum weiter fortgeschritten. Ihre thematische Komplexität wird doch auch dort als so hoch angesehen, dass BISHOP beklagt:

> „Specific language impairment (SLI) has a public image problem. Compared with autistic disorder and developmental dyslexia it attracts considerably less media coverage and research funding. Kamhi (2004) blames the Cinderella status of SLI on its complexity [...]" [7] (BISHOP 2009, S. 163).

Zudem sind für die kindliche Sprach*aneignung* fundamentale, konzeptuelle Fragen ungeklärt, sodass heutige Fördermaßnahmen Sprechanlässe bieten – dies jedoch auf Basis eines wenig ausdifferenzierten wissenschaftlichen Fundaments.

Beispielhaft kann genannt werden, dass selbst zu den Grundmodellen der Sprachaneignungsprozesse und ihrer Integration ein Konsens aussteht. Während noch das Modell der Akkumulation existiert, eine Sicht der fast linearen Aneignungsprozesse von Sprachstrukturen und -elementen, setzt sich immer mehr die

---

7   KAMHI beschreibt, wie das Vorkommen des Wortes *language* in therapeutischen Begriffen zu deren Ablehnung führt und wie sachlich weniger treffende, jedoch medizinischere Begriffe bevorzugt werden. Dies geschehe u. a. deshalb, weil die medizinischen Begriffe eine komplexe, multikausale Störung vereinfachend darstellen, was Betroffene psychologisch entlaste. Es sei entlastender, eine *„auditory processing disorder"* als Diagnose zu bekommen als die *„language learning disorder"* (KAMHI 2004).

Erkenntnis durch, *„dass die Aneignung sprachlicher Strukturen ein Bündel komplexer und zum Teil deutlich diskontinuierlicher Prozesse bildet"* (BMBF 2008, S. 24). Der Aneignungsprozess von Sprache wird heute nicht mehr durch den „Erreichungsgrad" der Zielsprache beschrieben, sondern Stadien der Kindersprache werden eigene Strukturen zugesprochen, die unabhängig von der Zielsprache definiert werden. Hier vollzieht die wissenschaftliche Wahrnehmung von Kindersprache einen Paradigmenwechsel.

Gleichzeitig ist für die Sprachaneignung der Zeitraum nicht abgesichert, *„innerhalb dessen dies sich abspielt und abspielen kann"* (EHLICH 2007, S. 21). Einige Wissenschaftler stellen die grundlegenden Prozesse des *„Erwerbs von Morphologie und Syntax"* als *„zu wesentlichen Teilen bis in die Mitte des dritten Lebensjahres abgeschlossen"* dar (ebd., S. 21). GRIMM, die auf Basis zahlreicher Untersuchungen den strukturellen Spracherwerb mit dem Ende des dritten Lebensjahres als beendet ansieht, warnt entsprechend vor einer Verharmlosung von Entwicklungsverzögerungen:

> „Diesen deutlichen Sprachrückstand holen die Kinder auch nicht [...] auf. Im Gegenteil lernen sie im weiteren Entwicklungsverlauf auffallend langsam und mühsam, so daß sich mit zunehmendem Alter ihr Leistungsabstand zu normalen Kindern noch vergrößert. Die Schere zwischen sprachunauffälligen und sprachgestörten Kindern geht während des Entwicklungsverlaufs also weiter auseinander" (GRIMM 2000b, S. 605).

Begründet wird dieses Nicht-Aufholen damit, dass Teile der Sprachentwicklung mit der neurophysiologischen Hemisphärenbildung einhergehen und, sobald diese abgeschlossen sei, sich auch das Sprachentwicklungsfenster schließen würde. Gleichzeitig ist bekannt, dass auch ältere Kinder Verzögerungen des strukturellen Spracherwerbs aufholen können. Von der grundsätzlichen, strukturellen Sprachaneignung ist ihre quantitative und qualitative Erweiterung zu differenzieren. So beschreibt z. B. VYGOTSKI die Phasen der Begriffsbildung und stilistischen Sprachentfaltung als bis in die Pubertät reichend.

Dies sind wenige Beispiele für die Tatsache, dass die heute durchgeführten Fördermaßnahmen zu einer Zeit entwickelt wurden, in der konzeptuelle Grundsatzfragen des Spracherwerbs noch in ihrer wissenschaftlichen Entdeckungsphase waren.[8]

---

8   Bislang ist ungeklärt, wie legitim die Übertragung von Erkenntnissen des englischsprachigen Raumes für das Deutsche ist. Die Konzentration von Forschungsressourcen bringt eine *„Konzentration der Forschungsbemühungen auf die Vereinigten Staaten von Amerika"* mit sich (EHLICH 2007, S. 33). *„Dies birgt ein hohes Risiko von Analogie-Übertragungen nicht nur hinsichtlich der Fragestellungen, sondern auch hinsichtlich präsumptiver Resultate. Forschungen zum Deutschen fallen bisher auch zahlenmäßig eher gering aus"* (ebd.).

Zusammenfassend kann resümiert werden, dass eine Gruppe von ca. 20–25 Prozent der Vorschulkinder im Prozess der Sprachaneignung nicht altersangemessen fortschreitet. Die Gruppe der Kinder mit dezidierten Sprachentwicklungsstörungen macht ca. fünf Prozent einer Alterskohorte im Vorschulbereich aus. Im deutschen Vor- und Grundschulbereich werden mit großem Aufwand Sprachstände erhoben und Sprachfördermaßnahmen durchgeführt. Gleichzeitig befasst sich die Grundlagenforschung für die Sprachentwicklung nicht nur, aber besonders im deutschsprachigen Raum noch mit grundlegenden Fragestellungen.

1.1.2 Die Zielgruppe: Kinder in Sprachförderschulen (Primarstufe)

Das Anliegen dieser Studie liegt darin, bei Schülerinnen und Schülern[9] mit signifikantem Sprachförderbedarf zu testen, inwiefern sich naturwissenschaftliches Experimentieren zur Sprachförderung eignet. Die Untersuchung wird im Förderschulsystem durchgeführt, doch wurde eine Verwendung der Erkenntnisse in der Regelschule im Blick behalten, da aufgrund der zunehmenden Integration von Kindern in die Regelschule auch dort zunehmend dezidierte Sprachförderung stattfindet.

Vier Argumente begründeten die Wahl von Förderschulen als Untersuchungsorte:

Erstens wurde so sichergestellt, dass die teilnehmenden Kinder in ihrer sprachlichen Leistungsfähigkeit deutlich beeinträchtigt waren. Angesichts der schwer bewertbaren Lage der Sprachtestverfahren des Regelschulsystems erschien dieses Vorgehen angeraten (vgl. Förderschul-Test, sog. AO-SF-Verfahren[10], s. Kap. 1.4.2.).

---

9 Da sich diese Arbeit mit der Wirkung von Sprache beschäftigt, werden in ihr geschlechtergerechte Formulierungen verwendet, wie sie international stärker als in Deutschland üblich sind. Wenn Wirklichkeit mithilfe von Sprache konstruiert wird (KLANN-DELIUS 2005), dann ist die Legaldefinition unzulässig, nach der *„die weibliche Form mitgemeint ist"*, obwohl *„der Einfachheit halber nur die männliche Form verwendet wird"*: Sie leugnet den Grundsatz, *Frauen in selbstverständlicher Weise sichtbar* zu machen (vgl. SCHWEIZERISCHE BUNDESKANZLEI und FH NORDWESTSCHWEIZ 2009). Da es keine Einheitsformulierung gibt, wird jeder Satz im Kontext formuliert. Dabei *„hat im Zweifelsfall die Gleichstellung Vorrang. Je öfter wir bislang ungewohnte Bezeichnungen verwenden, desto alltäglicher werden sie"* (FACHHOCHSCHULE NORDWESTSCHWEIZ 2008, S. 5).

10 Die AO-SF („Ausbildungsordnung Sonderpädagogische Förderung") regelt das Verfahren zur Feststellung des sonderpädagogischen Förderbedarfs (MINISTERIUM FÜR SCHULE UND WEITERBILDUNG NRW 2010). Auch dieses Verfahren ist umstritten, doch weisen die im AO-SF-Verfahren getesteten Kinder gravierendere Defizite auf als die in den Flächentests getesteten Kinder.

Zum Zweiten sollte die empirische Arbeit mit einer ausreichend großen Anzahl beeinträchtigter Kinder im Klassenverband durchgeführt werden. In Regelschulen lernen jeweils unterschiedlich viele Kinder mit sprachlichen Defiziten, sodass es nicht als probates Untersuchungsvorgehen erschien, das Augenmerk dort auf jeweils nur wenige, eher „besondere" Kinder der Klasse zu legen. Drittens werden durch die bildungspolitischen Prozesse der Integration und Inklusion (Kap. 1.4.4, S. 56) vermehrt Kinder mit Sprachförderbedarf in der Regelschule unterrichtet. Folglich sollte ein Sprachförderkonzept auch dort durchführbar sein.

Zum Vierten sind Kinder mit sonderpädagogischem Förderbedarf zwar eher stark beeinträchtigt; doch sollte es auch für Kinder mit nicht sonderpädagogischen, dennoch deutlichen Sprachdefiziten evaluierte Instrumente der Förderung geben.

Entsprechend fiel die Wahl auf Schulen des Förderschulsystems, sodass eine kompakte Durchführung der empirischen Untersuchungen an einer ausreichend großen Anzahl deutlich sprachentwicklungsverzögerter Kinder gewährleistet war.

1.2   „Sprache" und „das Experiment" in der Naturwissenschaftsdidaktik

1.2.1   Das Phänomen „Sprache" in den Naturwissenschaftsdidaktiken

In der fachdidaktischen *Forschungs*literatur wird „Sprache" funktional als Medium der Kommunikation im Unterricht thematisiert. Die dabei zumeist gewählte problematisierende Blickrichtung erwächst aus der Diskrepanz zwischen Alltags- und Fachsprache und den Problemen, die sich aus ihr für den Unterricht ergeben: Da Alltagssprache häufig unkorrekte und nur schwer zu verändernde Fehlvorstellungen transportiert (vgl. MAIER 2006), sehen sich Lehrende im schulischen Alltag vor der Aufgabe, neben Erklärungen für die Inhalte auch den korrekten Sprachgebrauch der Fachsprache zu vermitteln. [11] Entsprechend wird „Sprache"

---

11   Erschwerend kommt hinzu, dass der korrekte Gebrauch fachsprachlicher Begriffe dem Erwerb der Fachkonzepte vorausgeht, d. h. Schüler/innen auch auf Basis ihrer lebensweltlichen Konzepte bereits fachsprachlich diskutieren. LEISEN und BERGE (2005) formulieren sowohl *„Erkenntnis 1: Wenn man einen Sachverhalt nicht in der Fachsprache formulieren kann, dann heißt das nicht, dass man ihn nicht verstanden hat"*(ebd., S. 26) als auch umgekehrt („Erkenntnis 2"), dass der richtige Gebrauch der Fachsprache nicht bedeutet, dass ein Sachverhalt verstanden wurde (ebd., S. 27). Diese Gemengelage erschwert der Lehrperson die Beurteilung, *was wie* konzeptualisiert wurde.

im Kontext des naturwissenschaftlichen Unterrichts als Hindernis gesehen auf dem Weg, naturwissenschaftliche Themen verstehen und sie fachsprachlich korrekt diskutieren zu können. [12]

Diese Perspektive vernachlässigt, wie sehr naturwissenschaftliches Fachlernen mit dem Erlernen neuer Fachbegriffe verknüpft ist: In jeder naturwissenschaftlichen Unterrichtsstunde begegnen den Schülerinnen und Schülern mehr neue Begriffe (ca. neun) als im Fremdsprachenunterricht: In Schulbüchern der 1990er-Jahre war jedes sechste Wort ein Fachbegriff, jedes 25. ein *neuer* Fachbegriff; die Hälfte der Fachbegriffe erschien nur einmal (LEISEN 2005). Zugleich werden Fachbegriffe auf „erstaunlich variantenreiche Art" verwendet, sodass es einen *„breiten Spielraum für Bedeutungszuweisungen"* gibt (RINCKE 2005; 2004). Dass die Schülerinnen und Schüler im naturwissenschaftlichen Unterricht gleichzeitig Fachinhalte und Fachsprache lernen, die Lehrenden für den fachsprachlichen Aspekt aber nicht ausgebildet werden, lässt dies zu einem beständigen Problemfeld werden. *„Muss ich jetzt auch noch Sprache unterrichten?"* als Titel eines fachdidaktischen Artikels zum Problem von Fachsprache im Physikunterricht bringt die Sorge der Lehrenden auf den Punkt. Durch dieses Dilemma, dass naturwissenschaftliches Fachlernen auch (Fach-) Sprachenlernen ist, war bis vor Kurzem im deutschsprachigen Raum eine rein problemorientierte Perspektive auf das Thema „Sprache" in allen Naturwissenschaften festzustellen.

Heute gibt es – wenngleich in geringer Zahl – Ansätze einer **„phänomenologischen Naturwissenschafts-Didaktik"**, die lernpsychologisch und didaktisch konsequent vom Kind als Subjekt des Lernens ausgehen. Diese Ansätze beschreiben einen mehrstufigen didaktischen Lern- und Lehrweg vom Phänomen zum Begriff. Dieser Weg ist dadurch gekennzeichnet, dass *„wissenschaftliche Begriffe und Denkweisen nicht als Gegensatz zu ihren lebensweltlichen Begriffen und Denkweisen betrachtet werden, sondern als kohärente Fortsetzung des eigenen erlebenden Verstehens"* (AESCHLIMANN et al. 2008, S. 180; vgl. auch ØSTER-GAARD und HUGO 2008). Aus dieser Haltung kann sich der Ansatz eines „bifokalen Unterrichts" ableiten, der sowohl auf die naturwissenschaftlichen Phänomene und ihre Gesetzmäßigkeiten als auch ihre Abbildung in Sprache zielt.

GOEDHART (1999) zeigt am Beispiel der Entwicklung des Begriffes „Siedepunkt" unter Verwendung gesprächsanalytischer Techniken auf, wie sich dieser Begriff während einer von Schülerinnen und Schülern selbst gestalteten Experimentiereinheit entwickelt. Dabei wird offensichtlich, dass erst das gemeinsame „laute Nachdenken" der Schüler/innen über das gemeinsam Erlebte zur Weiterentwicklung des mit dem Begriff „Siedepunkt" verbundenen Konzeptes führt.

---

12   Als Beispiele, unter vielen: RABE und MIKELSKIS (2006).

Dieses Prinzip führt LEISEN in seiner Reflexion zum „Fachlernen und Sprachlernen im Physikunterricht" aus: *„Gemeinsamkeiten in den jeweils eigenen Wirklichkeitskonstruktionen ergeben sich allerdings durch gemeinsame Sinneserfahrungen an konkreten Gegenständen, etwa den Bauteilen des elektrischen Stromkreises"* (LEISEN 1999, S. 109).

In der *praxisorientierten* didaktischen deutschen Fachliteratur [13] wird auch thematisiert, welchen Beitrag der Fachunterricht anderer Fächer, z. B. der Mathematik, Kunst, Musik oder Sport, für die Sprachentwicklung der Kinder leisten kann,[14] häufig in motivatorischer Hinsicht oder in der Stärkung des Wortschatzes. Hier schließt die Diskussion an die in der Elementarpädagogik weiter ausgereifte an: Diese sieht die Förderung der Sprachentwicklung als Querschnittsaufgabe aller für die Kinder handlungsrelevanten fachlichen Bereiche, vor allem der Musik, Bewegung, Naturwissenschaften und Medien (vgl. LEUCKEFELD 2006; s. Kap. 1.5.7).

Folgende Faktoren werden als für das Sprachhandeln förderlich genannt (ebd.):

- <u>Motivierende Sprechanlässe,</u> die die Kinder herausfordern und „die Anstrengung wert sind". Dies können erstaunliche naturwissenschaftliche Phänomene, interessante Kunstwerke, neue geometrische Formen oder Musikstücke sein.[15]
- Eine <u>aktive Gesprächskultur,</u> die es Schülerinnen und Schülern ermöglicht – und von ihnen fordert –, die Beschreibung eines Vorganges (Rechenweges, Kunstwerks, Phänomens, Musikstückes) selbst vorzunehmen und sprachlich zu präzisieren.
- Die <u>Möglichkeit der sprachlichen Variation</u> inhaltsähnlicher Äußerungen durch die Schüler (übendes Wiederholen im Gespräch, „Wiedergabe mit eigenen Worten").

Die beiden letzteren Aspekte sind vor dem Hintergrund des qualitativ-lexikalischen Aspekts wichtig, d. h. dem der Bedeutungs- (bzw. „Sinn-") Zuschreibung zum Wort: Nur über das eigene Formulieren der Kinder hat die Lehrkraft die Möglichkeit festzustellen, ob neu erarbeitete Begriffe auf richtigen (Prä-) Konzepten der Kinder beruhen und ob die Kinder sich das Neue mit entscheidenden, wesentlichen Bedeutungsmerkmalen einprägen.

---

13   Wie z. B. „Grundschule", „Praxis Grundschule" oder „Sache, Wort, Zahl".
14   Vgl. z. B. BECK 2006; DIECK 2006.
15   „... *lässt sich beobachten, dass sich Kinder mit großer Anstrengungsbereitschaft und Ausdauer darum bemühen, das, was sie sehen und meinen, so genau und nachvollziehbar wie möglich zu formulieren"* (DIECK 2006, S. 20; vgl. auch MAIER 2006, S. 16, und WESPEL 2006, 6 f.)

In der **narrativen Didaktik** finden sich Ansätze, das Lernen von Schülerinnen und Schülern durch das Versprachlichen naturwissenschaftlicher Vorgänge zu fördern. Heute sind didaktisch vielfältige Methoden im Einsatz, wie z. B. das Verfassen fiktiver Dialoge zum Nachvollziehen historischer Momente oder Chemie-Foto-Storys als Form der Dokumentation von Experimenten mit der Möglichkeit, *„prozessurale Elemente zu präsentieren und zu akzentuieren"* (TOMCIN und REINERS 2009, S. 11). Auch ist belegt, dass sich Storytelling und die Verwendung von Animismen positiv auf die Motivation für die Beschäftigung mit naturwissenschaftlichen Inhalten auswirken (vgl. SCHEKATZ-SCHOPMEIER 2010; LÜCK 2004).

1.2.2   Das Experiment im Unterricht: Haltungen und Ziele

Es existiert eine Bandbreite an Haltungen und Zielen, die mit Experimenten im naturwissenschaftlichen Unterricht verfolgt werden. Sie sind Teil der Aneignungstheorien, auf Basis derer Unterricht gestaltet wird. Während bis vor wenigen Jahren eine instruktivistische Sicht das Unterrichtshandeln geprägt hat, die das zu Lehrende – vulgo: den „Stoff" – im Mittelpunkt des Geschehens sah, haben vor allem Erkenntnisse der Hirnforschung diese Sicht zugunsten einer Lernerzentrierung verschoben. Heute wissen wir, *„dass ‚Wissen' nicht übergeben werden kann, sondern dass sich Schülerinnen und Schüler ihr Wissen auf der Grundlage ihres bereits vorhandenen Wissens eigenständig und aktiv erarbeiten, ‚rekonstruieren' müssen"* (MÜLLER und DUIT 2004, S. 148). Diese als Konstruktivismus bezeichnete Sicht des Lernens nimmt heute als Prinzip der Kontextorientierung auf die Naturwissenschaftsdidaktiken Einfluss.

Der weitverbreitete Ansatz des „Forschend-entwickelnden Unterrichtsverfahrens" (FeU) wurde in den 1970er-Jahren entwickelt (SCHMIDKUNZ und LINDEMANN 1976). Er stellt *„den Prozess der naturwissenschaftlichen Erkenntnisgewinnung als strukturgebendes Merkmal für die Beschäftigung der Schüler mit dem Lerngegenstand in den Mittelpunkt"* (DI FUCCIA und RALLE 2010, S. 296). Der FeU folgt einer fünfteiligen Strukturierung, die von der Problemgewinnung (1) über Überlegungen zur Problemlösung (2), der Durchführung von Lösungsvorschlägen (3) zur Abstraktion von Erkenntnissen (4) und der Wissenssicherung (5) führt. Der FeU geht davon aus, dass die Effizienz dieses Lernweges dem abnehmenden Interesse der Schülerinnen und Schüler am naturwissenschaftlichen Unterricht begegnen kann (ebd., S. 297).

Dies wurde 1995 von MUCKENFUß kritisiert, für den ein sinnstiftender Umgang mit Naturwissenschaften nur aus der Anwendung von konkreten, bedeutungsvollen Zusammenhängen erwachsen kann (vgl. MUCKENFUß 1995).[16] Heutige Vorgehensweisen, wie sie z. B. das Projekt „Chemie im Kontext" entwickelt, betonen diese *Kontextorientierung* als zentrales lernpsychologisches Moment. Alltagsnähe und Relevanz von Fragestellungen sind nicht nur Ausgangspunkt des Unterrrichts, sondern werden *„zu seinem durchgängigen Thema"* (DI FUCCIA und RALLE 2010, S. 297). Das Prinzip der Kontextorientierung ist noch nicht durchgängig verankert, doch verlangen Prüfungsaufgaben bereits einen Kontextbezug (vgl. MARTENSEN und DEMUTH 2009, S. 43).

Es bleibt bei Lehrenden *„die Unsicherheit bzw. Unklarheit, wie systematisches Wissen aufgebaut werden kann"* (ebd., S. 44). Es gilt als gesichert, dass das Interesse von Lernenden bei konsequenter Kontextorientierung im Chemieunterricht höher ist, ein höherer Anteil von ihnen ein Chemiestudium ergreift, ein Zuwachs an fachlichem Verständnis und eine Abnahme an Fehlkonzepten zu verzeichnen ist. Belegt ist auch, dass Kontextorientierung zu einer besseren Vernetzungsleistung führt im Vergleich zu traditionellem Unterricht. Ein eindeutiger wissenschaftlicher Beleg für einen besseren Wissenserwerb steht jedoch noch aus (ebd.).[17]

---

16   BIERBAUM beschreibt in „Zu einigen Gründen des ‚Scheiterns' naturwissenschaftlichen Unterrichts" (BIERBAUM 2007) je einen wissenschafts- und vermittlungsimmanenten Grund für dessen Misslingen. Ersterer bestünde darin, dass der Unterricht so agiere, als müsse man eine Sache nur lange betrachten und die gesammelten Erfahrungen verallgemeinern, um zu Erkenntnissen zu gelangen. Dies werde dem naturwissenschaftlichen Erkenntnisweg nicht gerecht: Zu wenig beachtet sei das „spekulative Element", das der Entwicklung von Erklärungen innewohne. Der *didaktische* Grund des Scheiterns liege in einer Vermittlung, die *„den Erkenntnisweg rasch, angenehm und gründlich"* bewerkstelligen will. Dies führe dazu, *„dass die Lehrenden die zu lernende Sache [...] aufbereiten, d. h. aus der Sache einen Unterrichtsgegenstand machen [...] Das ist der Grund [...], dass die Lernenden bei der zu verstehenden Sache, beim Verstehen, gar nicht ankommen"* (ebd., S. 174).

17   Diese Unsicherheit führt in aktueller didaktischer Fachliteratur zu Mischformen der Unterrichtsphilosophien. SCHMIDKUNZ schreibt in „Das Experiment im Lehrervortrag", dass die Verankerung neuer Informationen realisiert wird, *„wenn der Unterricht alltagsorientiert und umweltbezogen geführt wird, wie er z. B. in „Chemie im Kontext' praktiziert wird"* (SCHMIDKUNZ 2010, S. 12). Anschließend wird angeführt, dass *„gerade im Chemie-Unterricht dem lehrerzentrierten Unterrichtsverfahren, insbesondere beim Einsatz von Demonstrationsexperimenten, große Bedeutung"* zukommt (ebd.). Aus konstruktivistischer Sicht ist zu reflektieren, wie die Konstruktion von Wissen durch die Lernenden erfolgen kann. SCHMIDKUNZ beschreibt das Experiment als didaktisiertes Lernmittel: *„In einem lehrkraftzentrierten Unterricht werden aber auch Experimente von der Lehrkraft vorgeführt, die ungefährlich sind und als Schülerexperimente eingesetzt werden können. Der Grund dafür liegt in der angestrebten Präzision der Erkenntnisgewinnung und der Zeitersparnis"* (ebd., S. 12).

HÖTTECKE stellt fest, dass auch heute „*instruktionsorientierte Schülerexperimente und Lehrerdemonstrationen*" den Unterricht „*dominieren*" (HÖTTECKE 2008, S. 75), sodass Lernende Experimente „*als Medium zur Darstellung von Phänomenen*" erleben (ebd.). Dieses passive „Sehen" didaktisch eingesetzter Phänomene blende die Chancen auf eigenes Erleben beim Experimentieren aus und unterdrücke die sinnliche Aktivierung des Experimentierens.

Da die Interventionsphase dieser Studie im Sachunterricht durchgeführt wird, der sich durch seine vielfältigen Fachbezüge auszeichnet, bietet sich hier die Chance, kontextorientiert vorzugehen, ohne die Fachlichkeit aus den Augen zu verlieren. „*Phänomene und Probleme führen oft zu fächerübergreifendem Lernen und Lehren: Kinder denken noch nicht in Fachschubladen*" (LABUDDE 2011, S. 6). Deshalb wird der Orientierung an Phänomenen und Materialien der kindlichen Umwelt sowie dem Lebensweltbezug der Experimente ein hoher Stellenwert eingeräumt.

1.3 Die „unbelebte Natur" im Sachunterricht

1.3.1 Sachunterricht in Sprachförderschulen

Die Forschungslage für den Überlappungsbereich zwischen Chemiedidaktik und Förderpädagogik ist dürftig.[18] In der Chemiedidaktik ist die Förderschule ein wenig beachtetes Randgebiet, ebenso wie Chemie und Physik für die Förderpädagogik. Entsprechend scheint „*förderpädagogische und naturwissenschaftsdidaktische Forschung so gut wie gar nicht stattzufinden*" (BOLTE und BEHRENS 2004, S. 318). Mit den wenigen erhältlichen Fundstellen zeichnet sich ein Bild ab, das eine gezielte und umfassende Verbesserung als dringlich erscheinen lässt.

Aufgrund der schmalen Literaturbasis werden die relevanten Aspekte des Sachunterrichtes zunächst an den Regelschulen beleuchtet, um jeweils im Anschluss auf Förderschulen einzugehen. Ausgeführt werden das Interesse der Kinder an der unbelebten Natur, die Kompetenzen der Lehrkräfte für einen entsprechenden Unterricht, die relevanten Lehrplaninhalte sowie die Frage, welche Inhalte heute im Sachunterricht der Förderschule wirklich unterrichtet werden.

---

18   Ähnlich beschreiben dies BOLTE und BEHRENS für den Förderschwerpunkt Lernen: „Die Auswahl an fachdidaktischen und förderpädagogischen Quellen zum Thema Physik/Chemieunterricht [...] ist mau. Im Zuge unserer Recherchen haben wir lediglich 12 deutschsprachige Aufsätze zu dieser Thematik gefunden; (nur) sieben Beiträge sind jünger als 20 Jahre [...]!" (BOLTE und BEHRENS 2004, S. 318). Die von ihm erwähnte Literatur wird im Artikel jedoch nicht aufgeführt.

1.3.2   Das Interesse von Grundschulkindern an der unbelebten Natur

Dass Kinder bereits im Vorschulalter ein starkes intrinsisches Interesse an Phänomenen der unbelebten Natur zeigen, ist seit der für diese Frage wegweisenden Untersuchung von LÜCK deutlich belegt. Sie beschreibt, dass die meisten der an der Untersuchung teilnehmenden Kindergartenkinder sich über mehrere Wochen jeweils für das Experimentieren entschieden, obwohl es interessante (und auf die Dauer der Experimente begrenzte) Vergleichsangebote gab (LÜCK 2000).

Es ist jedoch nicht nur das *Interesse* der Kinder, das diesen Erkenntnissen ihre Bedeutung verliehen hat, sondern auch ihre **Erinnerungsfähigkeit**: Ein Großteil der Kinder erinnerte sich an die meisten Experimente sowie die zugrunde liegenden Erklärungen sechs Monate nach ihrem Erleben. Bedenkt man, dass das Durchschnittsalter der Kinder bei der Untersuchung unter sechs Jahre betrug und wie lange die Zeitspanne von sechs Monaten relativ zu ihrem Alter war, so kann man sich vorstellen, wie stark das Experimentieren die Kinder beeindruckt haben muss.

Von bildungspolitscher Aktualität ist dabei die Erkenntnis, dass das Erinnerungsvermögen der Kinder in seiner Größenordnung unabhängig von ihrer sozialen Herkunft ist: Kinder bildungsferner Schichten erinnerten sich ähnlich gut an Experimente und deren Deutung wie Kinder der bürgerlichen Mittelschicht. Ein Teil der feststellbaren Unterschiede der beiden von LÜCK untersuchten Einrichtungen („sozialer Brennpunkt" versus „bürgerliches Milieu") resultierte aus den sprachlichen Fähigkeiten der Kinder: Da sie im Post-Test eine bestimmte Zeit lang – nämlich 20–30 Minuten – zu den Experimenten befragt wurden, liegt es nahe, dass Kinder mit einem souveräneren sprachlichen Umgang über mehr Experimente berichten können – und diese differenzierter deuten – als Kinder, die mit Sprache weniger gut umgehen können (ebd.).

Die Erkenntnisse dieser Untersuchung haben substanziell dazu beigetragen, die Naturwissenschaften in allen Bundesländern in den Bildungsplänen für den Elementarbereich zu verankern. In der bildungspolitischen Diskussion wurde dieses Anliegen unterstützt vom nur mittelmäßigen Abschneiden deutscher Schülerinnen und Schüler in den internationalen Vergleichsstudien sowie neueren entwicklungspsychologischen Erkenntnissen der Hirnforschung zur Bedeutung der frühen Jahre der Kindheit. Der föderalistischen Heterogenität folgend sind die Bildungspläne in den deutschen Bundesländern unterschiedlich stark konkretisiert, von der Beschreibung der Naturwissenschaften als Kernbildungbereiche bis zu ausgeführten Experimentieranleitungen im bayrischen Bildungs- und Erziehungsplan für Tageseinrichtungen. Festzustellen ist, dass Naturwissenschaften sowohl in den Plänen für den Elementarbereich als Kernelemente vertreten sind als auch in der Praxis zunehmend einen aus unserer Sicht angemessenen, hohen Stellenwert erfahren.

Mit dem Übergang zur Grundschule trifft das unverminderte Interesse der Kinder an Naturwissenschaften auf ein geringeres Angebot von Möglichkeiten zur Auseinandersetzung mit der sachlichen Umwelt. Woran liegt es, dass nach dem Kindergarten, in dem heute gern und flächendeckend experimentiert wird, im Sachunterricht der Grundschule die Naturwissenschaften so weit in den Hintergrund treten?

Dass auch Grundschulkinder ein großes Interesse für Themen der unbelebten Natur zeigen, ist belegt. RISCH entwickelte verschiedene, an den Elementarbereich anschlussfähige Experimentier-Module und beschreibt großes Interesse für das eigene Experimentieren der Kinder (RISCH 2006a). BOLTE, BENEDICT und STRELLER (2007) zeigen, dass Naturwissenschaften und Technik bei Grundschulkindern hohes Ansehen genießen. Nachdenklich stimmt an seiner Untersuchung, die Kinder mit und ohne Erfahrung außerschulischer Angebote vergleichend betrachtet, *„dass das außerschulische Angebot unter motivationalen Gesichtspunkten deutlich besser beurteilt wird als das des ‚regulären' Unterrichts"* (ebd., S. 550). [19] Hier lässt sich ein Hinweis entnehmen, dass die Kompetenzen der Lehrkräfte ein begrenzender Faktor für das Vorkommen von Themen der unbelebten Natur im Sachunterricht sein könnten.

Im Sachunterricht wird wenig experimentiert. Gleichzeitig bieten zumindest die modernen städtischen Familienstrukturen heute weniger Anreize zum Erleben und Hinterfragen von Phänomenen und Objekten. [20] In der Folge boomt seit Jahren der Markt außerschulischer Angebote, analog zu denen für die Bereiche Musik oder Sport. Hier sind Experimentierkurse und Mitmachlabors, Forschertage und Fernsehsendungen hoher Reichweite [21] zu nennen – aber auch Ansätze wissenschaftlichen Interesses, die auf der Motivation der Kinder und ihrer Interaktion basieren, wie z. B. die Forschercamps in Kiel (EIFLER-MIKAT et al. 2007).

---

19 Es kann vermutet werden, dass sich dies mit biografischen Aspekten der Lehrkräfte deckt: Außerschulisch Anbietende sind z. B. Naturwissenschaftlerinnen in der Elternzeit, die ihre Angebote aus eigener Initiative entwickeln und dabei direkte didaktische Erfahrungen mit den Kindern sammeln. Es könnte ihnen wichtiger als schulisch Lehrenden sein, dass die Kinder *mit Freude* bei der Sache sind – weil sie nur so gern wiederkommen. So unterscheiden sich sowohl die Experimentiersituationen als auch die Profile der Betreuungspersonen.

20 Zur Einschränkung von Erlebnisvielfalt trägt bei, dass die Generationen geografisch entfernter leben, sodass Großeltern mit ihren *anderen* Spiel- und Interaktionsweisen weniger verfügbar sind, Kinder also weniger mit ihnen handwerken, Dörrobst und Marmelade herstellen, Heringe einsalzen.

21 Wie z. B. „Wissen macht Ah!" (Sender Westdeutscher Rundfunk).

An außerschulischen Angeboten ist positiv, dass sie über das schulische Angebot hinausgehende kindliche Experimentierbedürfnisse befriedigen können – ähnlich wie das Erlernen eines Instrumentes außerhalb der Schule. Bildungspolitisch ist allerdings bedenklich, dass auch hier der Bildungserfolg vom Einkommen der Eltern abhängt: Nur ein Grundschulkind mit ausreichenden finanziellen Ressourcen kann seinem Interesse für die unbelebte Natur außerschulisch nachgehen. Angesichts der bislang nicht widerlegten Tatsache, dass *„in Deutschland ein kumulativer Aufbau von naturwissenschaftlichem Verständnis über die Schulstufen nur unzureichend erfolgt"*, ist dies ein bedenklicher Sachverhalt (PRENZEL 2003).

Möglicherweise wird eine Entwicklung hin zu mehr naturwissenschaftlichen Themen in der Grundschule zukünftig von der stärkeren Nachfrage seitens der Kinder beschleunigt, die bereits im Elementarbereich in den Genuss verstärkter Experimentieranlässe gekommen sind und dies nun auch in der Grundschule einfordern. Dies könnte dazu führen, dass Grundschullehrkräfte durch das geäußerte Interesse der Kinder erkennen, wie interessant das Experimentieren und der Diskurs zur Deutung der Phänomene für die Kinder sind.

Das Interesse von Förderschulkindern für Naturwissenschaften

WAGNER und BADER konnten zeigen, dass sich das Verhalten von Förderschulkindern verändert, wenn im Unterricht verstärkt experimentiert wird. Dies gehe dahin, *„dass die Kinder motivierter, ausdauernder und auch selbständiger in Partner- oder Gruppenarbeit agierten"* (WAGNER und BADER 2006a, S. 190).[22] Die Kinder der vorliegenden Untersuchung hatten keine primären kognitiven Defizite; der Vollständigkeit halber sei jedoch angeführt, dass auch geistig behinderte Kinder mit Interesse experimentieren, begleitet von positiven Affekten und kognitiven Effekten (LANGERMANN 2006).

1.3.3   *Kompetenzen von Grundschullehrenden im Bereich „unbelebte Natur"*

Es konnte ausgeschlossen werden, dass ein geringes Interesse der Kinder an der unbelebten Natur die Ursache für ihr geringes Vorkommen im Sachunterricht ist.

Es zeigt sich, dass Lehrende aus der Vielfalt der Sachunterrichtsthemen andere häufiger wählen als chemische und physikalische (vgl. Kapitel 1.3.5, S. 49). Die

---

22   Es gaben 44 % der Lehrkräfte auch an, von ihrem geplanten Unterrichtsverlauf abgewichen zu sein. Dies zeigt, dass Unterricht mit Schüler-Experimenten kontingent verläuft – was *eine* Begründung für die Unsicherheit von Lehrenden ist. „Kreide- und Arbeitsblatt-Didaktik" ist mit Blick auf die Reaktionen der Kinder genauer planbar.

Gründe hierfür können u. a. in den Bildungsbiografien der zu 90 % weiblichen Lehrenden und den Selbsteinschätzungen ihrer fachlichen und didaktischen Kenntnisse angenommen werden.

> Wenn „Fächer wie Physik und Chemie schon in der Schulzeit negativ besetzt sind und abgewählt werden, dann lassen sich im Erwachsenenalter Abwehrhaltungen, Schwellenängste, unzureichende Kenntnisse und daraus resultierende Verhaltensmuster und Überzeugungen nur noch schwer beeinflussen" (KOHSE-HÖINGHAUS et al. 2004, S. 315).

Konnten die Lehrenden als Schülerinnen keine positiven Erfahrungen mit dem Experimentieren zu und Lernen von Chemie und Physik sammeln, so werden sie als Lehrende ihre Kompetenzen gering einschätzen, entsprechende Themen zu unterrichten.

Diese Überlegungen korrelieren mit Erkenntnissen zur Studien- und Berufswahlmotivation Lehramtsstudierender und ihren Selbstwirksamkeitserwartungen. Deren jeweils schulartspezifischen Differenzierungen sind bekannt: *„Die Gymnasialausbildung gilt als wissenschaftlich [...] und die Grundschulausbildung als einfach, kurz und ohne wissenschaftlichen Anspruch"* (WEISS, BRAUNE und KIEL 2010, S. 435). Die fachliche Orientierung ist umso ausgeprägter, je weiterführender die angestrebte Schulform ist. Vor allem Studierende auf Grundschullehramt weisen eine *„pädagogische bzw. adressatenspezifische Motivstruktur"* auf: *„Nicht der Fachmann, sondern die Erzieherin ist gefragt"* (ebd., S. 436). Mit Blick auf die Selbstwirksamkeitserwartungen zeigt sich, dass Studierende auf Grundschullehramt sich ihrer eigenen Fähigkeiten unsicherer sind, weniger Vertrauen in sie setzen und ihre eigenen Kompetenzen geringer einschätzen als Studierende weiterführender Schulen. Dieser Effekt gilt für beide Geschlechter, ist jedoch bei weiblichen Studierenden signifikant stärker als bei männlichen. Auch schätzen angehende Lehrerinnen ihre pädagogischen Motive im Vergleich zu den fachlichen als wichtiger für ihre Berufswahl ein (ebd., S. 438 f.; vgl. auch ULICH 2000).

Erschwerend kommt hinzu, dass Sachunterricht in Deutschland zum Großteil von Lehrpersonen unterrichtet wird, die weder Sachunterricht noch eines der verbundenen Wahlfächer studiert haben.[23] In der Studie von DRECHSLER-KÖHLER (2006) hatten von 666 befragten Lehrenden nur 45 % Sachunterricht studiert; weniger als fünf Prozent hatten im Studium überhaupt Anteile von Chemie oder Physik.

Die Ausbildungsverordnungen der letzten Jahrzehnte für das Lehramt an Grundschulen schrieben Kompetenzen für das Unterrichten chemischer und physikalischer Inhalte nicht vor (DRECHSLER-KÖHLER 2006). Diese Rahmenbedingungen

---

23 In der Schweiz studieren angehende Primarschul-Lehrende an den Pädagogischen Hochschulen Sachunterricht im gleichen Umfang wie Deutsch oder Mathematik.

erschweren, sich an vermeintlich schwierige, auf jeden Fall aber außerhalb des eigenen bildungsbiografischen Horizontes liegende Inhalte heranzuwagen.

Um diesen „bildungsbiografischen Teufelskreis" aus fehlenden positiven Erfahrungen mit Chemie und Physik als Schüler/in, einem daraus entstehenden „*unbewussten Meidungsverhalten*" (HELSPER et al. 2009, S. 128) als Studierende/r und der Weitergabe dieser Vermeidungshaltung an Schülerinnen und Schüler zu vermeiden, wäre die **verbindliche Verankerung naturwissenschaftlicher Inhalte in den Curricula der Studiengänge** angeraten: Vor dem Einnehmen der neuen Rolle als Lehrende/r müsste das Studium zu einer neuen, didaktisch vorbereiteten Auseinandersetzung mit der unbelebten Natur führen können, sodass die Selbsteinschätzung der angehenden Lehrenden konstruktiv erweitert und verändert werden kann. Hier wäre ein Pflichtangebot, das affektiv positive Signale setzt, wünschenswert. Dass dies möglich ist, konnte SEIDEL zeigen (SEIDEL 2010).[24]

Gezielte Fortbildungen für chemisch-physikalische Themen wären hier in einem größeren Umfang nötig – ähnlich wie im Elementarbereich –, um der unbelebten Natur in der Grundschule einen angemessenen Stellenwert zu verschaffen.

Naturwissenschaftliche Kompetenzen der Lehrpersonen in Förderschulen

Ist die Situation der Behandlung chemischer und physikalischer Themen an Regelgrundschulen als verbesserungswürdig einzuschätzen, so gilt dies für Förderschulen in verstärktem Maße. Wenn sich schon Lehrkräfte in Regelschulen das fachfremde Unterrichten chemischer Themen nicht zutrauen, dann kann dies – angesichts zusätzlicher didaktischer Herausforderungen – in Förderschulen nicht verwundern.

Nach WAGNER und BADER (2006a) werden 90 % des Chemieunterrichts an hessischen Förderschulen fachfremd unterrichtet; 25 % der Förderschulen erteilen keinen Chemieunterricht. „*Hauptgrund hierfür ist ein eklatanter Mangel an Fachlehrkräften*" (ebd., S. 189). Eine Befragung von Schulleitern in Förderschulen mit dem Schwerpunkt „Lernen" ergab, dass nur in 50 % der Schulen der Primarstufe (Klassen 1–6) überhaupt Sachunterricht angeboten wurde (BOLTE und SEYFARTH 2007). Das Unterrichtsangebot beschränkt sich dort „*auf biologische Sachverhalte; physikalische oder chemische Inhalte werden [...] in nahezu jeder fünften Schule (nur) angesprochen*" (ebd., S. 319). Auch diese Untersuchung zeigt, dass Physik und Chemie hier zumeist fachfremd unterrichtet werden, mit „*Tafel und Arbeitsblättern als dominanten Medien*" (ebd.).

---

24 Wir legen hier die Vermutung zugrunde, dass Erzieherinnen und Erzieher sowie Grundschullehrpersonen ihre Ausbildung mit ähnlichen Einstellungen zu Chemie und Physik beginnen.

Doch scheint die beharrliche Präsenz des Themas „Experimentieren" im Elementarbereich zu bewirken, dass auch die Förderschule die Vorzüge des naturwissenschaftlichen Experimentierens für sich entdeckt. Das Heft 02/2008 der „Praxis Förderschule" ist den „vier Elementen" gewidmet, mit Schwerpunkt auf schülerorientierter Arbeit und Experimentieren. Sein Duktus zeigt allerdings, dass es die Lehrpersonen noch zu motivieren galt: *„Wenn Sie nun Lust bekommen haben, den naturwissenschaftlichen Unterricht mit Ihren Schülern neu zu entdecken, dann steht diesem Vorhaben nichts mehr im Wege! Dennoch sollten Sie zunächst die Frage beantworten: Wie gut ist Ihre Schule vorbereitet?"* (YAHYA und HAGEMANN 2008, S. 6).

Die beschriebenen Defizite in den Selbstkompetenzerwartungen von Grundschullehrkräften legen nahe, dass die „unbelebte Natur" im Pflichtkanon des Studiums für die Primarstufe verankert werden muss, damit sich die Rolle der Chemie als „Stiefkind des Sachunterrichts" (vgl. RISCH und LÜCK 2004) so verbessert, wie es im Elementarbereich durch das flächendeckende Experimentieren bereits erreicht wurde – auch und vor allem, um dem Interesse der Grundschulkinder zu entsprechen.

1.3.4 Die unbelebte Natur in den Lehrplänen für den Sachunterricht

Das Fach Sachunterricht ist ein Konglomerat natur-, sozial- und kulturwissenschaftlicher Inhalte mit unterschiedlicher Ausgestaltung in den Bundesländern (RISCH und LÜCK 2004; vgl. GESELLSCHAFT FÜR DIDAKTIK DES SACHUNTERRICHTS 2002). Seine uneinheitliche Ausgestaltung ist in seiner Namensgebung sichtbar, die von „Heimatkunde" über „Sachkunde" bis zu „Sachunterricht" reicht. Sie setzt sich fort in der Heterogenität der zugrunde liegenden Fachdisziplinen. Die Lehrplananalysen von RISCH und LÜCK (2004) für den Sachunterricht belegen, dass chemische Themen weniger als fünf Prozent der Inhalte im Sachunterricht stellten. Auch in der Praxis bevorzugen die Lehrkräfte Themen der sozialwissenschaftlichen oder kulturellen Bezugsdisziplinen (vgl. LÜCK 2000). *Wenn* Themen aus der Natur gewählt werden, dann meist solche aus der Biologie. Während die Bereiche Sozial-, Umwelt- und Gesundheitserziehung insgesamt ca. 46 % der Themen stellen, die Heimatkunde ca. elf Prozent und die Verkehrserziehung immerhin sieben Prozent, sind dies für alle Themen der Naturwissenschaften und Technik zusammen nur 36 %; davon entfallen 17 % auf die Biologie, neun Prozent auf die Technik und fünf Prozent auf Themen der Physik. Chemische Inhalte sind nur zu knapp fünf Prozent vorhanden.

Selbst für die im Sachunterricht vorgesehenen Themen konnte RISCH (2006a) belegen, dass sie keinen Anschluss an den Elementarbereich gewährleisten, und hat in der Folge für sechs Themenbereiche anschlussfähige Konzepte entwickelt. 2008 traten in Nordrhein-Westfalen neue Richtlinien und Lehrpläne für die Grundschule in Kraft (MINISTERIUM FÜR SCHULE UND WEITERBILDUNG NRW 2008). Sie schreiben dem Sachunterricht einen hohen Stellenwert für die Entwicklung des Weltverständnisses zu:

> „Aufgabe des Sachunterrichts [...] ist es, die Schülerinnen und Schüler bei der Entwicklung von Kompetenzen zu unterstützen, die sie benötigen, um sich in ihrer Lebenswelt zurechtzufinden, [...], sie zu verstehen und sie verantwortungsbewusst mit zu gestalten. In einer Gesellschaft, die [...] durch zunehmende Technisierung [...] geprägt ist, ist die intensive Auseinandersetzung mit wissenschaftlichen und technischen Inhalten und Arbeitsweisen [...] unverzichtbar" (ebd., S. 39).

Der Sachunterricht bezieht sich auf verschiedene Fachdisziplinen. Entsprechend

> „bündelt der Lehrplan die naturwissenschaftlichen, technischen, raum- und naturbezogenen, sozial- und kulturwissenschaftlichen, historischen und ökonomischen Sachverhalte zu folgenden fünf Bereichen: Natur und Leben; Technik und Arbeitswelt; Raum, Umwelt und Mobilität; Mensch und Gemeinschaft; Zeit und Kultur" (ebd., S. 40).

Dieser aktuelle Lehrplan schreibt die Bereiche des Sachunterrichts verbindlich vor, jedoch nicht im Sinne konkreter Unterrichtsthemen oder -reihen: *„Sie wirken vielmehr bei der Planung und Durchführung des Unterrichts [...] integrativ zusammen"* (ebd., S. 40). Für die konkrete Umsetzung heißt dies, dass die Lehrenden große Freiheit in Bezug auf die Themenwahl und die methodische Ausgestaltung des Unterrichts genießen.

In der weiteren Konkretion beschreibt der Lehrplan Themen und Verfahren, die der Chemie zuzuordnen sind, *vermeidet* jedoch die Begriffe „Chemie" und „chemisch": [25]

> „Im Bereich Natur und Leben stehen Begegnungen mit belebter und unbelebter Natur, mit physikalischen Phänomenen sowie die Beobachtung der eigenen Sinneserfahrungen [...] im Mittelpunkt. [...] Die Vielfalt von Stoffen, Materialien, ihren Erscheinungsformen, Eigenschaften und Veränderungen fordert zum Analysieren, Sortieren und Vergleichen auf und hilft dabei, Ordnungsvorstellungen und naturwissenschaftlich begründete Muster und Modelle zu erkennen." (ebd., S. 40).

---

25 Diese verbalen Berührungsängste gegenüber dem Begriff „Chemie" und, in Folge, seine Vermeidung, zeigen sich auch in der Bildungsvereinbarung Nordrhein-Westfalens für den Kindergarten: *„Um Kinder im Vorschulalter zur Auseinandersetzung mit biologischen, physikalischen und anderen naturwissenschaftlichen Themen anzuregen, wenden sich Erzieherinnen den Phänomenen zu, die offen vor ihnen liegen"* (MINISTERIUM FÜR JUGEND, SCHULE UND KINDER NRW 2003a, S. 20, Unterstreichung GOTTWALD).

Diese Formulierungen fordern zwar zu naturwissenschaftlichen Arbeitsweisen auf; doch hilft die Vermeidung des Begriffes der „Chemie" nicht, das bislang auf Biologie, Heimatkunde und Sozialerziehung ausgerichtete Bild vom Sachunterricht um den Bereich der Chemie zu erweitern. Ebenso werden bei den Kompetenzerwartungen für das Ende der Klasse 4 inhaltlich chemische Vorgehensweisen beschrieben, ohne diese als „chemisch" zu bezeichnen:

> „... untersuchen sichtbare stoffliche Veränderungen der belebten und unbelebten Natur, stellen Ergebnisse dar und beschreiben sie (z. B. Aggregatzustände des Wassers, Trocknungsprozesse bei Früchten, Lösungsmöglichkeiten von festen Stoffen, Stoffumwandlung bei Verbrennung)." (ebd., S. 43).

Lehrpläne für den Primarbereich der Sprachförderschule

Der deutsche Föderalismus beschränkt die Bundesgesetzgebung für den Bildungsbereich auf die Rahmenrichtlinienkompetenz. Diese beschreibt einen Handlungskorridor, innerhalb dessen die Länder ihre verbindlichen Lehrpläne erlassen.

Für den Förderschwerpunkt „Sprache" sind seit 1998 Empfehlungen der Kultusministerkonferenz in Kraft (KMK 1998). Sie bestimmen, dass der Unterricht *„von den Bildungszielen und -inhalten der allgemeinen Schulen ausgeht"* (ebd, S. 9), konkretisieren darüber hinaus verbindlich: *„Die ‚Schule für Sprachbehinderte' ist als Durchgangsschule konzipiert. [...] In ihr wird grundsätzlich nach den Lehrplänen der allgemeinen Schule unterrichtet"* (ebd., S. 16).

Damit gelten für die Sprachförderschulen die Lehrpläne der Regelgrundschule.

1.3.5   Welche Inhalte werden im Sachunterricht unterrichtet?

Lehrplananalysen belegen, dass Themen der Chemie weniger als fünf Prozent der vorgesehenen Inhalte des Sachunterrichts stellen (RISCH 2006a). Wie aber konkretisieren Lehrpersonen der Grundschule in der Praxis, wenn ein Großteil von ihnen Sachunterricht erteilt, ohne selbst einen deutlichen Bezug zu Naturwissenschaften zu haben?

Zur Untersuchung dieser Fragestellung bietet sich die Klassenbuchanalyse als gängiges Verfahren zur Unterrichtsthemenanalyse an. Auch wenn man bei Klassenbuchanalysen einen methodischen Vorbehalt der Ausdeutbarkeit der Einträge gelten lassen sollte, kann eine solche Analyse die Größenordnung der Anteile behandelter Fachrichtungen angeben. Zwar kann mit ihr nicht evaluiert werden, wie gründlich ein Unterrichtsinhalt thematisiert wurde, doch kann davon ausgegangen werden, dass jedes größere behandelte Thema erfasst wird.

TROSCHKA hat in einer Staatsexamensarbeit 2003 insgesamt 37 Klassenbücher von ersten und zweiten Grundschulklassen aus 30 Jahren untersucht (TROSCHKA 2003). Er stellte fest, dass Chemie und Physik zusammen sechs Prozent der Inhalte stellten. Die Chemie hatte mit zwei Prozent den geringsten Anteil überhaupt, Biologie mit 40 % den größten.

REWIG hat 2010 in den Sprachförderschulen der vorliegenden Untersuchung 93 Klassenbücher der Eingangs-, ersten und zweiten Klassen analysiert. Untersucht wurden die Klassenbücher der Jahre 2002 bis 2009, mit einem an die bestehenden Lehrpläne angelehnten Kategoriensystem. Es zeigten sich folgende Erkenntnisse:

Naturwissenschaften traten ähnlich selten auf wie in vergangenen Studien. TROSCHKA belegte eine knappe Hälfte naturwissenschaftlicher Themen, REWIG beschreibt in gleicher Größenordnung 17,5 bzw. 20 Einträge pro Klassenbuch und Jahr.

Weiterhin dominieren biologische Themen. Allein der Komplex „Tiere, Pflanzen, Lebensräume" stellt bis zu zwei Dritteln der naturwissenschaftlichen Inhalte. Potenziell chemische Themen („Wärme, Licht, Feuer, Wasser, Luft, Schall" sowie „Umweltschutz und Nachhaltigkeit") bleiben im einstelligen Prozentbereich.[26]

Interessant ist die Analyse des Vorkommens von Experimenten über Zeit und in Abhängigkeit von der Lehrperson: Die Thematisierung naturwissenschaftlicher Inhalte, aber auch das Durchführen von Experimenten schwankt stark. Hier liegt die Erklärung nahe, dass es von der Motivation der einzelnen Lehrkräfte abhängt, wie viel und welche naturwissenschaftlichen Themen vorkommen und ob experimentiert wird. Dieser Effekt zeigt sich möglicherweise stärker als bei gesellschaftlich stärker verankerten Themen wie der Verkehrserziehung oder Heimatkunde.

In Schule 2 fällt der Jahrgang 04/05 auf, der in der zweiten Klasse einen positiven „Ausreißer" zeigt. Hierzu schreibt REWIG: *„Bei Schule 2 stellte sich heraus, dass es bei den Personen, die in den Schuljahren 03/04 und 04/05 [...] vermehrt experimentiert hatten, um zwei Referendarinnen handelte. Diese hatten [...] Naturwissenschaften studiert"* (REWIG 2010, S. 25). Diese Aussage bekräftigt, dass es kein mangelndes Interesse der Kinder ist, das Lehrende daran hindert, Naturwissenschaften zu thematisieren. Die Gründe sind, wie bereits dargestellt, eher in der Mischung aus fehlender eigener positiver Erfahrung mit „harten" Naturwissenschaften, positivem Selbstkonzept sowie fachlichen und didaktischen Kompetenzen zu vermuten.

---

26 Dies deckt sich mit der bereits erwähnten Studie von DRECHSLER-KÖHLER an 666 Grundschullehrenden: Zu ihrem Sachunterricht befragt, gaben 90 % von ihnen an, naturwissenschaftliche Inhalte behandelt zu haben. Deren Analyse ergab, dass 68 % der Themen der Biologie zuzuordnen waren, 21 % Magnetismus, Strom und Wetter; die restlichen 11 % setzten sich aus 20 verschiedenen Themen zusammen (DRECHSLER-KÖHLER 2006, S. 388).

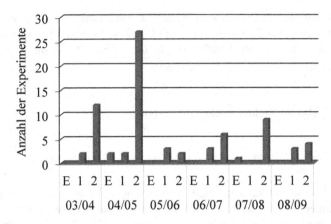

Klassenstufe (Eingangs-, 1. und 2. Klasse) und Jahrgang

Abbildung 2: Anzahl der Experimente in Schule 1 (aus REWIG 2010, S. 16)

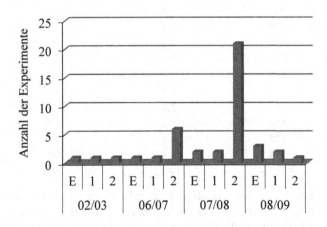

Klassenstufe (Eingangs-, 1. und 2. Klasse) und Jahrgang

Abbildung 3: Anzahl der Experimente in Schule 2 (aus REWIG 2010, S. 17)

Auch die Anzahl der Experimente in Schule 2 schwankt stark. Die Zunahme an Experimenten in der 2. Klasse der Jahre 06/07 sowie 07/08 ist auf das Engagement *einer* Lehrerin zurückzuführen: *„In ihrer Freizeit und auf Fortbildungen hatte sie sich weitergebildet"* (ebd., S. 25).[27]

1.4   Das deutsche Förderschulsystem

1.4.1   Förderschülerinnen und Förderschüler in Deutschland

Tabelle 1 zeigt die zahlenmäßige Entwicklung der Schüler/innen und Förderschüler/innen in Deutschland. Im Jahr 2008 besuchten neun Mio. Kinder in Deutschland allgemeinbildende Schulen, davon acht Mio. im schulpflichtigen Alter (Klassen 1–10).

	Schüler/innen allgemeiner Schulen (in Mio.)	Schulpflichtige Schüler/innen (Klassen 1–10, in Mio.)	Schüler/innen mit sonderpädagogischem Förderbedarf (in Tsd.)	Förderquote [%]
1998	10,11	9,3	410	4,4
1999	10,05	9,2	469	5,1
2000	9,96	9,1	479	5,2
2001	9,87	9,0	489	5,4
2002	9,78	9,0	495	5,5
2003	9,73	8,9	492	5,6
2004	9,62	8,8	493	5,6
2005	9,50	8,6	487	5,7
2006	9,35	8,4	484	5,8
2007	9,18	8,3	485	5,9
2008	9,02	8,0	482	6,0

Tabelle 1:   Schüler mit sonderpädagogischem Förderbedarf 1998–2008 (Quellen: Schüler *ohne* sonderpäd. Förderbedarf: KMK 2010a, S. 22; KMK 2007, S. 22; Schüler *mit* sonderpäd. Förderbedarf: KMK 2010b, S. 3 f., KMK 2008, S. 3 f.)

---

27 Seit dem Jahr 08/09 bietet die Lehrerin das Experimentieren in einer AG am Mittwochmorgen an, sodass es hier nicht mehr so stark ins Gewicht zu fallen scheint; andere AG-Angebote sind Backen, Spielen und Basteln.

Von allen schulpflichtigen Schülerinnen und Schülern hatten 482.000 „sonderpädagogischen Förderbedarf" (KMK 2010b). Seit 1998 ist dieser Anteil, die
Förderquote[28], von 4,4 % auf 6,0 % gestiegen. Dieser Anstieg bewirkte, dass
sich trotz einer sinkenden Zahl von Schulpflichtigen die Anzahl der Förderschü-
ler/innen[29] um bis zu 85.000 erhöhte. Die Zunahme erreichte ihren Höhepunkt in
den Jahren 2002/3; seitdem sinkt die Zahl der Förderkinder.

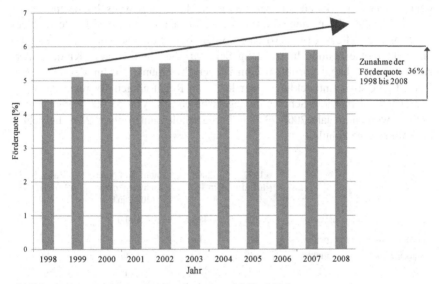

Abbildung 4:   Zunahme der Förderquote, 1998–2008
                (Quelle: KMK 2010b, KMK 2008)

Bei konstanter Förderquote von 1998 wären im Jahr 2008 130.000 Förderschü-
ler/innen *weniger* zu erwarten gewesen, (352.000 statt 482.000).[30]

---

28   Die Förderquote umfasst alle Schüler/innen mit sonderpädagogischem Förderbedarf (in Förder-
     und allgemeinen Schulen) als Anteil aller schulpflichtigen Schüler/innen (KMK 2008, S. X)
29   „Schüler mit sonderpädagogischem Förderbedarf" werden hier „Förderschüler/innen" genannt
     unabhängig davon, ob sie Schulen des Förderschul- oder Regelschulsystems besuchen.
30   Die Statistiken belegen, dass die Zahl der Förderschüler/innen *in Förderschulen* im betrachteten
     Zeitraum nur um 21.000 schwankt, d. h. deren Kapazität relativ gleichmäßig ausgelastet wurde.

1.4.2   Förderschülerinnen und Förderschüler im Bereich „Sprache"

„Schüler mit sonderpädagogischem Förderbedarf" werden nach einem Beschluss der Kultusministerkonferenz von 1994 (KMK 1994, S. 9) einem von acht Förderschwerpunkten (s. Tab. 2) zugeordnet. Auf den hier untersuchten Bereich „Sprache" entfielen im Jahr 2008 über elf Prozent. Er ist in zwölf Jahren um 55 % von 32.000 auf 51.000 Kinder angestiegen. Der Bereich „Sprache" wächst nach dem Bereich „Emotionale und soziale Entwicklung" am zweitschnellsten.[31]

Im Jahr 2008 besuchten von 482.000 Förderschülerinnen und Förderschülern in Deutschland 82 % (393.000) eine Förder- bzw. Sonderschule, 18 % (89.000) eine allgemeine Schule. In welchem Schultyp die klassifizierten Kinder unterrichtet werden, hängt vor allem vom Förderschwerpunkt ab. Im Vergleich zum Bereich „geistige Entwicklung", der kaum an Regelschulen vertreten ist, weist „Sprache" *relativ* viele Schüler in Regelschulen aus. Von 51.000 Sprachförderkindern wurden im Jahr 2008 73 % in Förderschulen unterrichtet, 27 % besuchten eine allgemeine Schule.

	1997 (in Tsd.)	2008 (in Tsd.)	Anteil der Förderschwerpunkte (2008, in %)	Zuwachs 1997 → 2008 [%]
Förderschüler/innen insgesamt	405	482	100,0	19
Förderschwerpunkt Lernen	220	211	44	− 4
Sonstige Förderschwerpunkte:	188	271	56	44
Sehen	4	7	1	75
Hören	10	15	3	50
Sprache	32	51	11	59
Körperl./motor. Entwicklung	21	31	6	48
Geistige Entwicklung	61	77	16	26
Emotion./soziale Entwicklung	23	55	11	139
Übergreifend/ohne Zuordnung	27	24	5	− 11
Kranke	8	10	2	25

Tabelle 2:   Förderschwerpunkte der Kinder mit sonderpädagogischer Förderung (KMK 2008)

---

31 Der Bereich „Sehen" wird hier vernachlässigt, da er nur *auf niedrigem Niveau* stark wächst.

Zu Beginn des Kapitels wurden die unzureichenden testtheoretischen Grundlagen der Sprachtests in Regelschulen kritisiert; gleichwohl wurde die Größenordnung der Kinder mit Sprachförderbedarf von ca. 20–25 % als realistisch beurteilt. Jedoch werden nur ca. 3,5 % der schulpflichtigen Kinder als Förderkind im Förderschwerpunkt „Sprache" klassifiziert.[32]

Die Differenz zu den „ca. 20–25 % Kindern mit Sprachförderbedarf" der regelschulischen Sprachtests lässt sich dadurch erklären, dass dies unterschiedlich entstandene Testsysteme mit unterschiedlicher Zielsetzung sind. Während aus den flächendeckenden Tests z. B. niederschwellige Förderangebote in der Vor- oder Grundschule vor Ort resultieren, hat das behördliche Klassifizierungsverfahren als „Förderkind" starke Auswirkungen auf den weiteren Schulverlauf eines Kindes, vor allem die Beschulung im System Förder- oder Regelschule.

Das entsprechende Verfahren kann von Eltern, Lehrpersonen oder den Schulbehörden initiiert werden, die Entscheidungskompetenz liegt bei Letzteren (MINISTERIUM FÜR SCHULE UND WEITERBILDUNG NRW 2010; vgl. KMK 1994). „Sonderpädagogischer Förderbedarf im Bereich Sprache" wird wie folgt definiert:

> „Sprachbehinderung liegt vor, wenn der Gebrauch der Sprache nachhaltig gestört und mit erheblichem subjektiven Störungsbewusstsein sowie Beeinträchtigungen in der Kommunikation verbunden ist, so dass sie durch schulbegleitende oder zeitlich begrenzte oder begrenzte stationäre Maßnahmen nicht behebbar ist" (ebd.).

Die Tests werden von Sprachförderschullehrkräften durchgeführt, u. U. unter Zuhilfenahme von Dolmetschenden. Unzureichende Kenntnisse der *deutschen* Sprache begründen keinen *sonderpädagogischen* Förderbedarf. Zudem werden Kinder mit Förderbedarf in mehreren Bereichen dem anderen Förderbereich zugeordnet (z. B. „Lernen", „Emotionale Entwicklung"). Folglich kategorisieren die Regelschulerhebungen mehr Kinder „mit Sprachförderbedarf", weil sie auch leichtere Defizite einschließen sowie solche *der deutschen Sprache*.

Die Kultusministerkonferenz nennt die Rückschulung in das Regelschulsystem als obligatorisches Ziel:

> „Die Schule für Sprachbehinderte[33] ist als Durchgangsschule konzipiert. Sie führt ihre Schülerinnen und Schüler in die allgemeine Schule zurück. [...] In der Schule für Sprachbehinderte wird grundsätzlich nach den Lehrplänen der allgemeinen Schule unterrichtet" (KMK 1998, S. 16).

---

32 Rechnerisch ermittelt aus der Förderquote von sechs Prozent für alle „Kinder mit sonderpädagogischen Förderbedarf" und den 59 % im „Förderschwerpunkt Sprache".

33 Die Sprachförderschulen haben, dem Föderalismus folgend, eine Vielzahl von Bezeichnungen.

Entsprechend gibt es Sprachförderschülerinnen und Sprachförderschüler vor allem in Grundschulen (vgl. Tab. 3).

Schultyp	Sprachförderschüler/innen in der Regelschule
Grundschule	10.089
Orientierungsstufe	343
Hauptschule	737
Schulen mit mehreren Bildungsgängen	780
Realschule	128
Gymnasium	85
Integrierte Gesamtschule	414
Freie Waldorfschule	11

Tabelle 3:   Sprachförderschüler in allgemeinen Schulen
nach Schulstufen und -typen
(KMK 2007, S. 12–19)

Es wird nicht systematisch erfasst, welcher Anteil der Kinder von Sprachförder-schulen nach Ende der Grundschulzeit eine Regelschule besucht und welche Förderschwerpunkte des Sonderschulsystems die nicht rückgeschulten Kinder besuchen.

1.4.3   Schulabschlüsse im deutschen Förderschulsystem

Im Folgenden wird als Einblick in die beruflichen Chancen von Förderschüle-rinnen und Förderschülern gezeigt, welche Art von Abschluss die Jugendlichen in den Förderschulen ablegen. Diese Analyse zeigt, mit welchen Chancen auf Teilhabe am öffentlichen Leben – in ihrer Rolle als Arbeitnehmerin oder Arbeit-nehmer – die Schulen ihre Absolventen in den Ausbildungsmarkt entlassen.

2008 gab es über 46.000 Absolvent/innen und Abgänger/innen des Förder-schulsystems. Davon erwarben knapp ein Viertel – weniger als 11.000 Jugend-liche – einen anschlussfähigen Abschluss, also mindestens den der Hauptschule. Über 35.000 Jugendliche (76 %) blieben ohne einen arbeitsmarktfähigen Ab-schluss (KMK 2010b; vgl. Abb. 5).

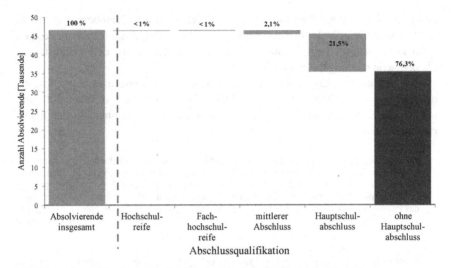

Abbildung 5: Absolventen der Förderschulen, 2008, nach Abschluss-
qualifikation
(Säulen in %; Skala der Ordinate in absoluten Zahlen. KMK
2010b)

1.4.4 Exkurs: Deutsche Förderschulen im internationalen Vergleich

Das deutsche Förderschul*system* ist nicht Fokus dieser Arbeit. Trotzdem werfen
die geringe Quote deutscher Förderschülerinnen und Förderschüler mit anschluss-
fähigem Schulabschluss sowie die unterschiedlichen Bestrebungen der Bundesländer zur Integration und Inklusion die Frage auf, wie die Förderung von Kindern
mit Förderbedarf international gehandhabt wird.

Dies geschieht auch, weil mit der auch in Deutschland angestrebten bildungspolitischen Entwicklung hin zu Integration und Inklusion die Ergebnisse dieser
Untersuchung für beide Schulsysteme relevant werden.[34]

Die internationalen Entwicklungen zielen darauf ab, möglichst viele Kinder in
einem Schulsystem zu erziehen. Es würde den Rahmen dieser Arbeit übersteigen,
die geschichtliche Entwicklung von der Deklaration der Menschenrechte bis zur

---

34 Zudem wurde die Diskussion um „Integration" in Deutschland nach Ende des NS-Regimes
nicht öffentlich, sondern nur von betroffenen Eltern und Lehrenden geführt (HÄNSEL 2005).
Dies war in anderen Ländern anders.

neuen UN-Konvention über die Rechte von Menschen mit Behinderungen (2008) (BUNDESREPUBLIK DEUTSCHLAND 2008) international nachzuvollziehen; deshalb werden hier lediglich einige internationale Meilensteine sowie deren Einfluss auf die deutsche Bildungspolitik dargestellt.

Als bedeutendes Ereignis wird die **Erklärung von Salamanca** betrachtet, die nach einer Konferenz der UNESCO 1994 formuliert wurde; dort vertraten 300 Teilnehmende 92 Regierungen und 25 internationale Organisationen. In der Erklärung heißt es:

> „Wir anerkennen die Notwendigkeit und Dringlichkeit, Kinder, Jugendliche und Erwachsene mit besonderen Förderbedürfnissen innerhalb des Regelschulwesens zu unterrichten." Weiter wird erklärt, „dass jene mit besonderen Bedürfnissen Zugang zu regulären Schulen haben müssen, [...]". Entsprechend werden die Regierungen aufgefordert, „auf Gesetzes- bzw. politischer Ebene das Prinzip integrativer Pädagogik anzuerkennen und alle Kinder in Regelschulen aufzunehmen, außer es gibt zwingende Gründe, dies nicht zu tun" (UNESCO 1994, S. 3; Unterstreichungen GOTTWALD).

Deutschland verfolgte im gleichen Jahr in seinen „Empfehlungen für die sonderpädagogische Förderung in den Schulen in der Bundesrepublik Deutschland" (KMK 1994) eine ähnliche gedankliche Richtung, jedoch in weicherer Formulierung.[35]

> „Die Bildung behinderter junger Menschen ist verstärkt als gemeinsame Aufgabe für grundsätzlich alle Schulen anzustreben" (KMK 1994, S. 3, Unterstreichungen GOTTWALD).

Durch diese Erklärung vereinbaren die Bundesländer, sonderpädagogische Förderung *auch* in allgemeinen Schulen durchzuführen. Die „Empfehlungen zum Förderschwerpunkt Sprache" (KMK 1998) beschreiben in ähnlicher Kann-Bestimmung, dass *„die Förderung in allgemeinen Schulen, in Sonderschulen oder durch Förderzentren erfolgen kann"* (ebd., S. 7). In Bezug auf die Förderung im gemeinsamen Unterricht heißt es: *„Schülerinnen und Schüler [...] können allgemeine Schulen besuchen, wenn dort die notwendigen personellen und sächlichen Voraussetzungen gegeben sind oder geschaffen werden können"* (ebd.). Da diese Formulierungen den ausführenden Verwaltungsorganen einen großen Interpretationsspielraum einräumen, wird ihnen lediglich der Stellenwert politischer Absichtserklärungen zugesprochen.

Der zweite, neuere Baustein ist die **UN-Konvention über die Rechte von Menschen mit Behinderungen**. Sie wurde 2006 verabschiedet, bis 2009 ratifiziert und trat in Deutschland im März 2009 in Kraft. Sie richtet sich wie andere

---

35 Sie löste die „Empfehlung zur Ordnung des Sonderschulwesens" von 1972 ab, die das Recht auf Bildung für behinderte Kinder formuliert, jedoch ohne den Gedanken der Integration.

UN-Konventionen an den Staat als Garanten eines Rechtes. Als Besonderheit begründet sie in klaren Formulierungen konkrete Ansprüche der betroffenen Menschen. UN-Konventionen sind als weltweit höchste gesetzliche Kraft für die Träger öffentlicher Gewalt auf nationaler, Länder- und kommunaler Ebene völkerrechtlich verbindlich. Die Konvention formuliert im Artikel 24 (Bildung):

> „Die Vertragsstaaten anerkennen das Recht von Menschen mit Behinderungen auf Bildung. Um dieses Recht [...] zu verwirklichen, gewährleisten die Vertragsstaaten ein integratives Bildungssystem auf allen Ebenen [...] mit dem Ziel, [...] Menschen mit Behinderungen zur wirklichen Teilhabe an einer freien Gesellschaft zu befähigen" (BUNDESREPUBLIK DEUTSCHLAND 2008, S. 18).

Später heißt es:

> „Bei der Verwirklichung dieses Rechts stellen die Vertragsstaaten sicher, dass [...] Menschen mit Behinderungen nicht aufgrund von Behinderung vom allgemeinen Bildungssystem ausgeschlossen werden und dass Kinder mit Behinderungen nicht aufgrund von Behinderung vom unentgeltlichen und obligatorischen Grundschulunterricht oder vom Besuch weiterführender Schulen ausgeschlossen werden [...]" (ebd., S. 31).

Nordrhein-Westfalen beschreibt mit den 2008 in Kraft getretenen Richtlinien für die Grundschule einen integrativen Weg. Als Leitidee wird *„die individuelle Förderung aller Schülerinnen und Schüler"* beschrieben (MINISTERIUM FÜR SCHULE UND WEITERBILDUNG NRW 2008, Vorwort). Der dritte Abschnitt widmet sich der „Vielfalt als Chance und Herausforderung". Er bestätigt:

> „Die Grundschule ist eine gemeinsame Schule für alle Kinder. Neben vielfältigen individuellen Begabungen treffen hier Kinder mit und ohne Behinderung, unterschiedlicher sozialer oder ethnischer Herkunft [...] zusammen. Aufgabe der Schule ist es, diese Vielfalt als Chance zu begreifen [...]" (ebd., S. 12).

Es existieren große Unterschiede in der Klassifikationsrate von Förderkindern: Während Mecklenburg-Vorpommern fast zwölf Prozent der Kinder Förderbedarf bescheinigt, sind es in Rheinland-Pfalz 4,5 % (KMK 2010; vgl. KLEMM 2010a; WOCKEN 2005). Der bundesdeutsche Durchschnitt lag 2008 bei sechs Prozent.

Abb. 6 vergleicht internationale Klassifikationsraten des Jahres 2004. Die Heterogenität der Kategorisierung legt nahe, dass sie tradierten Kriterien folgt:

> „These contrast in the percentage of registered pupils with SEN [special educational needs] reflect differences in legislation, assessment procedures, funding arrangements [...]. Of course, they do not reflect differences in the incidence of special needs between the countries" (EADSNE 2003, S. 10).

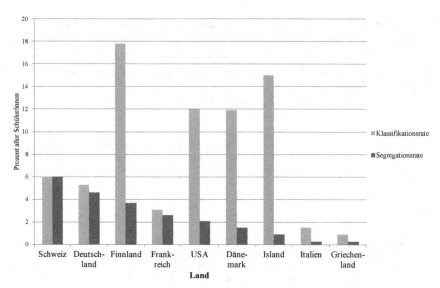

Abbildung 6:   Quoten: Förderschüler und Segregation
                (nach POWELL 2004)

Finnland, USA, Dänemark und Island deklarieren zweistellige Quoten an Förderkindern, die jedoch häufig die Regelschule besuchen. Als Fördermöglichkeiten stehen die Zuweisung von Förderbudgets für die Regelschule oder die Einrichtung
von unterstützenden Förderklassen an Regelschulen zur Verfügung. In Deutschland, Frankreich und der Schweiz bedeutete die Kategorisierung als Förderschü-
ler/in bislang fast zwangläufig den „Schulbesuch im zweiten Schulsystem".[36]

---

36 Es liegen keine EU-weiten, systematischen Vergleiche für Rückschulquoten oder Schulabschlüsse
    vor. Für die USA ist bekannt, dass mehr als die Hälfte der Absolvierenden des Fördersystems
    das „high school certificate" erreichen. Jedes Jahr werden ca. 20 % der amerikanischen Schüle-
    rinnen und Schüler rückgeschult, was wegen der vorherigen Integration in die gleiche Institution
    „meist innerhalb der gleichen Schule" geschehen kann (POWELL 2004, S. 6). „Die durchschnitt-
    lich höheren Abschlussraten in den USA reflektieren das amerikanische Bildungsziel, möglichst
    allen Schülern einen Bildungsabschluss zu ermöglichen" (ebd., S. 7).
    Dies ist verständlich auf Basis der curriculären und wirtschaftlichen Selbstständigkeit amerika-
    nischer Schulen. Sie werden von lokalen School Boards überwacht, die aus Bürgern der Stadt –
    nicht: Beamten – bestehen, die die Curricula sowie die Schulsteuern festlegen. Überprüft
    werden Schulen per nationaler Tests durch das nationale Schulministerium, das einen Teil der
    Schulkosten finanziert. Förderschüler sind deshalb aus Sicht der Schulen eine Quelle zusätz-
    licher Ressourcen, da sie erhöhte Zuwendungen erhalten.

Die Europäische Union unterteilt die Schulsysteme in drei Gruppen (EADSNE 2003, S. 7). Der „*one-track-approach*" unterrichtet möglichst alle Kinder in einem Schulsystem (E, I, GR, SWE, N). Der „*multi-track-approach*" verzahnt Angebote für Regel- und Förderschüler mit hoher Durchlässigkeit (F, DK, FIN, AU, östliche EU). Im „*two-track-approach*" existier(t)en zwei separate Systeme geringer Durchlässigkeit, in denen Förderkinder meist nicht dem Regelcurriculum folgten (CH, B, D, NL); die beiden Letzteren werden als „*moving towards the multi-track-system*" klassifiziert (ebd. S. 7), da ihre Systeme sich momentan stark verändern.

Noch 2007 formulierte der Inspektor der UN-Menschenrechtskommission, VERNOR MUÑOZ VILLALOBOS, über seinen Deutschlandbesuch an den Rat der Menschenrechte:

> „Der Sonderberichterstatter stellte fest, dass die Einbeziehung von behinderten Menschen in die Regelschulen nicht die Norm ist. Folglich kann die [...] propagierte Integrationspolitik als Politik der Absonderung ausgelegt werden [...]" (MUÑOZ 2007, S. 20).

Der Schulbesuch von Förderkindern ist aufwendig, unabhängig von ihrem Unterrichtsort (OECD 1995). Dass der gemeinsame Schulbesuch unter volkswirtschaftlichen Kriterien tendenziell preiswerter ist als der segregierte, ist belegt (ebd.; vgl. PREUSS-LAUSITZ 2000). Einzubeziehen sind volkswirtschaftliche Folgekosten durch nicht abgelegte Schulabschlüsse, die Bildungs- und Lebenswege von Förderkindern häufig direkt in andere staatliche Unterstützungssysteme münden lassen.

Wieso aber ist der Förderort von solcher Bedeutung, wo doch in der Förderschule spezialisiert unterrichtet wird? Hier spielen organisationale sowie lernpsychologische und gesellschaftliche Aspekte zusammen:

Zunächst ist zu bedenken, dass mit zunehmender Segregation **die Durchlässigkeit der Bildungssysteme abnimmt.** Je früher aber eine Richtungsentscheidung für die Bildung eines Kindes getroffen wird, desto größer ist ihr Einfluss auf seine Biografie: Bei späterer positiver Entwicklung werden die curricularen Defizite gegenüber der Regelschule zum Hindernis für einen Wechsel. WOCKEN belegt mit einer Studie an über 10.000 Förderkindern, dass die Dauer des Förderschulbesuchs in Deutschland sowohl mit einer Abnahme der Rechtschreibleistung korreliert als auch der Abnahme ihrer Intelligenztestwerte (WOCKEN 2005).

Damit geht einher, dass die Bildungssysteme **unterschiedliche Erwartungen** stellen. GIESKE und VAN OPHUYSEN (2008) befragten 80 Viertklässler/innen aus Sprachförderschulen zu „Erwartung", „Vorfreude" und „Besorgnis". Es zeigte sich, dass künftige Regelschulkinder deutlich mehr Vorfreude zeigen als die im Förderschulsystem verbleibenden. Ein Teil der zukünftigen Regelschulkinder befürchtete aufgrund ihres vorherigen Förderschulbesuchs auf der Regelschule Nachteile.

Zudem verschiebt die Segregation förderbedürftiger Kinder ihre Normvorstellungen, auch im Bereich Sprache. Für Kinder mit Sprachförderbedarf beschreibt die Kultusministerkonferenz entsprechend, dass diese Schüler/innen

> „in der allgemeinen Schule in ein altersangemessenes sprachliches Umfeld eingebunden [sind], das ihnen die Gelegenheit gibt, auch über das Sprachvorbild anderer Kinder die eigene (Kinder-) Sprache zu kontrollieren, ihre neu erworbenen sprachlichen und anderen Fähigkeiten und Fertigkeiten in natürlicher Weise zu erproben (KMK 1998, S. 14).

Das Zusammenspiel dieser Aspekte bewirkt, dass für Kinder mit Förderbedarf sehr früh einschneidende, kaum revidierbare bildungsbiografische Richtungsentscheidungen getroffen werden, die zu flachen Bildungsverläufen führen. KLEMM resümiert zu den Herausforderungen inklusiver Bildung:

> „Ein inklusives Schulsystem ist – wie die zahlreichen Beispiele in Deutschland zeigen – erreichbar. Der Weg dorthin führt über einen zügigen Ausbau inklusiver Angebote in den Kindertageseinrichtungen, den Grundschulen und weiterführenden Schulen. Doppelstrukturen mit einem Nebeneinander von Inklusion und separierender Förderschule sollte es nur für eine erkennbar begrenzte Übergangsphase geben" (KLEMM 2010a, S. 31).

Mit der Anerkennung der o. g. bildungspolitischen Meilensteine hat sich Deutschland auf den Weg zu einer Entwicklung in Richtung Integration und Inklusion begeben. Die Verbindlichkeit der Umsetzungsrichtlinien in den Bundesländern ist verschieden, ebenso die bereits geleistete Umsetzung. Mit Blick auf die „Bildungschancen aller" wäre eine Verstärkung der Anstrengungen in allen Bundesländern wünschenswert – vergleichbar mit der US-amerikanischen Initiative „no child left behind".

1.5   Theoretische Grundlagen zum Spracherwerb und Wortschatz

Im Folgenden werden theoretische Grundlagen des Spracherwerbs[37] dargestellt, fokussiert auf den Wortschatz. Dies ist notwendig, weil die Eignung des Experimentierens als Sprachfördermethode auch darauf basiert, dass Merkmale des

---

37 Die Begriffe Sprach*entwicklung* und (Erst-) Sprach*erwerb* werden in dieser Arbeit synonym verwendet, obwohl in der Spracherwerbsforschung der gewählte Terminus signalisiert, ob einer nativistischen („inside-out") Theorie gefolgt wird (Sprach*entwicklung)* oder einer behavioristischen („outside-in"; Sprach*erwerb).*
„Sprechen" verstehen wir als (begriffliche und motorische) Sprachproduktion, nicht in der Engführung als motorische Lautbildung.

Experimentier*prozesses* genau zu den Mechanismen der Sprachentwicklung (Wiederholungen, Elaborieren von Bedeutung in verschiedenen Kontexten u. v. m.) passen.

Der Experimentierprozess wird später beschrieben. Um Bezug nehmen zu können, wird das verwendete Konzept des Experimentierens hier skizziert: „**Experimentieren**" wird in dieser Untersuchung verstanden als das Experimentieren **von Schülerinnen und Schülern** (evtl. der Lehrperson), das **eingebettet** ist **in einen kommunikativen Prozess („Diskurs")**. Dieser rahmt das Experiment ein und **strukturiert** das Experimentieren. Die verschiedenen Stadien bieten Sprechanlässe mit unterschiedlichem Abstraktionsniveau: von einem Beginn mit einem möglichst authentischen, spannenden Problem (evtl. mithilfe von Storytelling) über das Begutachten der konkreten Materialien, das Beschreiben von Phänomenen und das Formulieren und Abwägen von Vermutungen, die Diskussionen zu ihrer Überprüfung sowie eine altersangemessene Dokumentation.

1.5.1   Die Sprachentwicklung: Meilensteine und Mechanismen

„Der kindliche Spracherwerb stellt das komplexeste Phänomen dar, welches das Kind im frühen Kindesalter zu bewältigen hat" (SIEGMÜLLER 2007, S. 119). Andere Forscher formulieren, *„language learning ought to be impossible"* (HIRSH-PASEK und GOLINKOFF 1996). Diese Komplexität ist für Laien nicht offenkundig, da niemand sich an die Mühen des Spracherwerbs erinnert. Die Analyse von Versprechern als klassische Methode der Sprachforschung[38] zeigt, dass schon die Sprachproduktion eine komplexe kognitive Leistung darstellt.

Die Beschreibung der Sprachentwicklung beginnt meist mit den ersten sprachlichen Äußerungen von Kleinstkindern. Dabei beginnt dieser Prozess beim Fetus und mit den gleichen Mechanismen, die für den weiteren Verlauf zentral sind. Studien belegen, dass Feten mit der **Fähigkeit zur strukturellen Sprachwahrnehmung** ausgestattet sind: Sie reagieren auf Wechsel von der Mutter- zur Fremdsprache, auf Wechsel der Tonhöhe oder auf Wechsel von der Mutter zu einer anderen Sprecherin.[39] Dabei orientieren sie sich an sprachmelodischen Charakteristika (vgl. DITTMANN 2006, S. 15 ff.) und identifizieren die als „normal" angebotene Sprachstruktur als Norm. Das Erkennen linguistischer Muster als

---

38 Durch absichtlich erzeugte Sprachfehler wird auf Spracherwerbs- oder -produktionsprozesse geschlossen.

39 Typische Versuche belegen mittels Saug- oder Herzschlagfrequenz, dass diese Phänomene die Aufmerksamkeit des Ungeborenen erhöhen – eine Voraussetzung, Sprachstrukturen zu erkennen (vgl. GRIMM 2000b).

Sprachnormen ist ein wesentlicher Lernmechanismus im Spracherwerb, der bereits pränatal im Gang ist. Der Prozess der Sprachentwicklung verläuft mit sprachlichem Input der Umgebung unter endogener Steuerung: Das Kind erarbeitet sich in der Interaktion mit anderen grammatische und semantische Strukturen, die auf seinen Vorkenntnissen aufbauen. „Bootstrapping"[40] ist zentral für das Erkennen und Lernen-Können von wiederkehrenden grammatischen Konstruktionen sowie das Sich-Erschließen semantischer Inhalte aus dem Kontext. Der Mechanismus greift für alle Sprachbereiche: Semantik, Syntax und Grammatik. Auch kommt er lebenslang beim Dazulernen neuer Begriffe zum Tragen.

Ab dem ersten Monat unterscheiden Säuglinge Laute kategorial, z. B. die Phoneme (Lauteinheiten) „b" und „p". Dies differenziert ihre Sprachwahrnehmung (SZAGUN 2006; vgl. TRACY 2000, S. 58). Nachdem diese Fähigkeit in den ersten Lebensmonaten auf dem Höhepunkt ist, verengt sich die Breite der wahrgenommenen Laute mit ca. einem Jahr auf die der gehörten Sprache. Auch wenn Kinder damit Unterscheidungsmöglichkeiten verlieren, wird dies als sinnvoller Mechanismus bewertet, weil er die Menge der zu analysierenden Informationen verringert.[41] So kann sich die Aufmerksamkeit eines französischen oder chinesischen Kleinkindes auf die Phoneme seiner Umwelt richten, ohne dass Unbedeutendes Konzentration verbraucht.[42]

Die Aufrechterhaltung der phonemischen Unterscheidungsmöglichkeiten ist **gekoppelt an reale soziale** Interaktion. *„Hier wird es wieder bedeutsam, dass Sprache der Kommunikation dient. Was für die Kommunikation nicht wichtig ist, dem wird keine Aufmerksamkeit geschenkt"* (SZAGUN 2006, S. 49).

Hier wird bereits ein Vorteil des Experimentierens – im Vergleich zu anderen Sprachförderansätzen – offensichtlich, der aus der Ähnlichkeit der Prozesse entsteht: Die zu lernenden Begriffe werden beim Experimentieren in Diskussionssituationen gebraucht, die nicht vorgefertigt sind. Es wird das vorhandene Material begutachtet, die Experimente werden durchgeführt und später diskutiert. Diese Möglichkeiten zum Hören und Anwenden grammatischer Strukturen bieten reichhaltige Gelegenheiten zur Strukturerkennung sowie zum semantischen und syntaktischen Bootstrapping. Diese im Experimentierprozess begründete Kommunika-

---

40 Bootstraps sind die Stiefelschlaufen hoher Schnürschuhe, die das Anziehen erleichtern. Entsprechend wird „Bootstrapping" als Metapher verwendet, wenn sich jemand selbst hilft.

41 Auch wenn das auditive System die Unterschiede noch wahrnehmen kann, lässt die *Aufmerksamkeit* für ihre Unterscheidung nach. Entsprechend muss das auditive System eines Menschen, wenn dieser eine Fremdsprache erlernt, seine *„jahrelange Praxis im Ignorieren solcher Unterscheidungen [zu] überwinden"* (SZAGUN 2006, S. 50).

42 Beispielsweise kodieren asiatische Sprachen Inhalte auch über Tonhöhen. Es wäre für europäische Säuglinge jedoch uneffizient, die Fähigkeit zur absoluten Tonhöhen-Einordnung zu erhalten, wenn diese in unseren Sprachen keinen Sinn kodieren.

tionsstruktur ermöglicht den Kindern, sprachliche Gesetzmäßigkeiten *en passant* bei der sprachlichen Interaktion über Experimente zu entdecken – und dies in realen, für sie interessanten sozialen Interaktionen zu „echten" Fragestellungen, nicht nur beim vorstrukturierten Lernen per Arbeitsblatt oder Rollenspiel. Kinder sprechen ihr erstes Wort im Alter von ca. zwölf Monaten. Mit ca. eineinhalb bis zwei Jahren verfügen sie über einen produktiven Wortschatz von ca. 50 Wörtern, verstehen können sie ca. 200 (SZAGUN 2006; GRIMM 2000b).[43] Nach dieser ersten, langsamen Erwerbsphase folgt bei manchen Kindern der sogenannte „Vokabel-Spurt", der bis zum Ende des vierten Lebensjahres anhält (MENYUK 2000, S. 175).[44] Im Alter von zweieinhalb Jahren greifen Kinder auf einen Wortschatz von ca. 500 Wörtern zu. Als Voraussetzung für die schnelle Zunahme werden die Entwicklung der Kategorisierungsfähigkeit diskutiert sowie diejenige, phonologische Sequenzen zu speichern. Hinzu kommt, dass Kinder nun Objekte und ihre Benennung durch Personen verbinden (ebd.).

Dabei ermöglichen **Aufmerksamkeitsmechanismen** das Erlernen neuer Wörter: Kinder zwischen zehn und 20 Monaten beschäftigen sich länger mit einem Spielzeug, wenn dies gleichzeitig durch ein neues, unbekanntes Wort benannt wird („*Siehst Du diese Schaufel? Das ist eine Schaufel!*"). Zwar haben auch nonverbale Gesten einen Einfluss, doch ist der Steuerungseffekt durch Sprache stärker und langanhaltender (BALDWIN und MARKMAN 1989). Dabei *sucht* das Kind den sprachlichen Input: Bereits im zweiten Lebensjahr sucht es aktiv nach der Referenz für eine genannte Objektbezeichnung und beachtet dabei die Blickrichtung des Sprechenden (BALDWIN 1995).

In den folgenden Jahren verlangsamt sich der Zuwachs, doch kommen jährlich ca. 1.000 Worte hinzu. Mit sechs bis sieben Jahren umfasst der Wortschatz ca. 10.000–14.000 Wörter (MENYUK 2000, S. 179). Die Erweiterung des Wortschatzes vollzieht sich lebenslang (vgl. DITTMANN 2006, S. 51); für akademisch gebildete Erwachsene wird ein rezeptiver Wortschatz von bis zu 120.000 Wörtern berechnet (vgl. GLÜCK 2007, S. 2).

Auch für die Mechanismen der Objektbenennung und der belegten Neugier der Kinder für diesen Vorgang gibt es Parallelen beim Experimentieren. Kinder sind von sich aus neugierig auf neue Begriffe, wenn sie in interessanten Zusammenhängen verwendet werden (vgl. im Kap. 4 die Begriffe „Pipette" oder „Lupe"). Intuitiv wird die Lehrperson bei der ersten Begutachtung der Materialien

---

43 Die Angaben der Zeitpunkte dieser Meilensteine variieren je nach Studie (vgl. KLANN-DELIUS 2008).
44 Kinder ohne Vokabelspurt bauen Vokabular langsamer, aber mit weniger Fehlverwendungen auf.

das Prinzip der „gelenkten Aufmerksamkeit" verwenden (vgl. Abb. 21). Auch hier geschieht Objektbenennung in einer Echtsituation – anders als in didaktisierten Lernsituationen.

Die Sprachentwicklung zeigt *auch im Normbereich* große Schwankungen: Kinder, die mit acht Monaten erste Worte sprechen, können ebenso eine normale Sprachentwicklung durchlaufen wie solche, die mit zwei Jahren sprechen. Der zweitgenannten Gruppe, den „late talkern", wird jedoch besonderes diagnostisches Interesse zuteil, da sie eine Risikogruppe für einen gestörten Spracherwerb darstellen (s. Kap. 1.5.6).

Erwachsene greifen auf ca. 100.000–150.000 Worte zu; die Bandbreite der Hochrechnungen wird mit den Erhebungsmethoden erklärt, da sich der Wortschatz eines Menschen nicht im vollen Umfang testen lässt.[45] Belegt sind die Abhängigkeiten der Wortschatzgröße vom Bildungserfolg sowie in jüngeren Schuljahren vom sozioökonomischen Status der Eltern (vgl. BECK, MCKEOWN und KUCAN 2002):

- Erstklässler aus Familien mit hohem sozioökonomischen Status hatten ein doppelt so großes Vokabular wie Kinder aus weniger gut situierten Familien;
- in der dritten Klasse zeigten Kinder mit den besten Noten ungefähr die gleiche Wortschatzgröße wie Zwölftklässler (!) mit schlechteren Noten;
- am Ende der Highschool hatten die besten Schülerinnen und Schüler ein ca. vier Mal so großes Vokabular wie diejenigen mit schlechteren Noten.

Diese Studien sollen hier nicht interpretiert werden, zumal der sozioökonomische Status und die Förderung von Lernstrategien und Sekundärtugenden beteiligt waren. Dennoch liegt eine Korrelation zwischen verfügbarem Vokabular und damit Ausdrucksvermögen und dem Erbringen schulischer Leistungen nahe.

---

45 Auch heute wird der Wortschatz wie von den „Urvätern" der Wortschatzgrößen-Tests mit Referenz zu Standardlexika ermittelt. SEASHORE und ECKERSON verwendeten das New Standard Dictionary of English Language mit 450.000 Einträgen, reduzierten auf Stammwörter, entnahmen jeder linken Seite das dritte Wort und ließen Testpersonen beantworten, ob sie es kannten. Die Antworten wurden hochgerechnet (AITCHINSON 2003).

1.5.2 Wortschatz: Bedeutung und Struktur des semantischen Lexikons

Das Phänomen des *Wortschatzes* erfährt seit Jahren ein zunehmendes Interesse verschiedener Forschungsrichtungen. Diese sind bestrebt, die Bedeutung eines „gesunden" Wortschatzes für eine „normale" Sprachentwicklung zu begründen. Bei den „late talkern", zweijährigen Kindern mit einem *Wortschatz unter 50 Wörtern*, gilt dies als Hauptindikator für eine gefährdete Sprachentwicklung (vgl. GLÜCK 2007).[46]

Für die *Kognitionspsychologie* sind Wörter die Schnittstelle von Kognition und Sprache, indem Wortbedeutungen über Gedächtnisrepräsentationen mit Wissenskonzepten in Beziehung stehen (ebd.). Die *Spracherwerbsforschung* beschreibt mit der „Hypothese der kritischen Masse", wie ein ausreichender Wortschatz der Motor ist für die Ausbildung der formalen Strukturmerkmale von Sprache (MARCHMANN und BATES 1994). Die *generativistische Spracherwerbstheorie* (vgl. CHOMSKY 1981; PINKER 1998) sieht im Erwerb des Wortschatzes eine Bedingung für das Bootstrapping.

Wenn im Sprachttest dieser Studie der Wortschatz von Kindern untersucht wird, so ist zu berücksichtigen, dass dieser die komplexe Kompetenz beschreibt, Wörter einer Sprache erkennen, speichern und abrufen zu können. Darüber hinaus ist Wortschatz nicht allein das Wissen der semantischen Bedeutung von Wörtern, sondern ein mehrdimensionales Wissen zu

- semantischen Eigenschaften (s. o., Wortbedeutung im engeren Sinn),
- phonologischen Eigenschaften (Lautkette, die ein Wort bildet),
- morphosyntaktischen Eigenschaften (wie es dekliniert oder konjugiert wird) sowie
- seinen eigentlichen syntaktischen Eigenschaften (die beschreiben, welcher Wortart es zugehört, welches Satzglied es bilden kann etc.; vgl. GLÜCK 2007, S. 2).

Neben diesen für alle Worte gültigen Parametern müssen für die korrekte Sprachproduktion semantische Verwendungs- und Ausschlussbereiche von Einzelfällen gelernt werden. Hierunter fallen Redewendungen oder Bedeutungsübertragungen: Dass z. B. *„ein Glas Wasser hinuntergestürzt werden kann"*, nicht aber *„ein Teller Käse"*, und etwas *„großes Kino"* sein kann, ohne cineastisch gemeint zu sein.

---

46 Die ursächlichen Zusammenhänge hierfür werden noch diskutiert. Es scheint bei late talkern nicht um fehlende kritische Masse als Risikofaktor zu gehen, sondern um fehlende Mechanismen des Bootstrapping: Ein Großteil der late talker spricht nicht nur weniger als 50 Worte, sondern weniger als zehn.

Die heute gängige Vorstellung für den **Aufbau des Wortschatzes** – also des semantischen Lexikons – benutzt die **Metapher einer Bibliothek** (vgl. AITCHINSON 2003).[47] Ein Wort entspricht einem Buch, das für die Bibliothek auszusuchen, zu erwerben, einzusortieren ist, sodass es bei Bedarf möglichst rasch gefunden werden kann. Kleinstkinder beginnen mit wenigen Büchern und einem kleinen Regal; benötigen sie mehr Strukturierungsmöglichkeiten, weil sich die Kategorien ihrer Bibliothek verändern, wird das Regal erweitert. *Dass unser Wortschatz kategorial strukturiert ist, ist evident und belegt, da wir bei einer Sprechgeschwindigkeit von ca. sechs Silben pro Sekunde in Sekunden-bruchteilen auf Worte zugreifen und dabei das Wort mit der stimmigsten Be-deutung für das Auszudrückende auswählen können –, was bei einer unstruk-turierten Wortansammlung nicht denkbar wäre (ebd.).*

Das **psycholinguistische Modell des Wortschatzes** zeigt, dass die *„phono-logische Gestalt des Wortes getrennt von der Wortbedeutung gespeichert zu sein"* scheint (ROTHWEILER 2001, S. 33). Dies zeigt sich beim „tip-of-the-tongue"-Phänomen, wenn wir beim Sprechen nach einem bestimmten Wort suchen und *wissen*, „dass wir es gleich haben", es jedoch für das Formulieren blockiert ist. Häufig können dann phonologische Merkmale wie Anfangsbuchstaben benannt werden – und doch ist der Zugriff verwehrt. Es wird deutlich: Die Wort*bedeu-tung* als *„Kurzfassung, abstract für das Konzept"* (ebd.) ist gefunden, die *Gestalt* des Wortes aber überlagert.

Das **„zwei-Ebenen-Modell des mentalen Lexikons"** (LEVELT 1989) unter-scheidet in Folge die bedeutungsmäßigen Kategorien (= **Lemma-Ebene**[48]) mit ihren semantischen und syntaktischen Charakteristika von der **Wortform-Ebene**, die Phonologie und Morphologie eines Wortes beinhaltet (s. Abb. 7).

Auf der **Wortform-Ebene** werden formale und phonologische Kriterien wie Wortanfang und Wortlänge gespeichert. Während kleinere Kinder sich an der globalen Betonung orientieren, ist dies mit zunehmendem Wortschatz nicht mehr effektiv, da im Deutschen viele Wörter wenigsilbig sind. Kinder im Schulalter nutzen andere Strukturierungsparameter, vor allem Wortanfänge und -enden (AITCHINSON 2003).[49]

---

47   Das englische „word store" („Wortlager") kommt dieser Vorstellung näher als der „Wort*schatz*".
48   Vom grch. λημμα, „Aufgenommenes, Aufgegriffenes" leitet sich ab „aufgenommene Bedeutung".
49   Dies wird als „Badewannen-Effekt" bezeichnet: Wortanfänge und -enden schauen als Struktur-merkmale aus der schaumgefüllten Badewanne, die die Mitte der Wörter verdeckt, heraus (ebd.)

Das mentale Lexikon

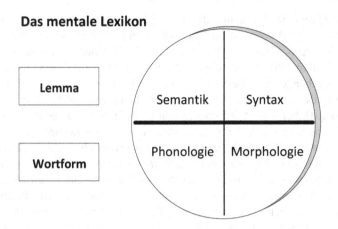

Abbildung 7:   Zwei-Ebenen-Modell des mentalen Lexikons (nach LEVELT 1989)

Die **Lemma-Ebene** ist für diese Untersuchung relevanter – und komplexer. Auf ihr werden semantische und syntaktische Ordnungskriterien gespeichert, also Zugehörigkeiten zu Wortarten und inhaltlichen Oberbegriffen. Für den Aufbau von semantischem Wortwissen und dessen Speicherqualität ist die Vernetzung zu konzeptuellem Wissen „über die Welt" entscheidend. Auch spielt das Wesen des Experimentierprozesses eine förderliche Rolle, wie im nächsten Teilkapitel mit dargestellt wird.

1.5.3   *Wie bauen Kinder Wortschatz auf?*

In der Anfangsphase des frühen Wortschatzerwerbs lernen Kinder „Ding-Wörter", visuell wahrnehmbare Gegenstände oder Personen der direkten Umgebung, sowie personal-soziale Wörter der Interaktion, Grüße (wie z. B. „hallo"), Kurzantworten (wie „ja" oder „nein") oder Expressiva (wie „aua") (vgl. KLANN-DELIUS 2008). Anschließend benennen Kinder *Vorgänge*, die passieren („fällt", „kocht", „spielt"). Erst in einer dritten Phase differenzieren sie die semantischen Felder, bezeichnen sie *Relationen zwischen Gegenständen* sowie qualitative Beurteilungen durch Adjektive (ebd.). Auch wenn diese Abfolge den frühen Wortschatzerwerb beschreibt, wird doch ersichtlich, dass die Kinder hier vom Einfachen zum Komplexen vorgehen.

Die **Sprechanlässe beim Experimentieren folgen diesem Schema**: *Vor dem* Experimentieren werden die *Materialien* betrachtet und benannt, *beim* Experimentieren Beobachtungen, häufig also *Vorgänge* („... wird kleiner", „... erlöscht", „... steigt auf", „... blubbert", „... wird größer"). Erst später, wenn Vermutungen über Wirkzusammenhänge formuliert werden, beschäftigen sich die Experimentierenden verbal mit dem *Verhältnis der Dinge* und bewerten deren Abhängigkeiten voneinander. Dabei fordert jede Beschreibung des Experimentes eine Bewertung der Vorgänge, weil die Wahl von Worten und grammatischer Struktur bereits zur Festlegung von Bedeutung zwingt. Wer hat gehandelt – wer ist aktiv, wer passiv? *„Als ich das Glas über die Kerze gehalten habe, ist die Kerze kleiner geworden"* klingt unspektakulär, doch beschreibt es zunächst einen zeitlichen Zusammenhang, nach häufiger Wiederholung einen möglichen kausalen. Beide Perspektiven sind wichtig beim Experimentieren. Hat das Kind ausreichende Möglichkeiten zur Wiederholung, wird es „immer, wenn ich ..." formulieren oder gar „weil", also Regelhaftigkeit oder Kausalität (vgl. Kap. 4.2.3).

Wie funktioniert das Verankern der Worte im Wortschatz? **Drei Aufgaben** vollbringen Kinder, bis anschlussfähige Worte vorhanden sind (AITCHINSON 2003, S. 188 ff.).

1. Das **Labelling** – also **Etikettieren** – weist einer Sache mit bestimmten Merkmalen eine Lautfolge zu. Wie ein Etikett gehört das Wort nun zur Sache – doch was diese ist, ist damit noch nicht definiert. Dies geschieht in sozialer Interaktion und aus dem jeweiligen sozialen Bedeutungskontext heraus – was begründet, dass „eine Rose" für professionell Züchtende etwas konzeptuell anderes ist als für Sonntagsgärtnerinnen und „Schnee" für Skihütten-Kneipiers etwas anderes als für Kölnerinnen oder die Hopi: Für alle ist ein Wort zunächst das „Etikett".[50]

---

50 Nur gestreift sei die Frage nach dem **Verhältnis von Sprache und Denken**. Während belegt ist, *„daß die sprachliche Umwelt und der Erwerb der Sprache wichtige Faktoren in der kognitiven Entwicklung von Kindern darstellen"* (WEINERT 2000, S. 317), sind die wechselseitigen Bedingtheiten zwischen diesen beiden konstitutiven Merkmalen des Menschen mitnichten zufriedenstellend oder gar abschließend geklärt.
Aufgrund der philosophischen Brisanz der Frage ist *„jede der logisch und psychologisch möglichen globalen Relationen zwischen Sprach- und Denkentwicklung als forschungsleitende Hypothese formuliert und auf den empirischen Prüfstand gestellt"* worden (ebd., S. 310). worden. Einige Theorien wurden in Folge der Sapir-Whorf-Hypothese aufgeworfen, der prominentesten Vertreterin des *„linguistischen Relativismus"*. Es zeigte sich, dass diese Spielraum für Interpretation lässt: *„It was found that the background linguistic system (in other words, the grammar) of each language is not merely a reproducing instrument for voicing ideas but rather is itself the <u>shaper</u> of ideas, the <u>program</u> and <u>guide</u> <u>for</u> the individual's <u>mental activity</u>, for his*

Das Labelling beginnt beim Experimentieren mit dem Benennen des Materials. Werden die Materialien zu Beginn bereits benannt und ihr Vorkommen im Haushalt und ihr Verwendungszweck besprochen, so beginnt hier nicht nur die phonologische Elaboration, die später die Basis für den Abruf der Worte ist, sondern auch die semantische, also die der Bedeutungsebene. Letztere hat in Studien eine länger anhaltende Wirkung gezeigt als die phonologische (GLÜCK 2003b). Trotzdem unterstützt eine häufige Verwendung der Worte beim ersten Hören das spätere Abrufen-Können (GLÜCK 2003a), da beim ersten Hören mit der semantischen Vernetzung begonnen wird, indem Kategorienbegriffe gebildet werden („Flüssigkeiten", „Küchengeräte", „Gefäße"). Die Kategorisierung ist wesentlich für die „vertikale Vernetzung" und stellt den stellt den Übergang zum nächsten Schritt dar:

2. Was sich hinter dem Etikett als Konzept verbirgt, wird beim **Verpacken** definiert (**„Packaging"**). Was macht einen Pinguin oder Tiger aus, was eine Rose? Formale Definitionen zeigen häufig nicht den Kern der Sache. Ein Beispiel zeigt Tabelle 4.

Wort	Begriff (engl. „concept", frz. „idee")
Tiger	*Vom Prinzip her ein ...* vierbeiniges, gelb-schwarz gestreiftes Tier mit flauschigem Fell und langem Schwanz, das gefährlich ist, weil es große Pranken hat mit langen Krallen und große Fleischfresser-Zähne.

Tabelle 4:   Beispiel für Packaging

---

analysis of impressions [...]. We dissect nature along lines laid down by our native language" (CARROLL 1956, S. 212 f., Unterstreichungen GOTTWALD; zu Konsequenzen aus diesem Interpretationsspielraum vgl. PENN 1972). Irritierenderweise „mehren sich sowohl die Befunde, die für eine prinzipielle Separierbarkeit zentraler Aspekte der sprachlichen und kognitiven Entwicklung sprechen, als auch Evidenzen, die auf signifikante Interaktionen, teilweise sogar Vorraussetzungsbeziehungen [...] verweisen. Diese [...] widersprüchliche Befundlage macht deutlich, daß ein einfaches, einheitsstiftendes entwicklungspsychologisches Modell der Beziehungen zwischen Sprache und Denken den vorliegenden Befunden nicht gerecht werden kann [...]" (WEINERT 2000, S. 312).

Vor dem inneren Auge von Erwachsenen entsteht ein Tiger, weil sie solche konzeptualisiert haben – obwohl eine Definition schwerfällt, die Spielzeugtiger aus Plastik ebenso einschließt wie Tankstellen-Werbeschilder von ESSO. Es wird offensichtlich: Die „Checklist-Theorie", die einen Begriff mit Kriterien zu definieren sucht, erfasst nicht das Wesen der Dinge: „ ‚It's not at all hard to convince the man on the street that there are three-legged, lame, toothless, albino tigers, that are tigers all the same … '. How does one cope with these apparently ‚coreless concepts'?" (AITCHINSON 2003, S. 47).

Die Theorie der **Bedeutungsentwicklung** versteht einen Begriff als „inhaltsspezifische kognitive Struktur" (SZAGUN 1991, S. 45): „Ein Begriff repräsentiert den Zusammenhang des Wissens über ein spezifisches Phänomen bzw. einen spezifischen Sachverhalt im Bewusstsein des Menschen" (ebd.); entsprechend sind Wörter Repräsentationen von Begriffen. „Das Wort erhält seine Bedeutung durch diese Verbindung zum Begriff. So bedeutet das Wort den Begriff" (ebd., S. 46). Damit ändern sich die Strukturen der Verknüpfung von Begriffen mit „den Erfahrungen, die sich in den Interaktionen des Subjekts mit der Umwelt und aus subjektivem Erleben bilden" (KLANN-DELIUS 2008, S. 8).

Das Experimentieren unterstützt den Prozess des Packaging

Es ist anzunehmen, dass der Experimentierprozess das Packaging unterstützt, also die Entwicklung von Wortbedeutungen. Den Kindern werden Worte nicht symbolisch präsentiert, per Arbeitsblatt oder verbal. Beim Experimentieren wird mit den Materialien und Phänomenen so gearbeitet, dass ihr wesentlicher Kern zutage tritt. Die Materialien werden sinnlich begutachtet, angefasst, gerochen (z. B. Wasser, Essig, Öl) oder bewegt. So beginnt sofort eine vergleichende Kategorisierung. Wasser, Öl und Spülmittel sind Flüssigkeiten, bewegen sich jedoch unterschiedlich. Zucker, Backpulver und Windelpulver sind weiß und körnig – doch rieseln sie verschieden. Becher und Flaschen, Tassen und Gläser sind Gefäße – doch was ist „Glas"? Zuweilen grenzt das erste Begutachten der Materialien an das Philosophieren, weil die Begründungen von Benennungen und Kategorisierungen hinterfragt werden. Wieso benennt das Material „Glas" auch ein Gefäß, wenn der Algorithmus doch Material-Gefäß ist (Porzellantasse, Plastiktasse, Plastikbecher, Glasflasche)[51]. Theoretisch lässt sich dies auch per Arbeitsblatt bearbeiten, doch werden diese Fragen beim Experimentieren in der Echtsituation erwogen – also dann, wenn Unschärfen in der Benennung (oder auch der Nomenklatur) offensichtlich werden.

---

51   Ein kleines Beispiel für die Schwierigkeiten der Fachsprache ist hier das „Becherglas", das zuerst die Form des Gefäßes benennt, danach das Material. Eigentlich müsste es „Glasbecher" heißen.

Die Eigenschaften der Dinge und ihre Bezüge werden bei der Materialbenennung und -begutachtung bereits elaboriert. Mit Blick auf das Packaging lassen sich wesentliche Unterschiede zu anderen Ansätzen feststellen: Die „Bewegungsrichtung" des Lernens geht von den Dingen aus, aus deren Interessantheit heraus es für die Kinder Sinn macht, sie benennen zu können. *Weil* sie sich über sie austauschen möchten, *benötigen* sie Worte – und nicht, weil ein Arbeitsblatt dies verlangt. Durch den explorierenden Charakter des Experimentierens entsteht die Notwendigkeit der Exploration von Begriffen. Dies zeigt sich z. B., als Kinder beim Löschen einer Kerze eine Rauchsäule entdecken:

> *K 1:*   „Da steigen Wolken auf!"
> *Lehrerin:* „Du siehst etwas aufsteigen! Wolken – wie würden das die anderen nennen?"
> *K 2:*   „Qualm!"
> *K 3:*   „Rauch!"
> *Lehrerin:* „Was ist das denn, Rauch?"
> *K ...:*   ...
> *Lehrerin:* „Und wo habt Ihr Rauch sonst schon einmal gesehen?"
> *K ... :*   ...
> *Lehrerin:* „Und wo sehen wir normalerweise Wolken?"

Das Prinzip der explorierenden Verwendung von Begriffen könnte auch für den Sport gelten, wo mit Stufenbarren, Freiwurf und Fair Play umgegangen wird. Und doch: Der primäre Zweck des Sports ist Bewegung und Spiel – und nicht die Frage, was einen Stufenbarren *wesentlich* bestimmt und wie er sich verhält, wenn hier ein Bolzen herausgezogen wird oder dort eine Stange anders befestigt – Variationen, die beim Experimentieren wesentlich dazugehören. Gerade weil das Experimentieren auf das Verstehen zielt und die Elaboration sowohl des Materials als auch des Vorgehens dazugehören, ist es verständlich, dass die Begriffe so durch die eigene Erfahrung reichhaltig verankert werden.

3. Das **Networking** ist das Vernetzen von Bedeutungen. Diese Aufgabe ordnet Begriffe semantischen Feldern zu, auf die beim Sprechen zugegriffen werden kann, entsprechend der Verschlagwortung in Bibliotheken. Ein „großes Glas" kann abgerufen werden, wenn es um „Material" geht, ebenso beim Tischdecken (Kategorie „Tischzubehör"), um Blumen mit Wasser zu versorgen (Funktion „Gefäß") oder bei der Abwehr von Einbrechern (Funktion „Waffe"). Die hierarchischen Ordnungen von Kategorien sind vielfältig verknüpft. Dieses Ausarbeiten von semantisch-konzeptuellen Netzen wird als Elaboration bezeichnet; sie lässt sich auf verschiedensten Relations-Ebenen vornehmen (nach GLÜCK 2007, S. 3; vgl. Tab. 5).

Assoziation/Kollokation	Woran erinnert es Dich?
Oberbegriff/Kategorie	Zu welcher Wortfamilie gehört es?
Unterbegriff	Kennst Du ein Besonderes davon?
Funktionalität	Was macht es – oder was kannst Du mit ihm tun?
Örtlichkeit	Wo findest Du es?
Beschaffenheit	Wie ist es beschaffen (Farbe, Form, Material ...)?
Ähnlichkeit (Synonym)	Wie kann man auch noch dazu sagen?
Teil-Ganzes-Beziehung	Wie heißt ein Teil davon?
Emotionen	Hast Du mit ihm schon etwas Schönes erlebt?

Tabelle 5: Beispiele für Verknüpfungskategorien in semantischen Netzwerken (nach GLÜCK 2007, S. 3; vgl. auch AITCHINSON 2003)

Im Laufe des Kindesalters verändern sich die Strukturkategorien von einfach wahrnehmbaren wie Farbe, Form oder Funktion zu abstrakteren („Gebäude", „Gefäße"). Diese Veränderungen sind anspruchsvolle kognitive Leistungen. Deshalb lehnen viele Kleinkinder ab, mehr als eine Kategorie zu verwenden: Ist etwas ein Pferd, ist es (noch) nicht gleichzeitig ein Tier (vgl. AITCHINSON 2003, S. 197). Erweiterungen der Netzwerkkategorien müssen jeweils über das ganze Lexikon vorgenommen werden, und auch retrospektiv für bereits „einsortierte" Begriffe. Diese Mechanismen der dynamischen Veränderung von Kategorisierungen könnte eine Begründung dafür darstellen, wieso Wiederholungen beim Experimentieren auch aus semantischer Sicht wichtig sind:

„Dies verdeutlicht, warum Kinder einige Zeit benötigen, ein konsistentes Verständnis solcher Begriffe zu entwickeln und sie richtig zu verwenden [...]. Diese letztere Entwicklung ereignet sich über einen langen Zeitraum, und die zeitliche Entwicklung einer Wortdefinition hängt ihrerseits von der Konkretheit des Situations- und Satzkontextes ab, in dem das Wort erscheint" (MENYUK 2000, S. 181).

Die Ausführungen zum Labelling und Packaging zeigen, dass die Reichhaltigkeit der Bearbeitung von Materialien und Begriffen beim Experimentieren durch die Kinder sowie ihr eigenes Handeln dazu führt, dass das Networking von Begriffen sowohl in vertikalen als auch horizontalen Kategorien sehr gründlich geschieht. Dies ist Voraussetzung dafür, dass auf die Begriffe später rasch und mit großer Differenziertheit zugegriffen werden kann.

In den vorliegenden Sprachtests sollen Zuwächse von richtigen Benennungen durch die teilnehmenden Kinder verglichen werden. Deshalb muss hier eine Systematisierung der Faktoren versucht werden, die in den beschriebenen Prozessen der Entstehung von Definitionen im semantischen Lexikon zusammenwirken – auch wenn offenbar wurde, dass die beteiligten Mechanismen komplex und verzahnt sind. Nur anhand einer nachvollziehbaren Systematik der Einflussfaktoren wird sich nachvollziehen und beurteilen lassen, ob die von uns untersuchte Handlungsorientierung beim Experimentieren – die als „Verwendungskategorie der Items" beschrieben wird (vgl. Kap. 3.1.2, S. 130) – die Sprachförderung wirklich unterstützt.

MARINELLIE verwendet in einer Studie zur Qualität von Wortdefinitionen, die Kinder verwenden, vier Faktoren als Kontrollparameter – *„Words were controlled for frequency, imageability, difficulty and familiarity"* (MARINELLIE 2010, S. 23) – und nutzt diese zur Interpretation ihrer Ergebnisse. Im auswertenden Teil dieser Studie wird auf diesen Marinellie-Faktoren aufgebaut, und diese werden um zwei erweitert (vgl. Kap. 3.1).

1.5.4   Der Wortschatz ist mit Semantik, Grammatik und Prosodie verwoben

Bei jedem Sprachprozess vom Spracherwerb bis zur Sprachproduktion sind alle linguistischen Bereiche beteiligt.[52] d. h. Semantik, Grammatik und Sprachmelodie (Prosodie), weil die Wort*bedeutung* von ihnen abhängt:

„Die Frau bringt de<u>n</u> Mann um" ist eine andere Aussage als *„Die* Frau bringt de<u>r</u> Mann um!". Eine Endung markiert die entscheidende grammatische Struktur.

Verben bekommen eine andere Bedeutung, wenn sie (in)transitiv gebraucht werden: „Jemande<u>n</u> hereinzulegen" ist etwas anderes, als „jemande<u>m</u> etwas [in das Postfach] hinein zu legen". Auch hier kodiert Grammatik Wortbedeutung.

Hinzu kommt die bedeutungsverändernde Betonung der Worte im Satz (Satzmelodie): „Der Mann sagt, die Frau kann nicht fahren!" verändert durch andere Strukturierung (gesprochen oder durch Komma angezeigt) seine Bedeutung: „Der Mann, sagt die Frau, kann nicht fahren!"

---

52 Die Lokalisation der Hirnregionen für Sprachverstehen und -produzieren reicht in das 19. Jahrhundert zurück. Ein von BROCA (1824–1880) beschriebener Schlaganfall-Patient, der nur noch die Silbe „tan" sprechen konnte, verhalf ihm zu Berühmtheit, als er beim Sezieren seines Gehirns eine Verletzung der Stirnhirnregion feststellte, die daraufhin Broca-Areal oder *„motorisches Sprachzentrum"* genannt wurde. WERNICKE (1848–1905) beschrieb Patienten, die flüssig, jedoch sinnfrei sprachen. Ihre Obduktionen lokalisierten den Sinn betreffende Sprachzentrum. So galt das Broca-Areal lange als Sitz der Grammatik, das Wernicke-Areal als Ort des semantischen Lexikons (vgl. FRIEDERICI 2010). Die moderne Hirnforschung hat gezeigt, dass mehr Hirnareale als die o. g. an der Sprachverarbeitung beteiligt sind; diese liegen jedoch im zentralen Sprachzentrum.

Auch kontextbezogenes Wissen ist von Bedeutung sowie die Betonung einzelner Wörter: „Sehen Sie, wie die Fahrer die Hindernisse umfahren?!" Úmfahren oder umfáhren? Handelt es sich um einen Sport, in dem Hindernisse umrundet werden dürfen oder „genommen", ist dies nur durch Betonung entscheidbar. Dies ist hier insofern von Relevanz, als es Konzepte der „Wortschatz-Arbeit" gibt, die Kinder „Worte" auf eine Art lernen lassen, wie frühere Generationen von Schülerinnen und Schülern Vokabeln einer Fremdsprache „paukten". Wie wenig sinnvoll dies ist, wird aus den dargestellten Mechanismen des Wortschatz-Aufbauens ersichtlich.

Experimentieren unterstützt das Lernen aller Parameter eines Wortes, auch die auf Syntax und Grammatik bezogenen Regeln

Mit Blick auf die Grammatik wird ein weiterer Vorzug des Aufbaus von Wortschatz beim Experimentieren offensichtlich. Da die neuen „Vokabeln" im Gebrauch einer realen Erprobungssituation erlebt werden, werden auch ihre grammatischen Verwendungsregeln mitgelernt; das Wachs einer Kerze wird in verschiedenen Zuständen in der zeitlichen Abfolge im Experiment erlebt (fest und flüssig), in Bezug auf seine Farbe wahrgenommen und gefühlt. In der weiteren Diskussion kann besprochen werden, wann und wieso der Übergang vom festen zum flüssigen Zustand stattfinden wird, dass das Wachs flüssig durchsichtig erscheint und fest nicht – und was an der Kerze nun wirklich brennt. So wird das Wort „Wachs" in einer seine Bedeutung klärenden Kommunikationssituation mehrere Male gebraucht, von Erwachsenen und Kindern, und dabei dekliniert. Verwendete Verben werden konjugiert (löschen, ausgehen, kleiner werden, überstülpen …) und mit den richtigen Präpositionen und Fällen erlebt. „Schmelzen, geschmolzen" wird nicht als Vokabel gelernt, sondern im Gespräch mehrfach und von verschiedenen Sprecherinnen und Sprechern gehört. Das heißt, dass die Vernetzung für Worte vielgestaltig angelegt ist, sodass die „Verschlagwortung" im semantischen Lexikon ausführlich geschieht – um in der Metapher der Bibliothek zu bleiben. Entsprechend erhöht sich die Chance für einen treffsicheren Gebrauch.[53] Des Weiteren bedeutet es, dass in der Lernsituation dieser neuen Worte die für den späteren Gebrauch notwendigen grammatischen Zusätze mit erlernt werden, ohne dass dazu dezidierte Übungen notwendig werden.

---

53 An anderer Stelle wurde beschrieben, wie Kinder Dinge zunächst über Oberflächenmerkmale und Erlebenssituationen charakterisieren, nicht durch *Wesentliches*. In den Pre-Tests unserer Studie gab es Kinder, die ein „Glas" als „Tasse" benannten und dies auch auf Nachfrage nicht korrigierten. Dies zeigt eine ungenaue, unwesentliche Konzeptualisierung der vorliegenden Gegenstände im Wortschatz der getesteten Kinder.

Die Komplexität der beschriebenen Prozesse legt nahe, wieso sich semantische und grammatische Strukturen beim Kind nach und nach aufbauen: Je komplexer die zu analysierenden Inhalte und Strukturen sind, desto leistungsfähiger müssen die an seiner Verarbeitung beteiligten auditiven und kognitiven Systeme sein:

> „Daten zur häufigen Verwendung von Verben, die komplexe Subjekt- und Objektbeziehungen aufweisen, zeigen, daß [...] beträchtliche Entwicklungen beim Verstehen und Produzieren komplexer Beziehungen auftreten. Diese dramatischen Entwicklungen legen eine Entwicklung derjenigen kognitiven Prozesse nahe, die es dem Kind erlauben, die Perspektive anderer einzunehmen (andere können denken, wissen, erwarten), was heute als Entwicklung einer „theory of mind" bezeichnet [wird]" (MENYUK 2000, S. 183).

Wie im Vorangegangenen zu sehen war, sind selbst vermeintlich einfache Phänomene wie der Wortschatzerwerb bei genauerer Betrachtung komplexe Prozesse, an denen sowohl kognitive als auch soziale und psychologische Faktoren beteiligt sind. Das Experimentieren und der es umgebende Gesprächsprozess eignen sich, diese Erwerbsprozesse zu unterstützen.

1.5.5 Sprechen: Sprachproduktion

Diese Arbeit beschäftigt sich mit der *Sprachentwicklung* beim naturwissenschaftlichen Experimentieren. *Sichtbar* in der Untersuchung werden jedoch nur Sprechakte, also Ergebnisse der Sprachproduktion. Deshalb werden hier die beteiligten Prozesse skizziert. *„Speaking is one of man's most complex skills"* beginnt LEVELT sein Standardwerk „Speaking" (LEVELT 1989)[54]. Abbildung 8 zeigt die Sprachproduktion als Schema.

Am Beginn steht eine intendierte Aussage: *Etwas* soll gesagt werden. Dieses „Etwas" wird mit Blick auf den situativen Kontext, das zur Verfügung stehende Wissen sowie die eigenen Erfahrungen mit Bezug auf das angemessene Diskursmodell konzeptualisiert. Daran schließt sich das konkrete Formulieren, eine komplexe Kodierung im grammatischen und phonologischen Sinn, an. Die Worte als Sprech-Bausteine werden über die intendierte Bedeutung aus dem semantischen Lexikon ausgewählt: Das Wort, das in einem Satzgefüge möglichst gut zu dem intendierten „Etwas" beiträgt, wird in seinem semantischen Netzwerk aktiviert. Die Informationen zu phonologischen und morphologischen Merkmalen werden etwas verzögert abgerufen: *„The lemmas are buffered in longer utterances before*

---

54 WILLEM LEVELT war Gründungsdirektor des Max-Planck-Instituts für Psycholinguistik in Nijmegen.

they are phonologically specified" (DELL 1991, S. 287). Die benötigten Worte werden in eine sinnhafte grammatische Struktur gebracht (grammatisches Kodieren), die entstandene Aussage als Lautfolge gespeichert (phonologisches Kodieren). Ist dieser „phonetische Plan" kodiert, kann gesprochen werden. Dabei wird das Gehörte zweifach abgeglichen: Zum Ersten wird die gehörte Lautfolge mit dem phonetischen Plan verglichen (und Versprecher werden korrigiert), zum Zweiten die gehörte Lautfolge im Sprachverständnissystem analysiert und mit der ursprünglichen intendierten Aussage abgeglichen („monitoring").

Alle diese skizzierten Schritte sind große linguistische Forschungsbereiche, die auch nur ansatzweise zusammenzufassen den Rahmen dieser Arbeit sprengen würde.[55]

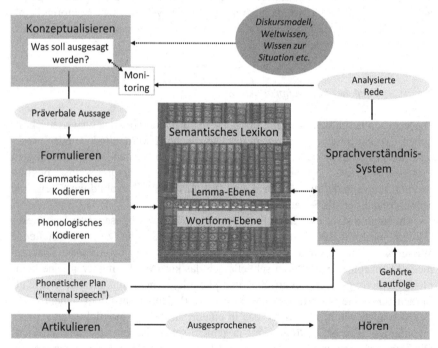

Abbildung 8:   Schema der Sprachproduktion (nach LEVELT 1989, vereinfacht)

---

55   „My main discovery was that the literature on speaking is gigantic" (LEVELT 1989, S. xiii).

Entscheidend für die vorliegende Studie ist die zentrale, stark verknüpfte Stellung des semantischen Lexikons: Es ist kein statischer „Speicher" oder Baukasten, aus dem einfach Worte aktiviert werden können. Bereits ein einfacher sprachlicher Prozess verlangt nach einer Kodierungsleistung, die alle sprachlichen Bereiche und verschiedene Hirnareale beansprucht (vgl. LEVELT 1991).

Es wurde bereits dargelegt, auf welch vielfältige Art und Weise der Prozess des Experimentierens zu den Mechanismen der Sprachentwicklung „passt". Letztlich führen diese Passungen dazu, dass Begriffe vom Kind differenziert und gründlich vernetzt und kategorisiert werden, sodass sie bei der Sprachproduktion entsprechend sicher abgerufen werden können.

1.5.6 Spracherwerbsstörungen und ihre Auswirkungen

Spracherwerbsprobleme stellen die häufigste Entwicklungs- und Leistungsstörung von Kindern dar. Neben Aussprachestörungen sind Wortschatz- und Wortfindungsstörungen die am häufigsten auftretenden Probleme bei Spracherwerbsstörungen. Diese Beeinträchtigungen können bei dem Erwerb, der Speicherung oder dem Wiedererkennen bzw. Abruf von Worten auftreten. Sie äußern sich symptomatisch durch Wortersetzungen, Umschreibungen, Wortneuschöpfungen und lange Pausen bis hin zu Äußerungsabbrüchen. Es liegt nahe, dass diese Auffälligkeiten Hindernisse bei der Interaktion mit anderen darstellen.

Der empirische Teil dieser Studie wurde an zwei Sprachförderschulen durchgeführt, an denen Kinder mit Sprachförderbedarf unterschiedlicher Ursachen unterrichtet werden. Kinder mit implantierten Hörsensoren – und entsprechend spät begonnener Sprachentwicklung – lernen dort mit Kindern, die ein geringes auditives Arbeitsgedächtnis haben oder solchen, denen grammatische Strukturen Schwierigkeiten bereiten. Trotz dieser Ursachenvielfalt beschränkt sich unsere theoretische Betrachtung auf „spezifische Sprachentwicklungsstörungen" („SES"), da nur an ihnen der isolierte Einfluss von Beeinträchtigungen der Sprache aufgezeigt werden kann.

Auslöser und Ursachen von SES sind auf verschiedenen Ebenen der Sprachproduktion identifiziert. SES-Kinder verfügen über verminderte Leistungen des phonologischen Arbeitsgedächtnisses (DITTMANN 2006, S. 115), sodass sie nur wenig komplexe Strukturen und kurze phonologische Einheiten analysieren können. Dazu haben sie ein Handicap bei der Verarbeitung kurzer Laute wie z. B. der Plosive „d" oder „p", die nur ca. 40 ms dauern. Das eher schlichte Grammatik-Inventar sowie der geringere Arbeitsspeicher zeigen sich z. B., wenn SES-Kinder

Äußerungen ihres Umfeldes schlechter wiedergeben und weniger auf Vorange-
gangenes Bezug nehmen als sprachlich unauffällige Kinder (GRIMM 2000a,
S. 627). Auch hier ist es vorstellbar, dass dieser relative Mangel an Fähigkeiten
die Gestaltung verbaler Interaktion beeinträchtigt. Dass es zwischen dem Verständnis komplexer Satzstrukturen und der Fähigkeit, sich in andere hineinzuversetzen („theory of mind") Zusammenhänge zu geben scheint, wurde bereits erwähnt. Wenn also nicht nur erschwert ist, dass ein Kind sich die Satzstrukturen
der anderen erschließt, sondern auch, dass es diese intuitiv und umfassend versteht, sind Missverständnisse mit anderen vorprogrammiert.

Gerade weil Sprache als wichtigste Art und Weise der Kommunikation unter
Menschen weit mehr ist als der Austausch von Informationen, werden beim
Miteinander-Sprechen – durch Wortwahl, Sprachduktus und Mechanismen der
Sprachpragmatik – auch andere Beziehungsebenen von Menschen angesprochen
und austariert. Im Gespräch teilt sich mit, wie die Beteiligten zueinander stehen,
ob und wie sie sich emotional einschätzen und respektieren, wie sie sich in der
sozialen Rangordnung sehen, welche Konflikte und unterschiedlichen Haltungen
es gibt und welche Erwartungen sie aneinander haben.[56] Sind die Mechanismen
der Einschätzung anderer und der angemessenen Reaktion auf andere gestört,
werden Schwierigkeiten im Sozialverhalten sowie in der emotionalen Entwicklung von Kindern wahrscheinlich.

Auswirkungen von Sprachstörungen sind für alle Ebenen der Entwicklung
des Kindes, Heranwachsenden und Erwachsenen belegt. Studien zeigen, dass
Kinder mit SES in ihrem Bildungs- und sozialen Bereich beschränkt bleiben
(vgl. BAKER und CANTWELL 1987), ebenso in ihrer Lese- und Schreibfähigkeit
(„literacy", vgl. LINDSAY et al. 2002, S. 125) und den erreichten Bildungsgraden
(„academic achievement", vgl. DURKIN und CONTI-RAMSDEN 2010, S. 106).
Sprachstörungen führen zu einem niedrigeren Selbstbewusstsein, einem niedrigeren akademischen Selbstkonzept und niedrigeren Bildungserwartungen für

---

56 Das von FRIEDEMANN SCHULZ VON THUN erarbeitete „4-Ebenen-Modell der Kommunika-
    tion" beschreibt, welche Ebenen menschlicher Kommunikation bei jedem Sprechakt
    angesprochen werden (SCHULZ VON THUN 1981). Er postuliert, dass der Sprechende mit jeder
    Aussage nicht nur etwas über sich selbst aussagt („Selbstkundgabe", z. B. über das verwendete
    Vokabular) und inhaltlich auf der Sachebene; daneben handelt er durch den gewählten Duktus
    die Beziehung mit und zum Angesprochenen aus („Beziehungsebene") und sendet einen Appell,
    also eine Aufforderung, auf die eine oder andere Weise zu reagieren. Dieses Modell verdeut-
    licht, wie und wieso sich Sprachstörungen auf andere Ebenen der Entwicklung auswirken:
    Indem jeder Sprechakt neben einer Sachaussage gleichzeitig die Beziehung der Sprechenden
    bestimmt, bedeutet eine gestörte Kommunikation automatisch auch eine Störung der beständig
    vorgenommenen sozialen Standortbestimmung.

sich selbst (LINDSAY et al. 2002, S. 140); Kinder mit Sprachstörungen geben sich mit schlechteren Noten zufrieden als vergleichbar intelligente Mitschülerinnen und Mitschüler (vgl. DURKIN und CONTI-RAMSEN 2010, S. 106).

Die Mechanismen dafür sind vielfältig. Bereits die Schwierigkeiten von SES-Kindern, ihre Erzählungen zu strukturieren und zu formulieren, führen zu negativen Reaktionen durch andere, zu deren Ablehnung bis hin zur Isolation sowie Nachteilen im Unterricht (EPSTEIN und PHILIPS 2009, S. 286). Die Auswirkungen auf die Gestaltung menschlicher Beziehungen gehen soweit, dass die sprachlichen Fähigkeiten mit sieben Jahren als der stärkste Prädiktor für die Qualität von Freundschaften mit 16 Jahren angesehen werden (CONTI-RAMSDEN und BOTTING 1999).

Kinder mit Sprachstörungen haben eine höhere Wahrscheinlichkeit, von Lehrenden oder Eltern als verhaltensauffällig eingestuft und auf „psychiatric disorder" getestet zu werden (BOTTING und CONTI-RAMSDEN 2000). Hier zeigt sich, dass Normalitätserwartungen der Beteiligten eine Rolle spielen.[57]

Die Erwartungen an das Experimentieren als Methode der Sprachförderung sollten realistisch eingeschätzt werden: Es ist kein Allheilmittel für die große Varietät möglicher Sprachstörungen. Doch kann neben der – bereits beschriebenen – Unterstützung der Spracherwerbsprozesse hier festgestellt werden, dass sie intellektuell unauffällige, sprachgestörte Kinder unterstützen kann, weil sie sich beim Experimentieren aktiv beteiligen können. Das Experimentieren per se beinhaltet einen hohen Aufforderungscharakter nicht nur für die Beschäftigung mit der Sache, sondern auch zum Sprechen, wovon gerade Kinder mit Störungsbewusstsein, die sprachlich entsprechend zurückhaltend agieren, profitieren.

In beiden ausgewählten Untersuchungsschulen waren es ursprünglich sprachlich *sehr* eingeschränkte Mädchen, die sich als aktivste Experimentierende hervorgetan haben, durch genaueste Beobachtung sowie die kreativsten und zielführendsten Ideen bei der Formulierung von Vermutungen. Da das Experimentieren neben Phasen der konzentrierten Beobachtung Phasen des Argumentierens aufweist, ermöglicht es, ein sprachlich beeinträchtigtes Gegenüber trotzdem als intelligentes Wesen wahrzunehmen. Das Abwechseln von Einzelarbeit und Gruppendiskussion, von Diskurs und sinnlicher Wahrnehmung kann helfen, den Sprachförderprozess als affektiv und kognitiv fruchtbar für die Förderkinder zu gestalten – und für ihre Beziehungen zu Mitschülerinnen und Mitschülern.

---

57 Dies wird auch deutlich durch das Faktum, dass in einer Studie bei 40 % aller Einweisungen von Kindern in eine kinderpsychiatrische Abteilung eine vorab unentdeckte Sprachstörung entdeckt wurde. *Dass* Verständigungsprobleme beteiligt sind an der Wahrnehmung als „nicht psychisch gesund", ist naheliegend (COHEN et al. 1998).

1.5.7   Was wirkt? Prinzipien sprachtherapeutischen Unterrichts

Die Planung sprachtherapeutisch wirksamen Unterrichts wirft die Frage auf, mit welchen Zielen ein möglichst hoher Zugewinn an Sprachvermögen der Kinder erreicht werden kann. Zugespitzt lässt sich fragen, ob erreicht werden soll, dass die Kinder *möglichst* (viel) *korrekte Sätze* sprechen – oder *möglichst viel* (korrekte Sätze) *sprechen.* Sollte Unterricht also auf den *korrekten* Gebrauch von Syntax und Semantik zielen (sprachstruktureller Ansatz), unabhängig von der Sinnhaftigkeit der kommunizierten Inhalte – oder darauf, dass die Kinder sich möglichst *natürlich,* sinnhaft und altersangemessen austauschen (sprachstimulierender Ansatz)?

Diese Zieldivergenz ist nicht abschließend geklärt. Die linguistisch geprägte Sprachbehindertenpädagogik unterstellt, dass *der Satz,* d. h. die korrekte syntaktische Verbindung von Worten, die *„Basis aller sprachlichen Fähigkeiten sei"* (vgl. BINDEL 2007, S. 144), *„die Kenntnis der Struktur von Sätzen"* quasi *„der Filter für das Sprachverstehen"* (ebd.). Die Empfehlungen der Kultusminister-konferenz zum Förderschwerpunkt Sprache hingegen (KMK 1998) betonen die sprachhandelnden Aspekte:

> „Darüber hinaus muß der Unterricht einen hohen Aufforderungscharakter für die Schülerinnen und Schüler haben, sprachhandelnd tätig zu werden. Verstehen und Sprachgebrauch werden durch das Bedürfnis nach Entdeckung, Eigentätigkeit und Sinnfindung angestoßen und bestimmt. [...] Die aus der Sache begründeten Anlässe [...] zur spontanen Mitteilung von Entdecktem, zur gegenseitigen Abstimmung [...] können für die Schülerinnen und Schüler eine Herausforderung darstellen, Sprache handlungsbegleitend [...] zu verwenden." (KMK 1998, S. 10, Unterstreichungen GOTTWALD).

Doch wenn sich Unterricht auf die Bereitstellung sprachhandlungsförderlicher Umgebungen reduzieren würde, auf welche Weise würden Kinder dann ihre syntaktischen und semantischen Kompetenzen vertiefen können?

Laien verwenden im Gespräch sogenannte Echo-Korrekturen, wie sie Erwachsene mit Kleinkindern verwenden. Dabei ergänzen und erweitern sie fehlerhafte Aussagen. Dahinter verbirgt sich die Vorstellung, dass Kinder so die Regelhaftigkeit von Sprache erlernen – wie dies für die Mehrzahl der Kinder auch gilt. Sprachtherapeutischer Unterricht benötigt zusätzliche Mechanismen: Erstens zeigt der Förderbedarf der Kinder, dass der intuitive Lehr-/Lernmechanismus ihnen nicht ausreichend zum Sprachlernerfolg verhilft. Zweitens basiert der Mechanismus der Echo-Korrekturen darauf, dass während der Korrekturschleife das Gespräch weitergeführt wird, ohne neuen Inhalt hinzuzufügen. Auf diese Weise kann sich die Konzentration des Kindes allein auf die korrigierte Struktur richten. Gleichzeitig bestätigt die ergänzende Korrektur das Kind inhaltlich, so-dass es unterstützt wird. Dies lässt sich im schulischen Kontext nicht replizieren, da allen Beteiligten bewusst ist, *dass* korrigiert wird – womit die psychische Entlastung entfällt. Entsprechend belegen Studien, dass Echo-Korrekturen an Schüleräußerungen das spontane Sprachverhalten von Schülern unterdrücken (WOOD 1992). Bei Kindern, die bereits ein Störungsbewusstsein belastet oder über wenig Sprechmotivation verfügen, ist dies zu vermeiden.

Es gibt Ansätze, die beides vereinen. Die Kontextoptimierung ist als theorie-geleitete, praxisorientierte Methode etabliert; sie fokussiert auf „die kritischen Merkmale der Zielstrukturen" (vgl. MOTSCH 2006, S. 88 f.). Kommunikations-umgebungen werden ablenkungsfrei und mit Fokus auf die Zielstrukturen gestal-tet, die dabei maximal vereinfacht werden, sodass die Kinder auf sie aufmerksam werden, sie identifizieren und speichern können.[58] Dies wird durch eine prägnante, langsame und überbetonende Sprachmelodie unterstützt (ebd., S. 91). Die indi-viduell festzulegenden Handlungs- oder Spielkontexte bleiben über lange Zeit gleich, da Abwechslung Aufmerksamkeit erfordert. Nicht inhaltliche Abwech-slung ist Ziel, sondern sinnhaftes Kommunizieren, bei dem grammatische Ziel-strukturen aufgenommen werden.

Wie in Kap. 1.5.7 gezeigt, kann naturwissenschaftliches Experimentieren als kontextoptimierendes Lernformat par excellence gesehen werden: Es schafft eine sprachanregende und sinnhaft aufgeladene Situation (in zweifachem Wortsinn, sowohl die Sinne betreffend als auch die Sinnhaftigkeit); gleichzeitig ermöglicht es an verschiedenen Stellen das unabgelenkte, wiederholende Trainieren sprachlicher Strukturen. Wird vorab überlegt, auf welche Strukturen besonderer Wert gelegt werden soll und wird der Input der Lehrkraft entsprechend fokussiert, so wird der Experimentierprozess zum Beispiel für Kontextoptimierung (vgl. MOTSCH 2006).

1.5.8 Andere interdisziplinäre Ansätze der Sprachförderung

In der jüngeren Vergangenheit haben Studien die Sprachentwicklung im Rahmen anderer Tätigkeiten wie Musizieren oder Zaubern untersucht (s. Tab. 6, S. 84). Sie verwenden unterschiedliche Parameter zum Beleg ihrer Wirksamkeit. Ohne Anspruch auf Repräsentativität oder Vollständigkeit verdeutlicht die folgende Zusammenstellung die Heterogenität der Ansätze nach „Herangehensweise und Rationale" sowie „Resultaten".

---

58 Z. B. können zur Dativmarkierung von Artikeln Gegenstände im Raum benannt und die Zielstruktur dabei betont werden: Der Tisch ist auf der Terasse, die Zeitung unter dém Hut.

Sprachförderung und Bewegung   R. ZIMMER

Herangehensweise und Rationale
- Bewegungshandeln als Ausgang für sprachliche Prozesse: *„Sprache baut auf dem Handeln auf: Zuerst kommt das körperlich-sinnliche Erkunden einer Sache, dann erst erfolgt die sprachliche Begleitung"* (ZIMMER 2009b, S. 72).
- *„Die sprachfördernde Wirkung entfaltet sich [...] eher indirekt und beruht [...] auf den vielfältigen Sprechanlässen, die sich beim gemeinsamen Spiel ergeben [...]"* (ebd., S. 74).
Resultate
- Bei 244 Kindern Verbesserung der Motorik und von Sprachscreening-Ergebnissen. Es profitiert vor allem die vorab motorisch und sprachlich defizitäre Gruppe.

Physikunterricht   K. RINCKE

Herangehensweise und Rationale
- Forschungsfrage: Wie schreiten die Entwicklung des Kraftbegriffs sowie die Sprachentwicklung der Schüler/innen im Unterricht voran? Korrelationen?
Resultate
- Korrelation zwischen der Art der verwendeten Sprache (Alltags~ vs. Fachs~) und dem Aufbau fachlicher Konzepte. *„Sprache unterstützt tiefere Einsicht"* (RINCKE 2007, S. 190).

Musizieren   G.EIBECK/C. LORENTZ

Herangehensweise und Rationale
- Sprach- und Stimmbildung sind verbunden.
- Hörkompetenz wird gefördert: *„Strukturiertes Hören und Erkennen von Formen, Melodien und Rhythmen bereiten den Spracherwerb vor [...]"* (EIBECK und LORENTZ 2009, S. 82).
- Steigerung der Lernbereitschaft der Kinder durch hohe affektive Komponente des Musizierens.
Resultate
./. (keine Studie, lediglich Beschreibung)

Musizieren   R. PATHE

Herangehensweise und Rationale
- Sprache und Musik sind beides Systeme, die auf Phänoneme *„außer ihrer selbst"* verweisen (z. B Wahrnehmung, Gefühle).
- *„Musiklernen ist wie der Spracherwerb ein natürlicher Prozeß"* (PATHE 2009, S. 43).
- Musikalischer Ausdruck regt Kinder zu sprachlicher Aktivität an (ebd., S. 297).
Resultate
- Quantitative und qualitative Studie zeigt Sprachförderpotenzial der musikalischen (Früh-) Erziehung für alle Ebenen des Sprachgebrauchs.

Tabelle 6:   Publikationen zur interdisziplinären Sprachförderung (Beispiele)

2 Die Untersuchung: Forschungsansatz, Fragestellung, Design und Methoden, Rahmenbedingungen

2.1 Der Forschungsansatz: Qualitative Sozialforschung

Die vorliegende Arbeit wurde nach den Grundlagen qualitativer Sozialforschung gestaltet. Dieser Ansatz eignet sich zu einer Annäherung an das relativ neue und interdisziplinäre Thema, da seine zentralen Prinzipien die explorierende Untersuchung neuer Forschungsgebiete methodologisch unterstützen.

Für diese Art der Aufgabenstellung sind Maximen hilfreich, die eine Beschränkung der Wahrnehmung des Forschenden verhindern (vgl. LAMNEK 2005, S. 20 ff.). Hier sind die Offenheit des Forschungsprozesses zu nennen, die Reflexivität von Gegenstand und Analyse während des Forschungsprozesses sowie die nur wenig beschränkte Methodenwahl. Diese Prinzipien führen dazu, dass der qualitativen Sozialforschung ein induktiv-ausdifferenzierender, Hypothesen generierender Charakter zugesprochen wird, der bis zum Verzicht auf die Bildung von Hypothesen ex ante reichen kann:

„Der Hypothesenentwicklungsprozess ist bei qualitativen Projekten erst mit dem Ende des Untersuchungszeitraumes vorläufig abgeschlossen. Im Untersuchungsprozess selbst ist der Forscher gehalten, so offen wie möglich gegenüber neuen Entwicklungen und Dimensionen zu sein, die dann in die Formulierung von Hypothesen einfließen können" (ebd., S. 21).

Dies heißt nicht, dass qualitative (Sozial-) Forschung ohne theoretische Fundierung und Vorwissen vonstattengeht, sondern lediglich, dass klassische deduktive Methodologien *„an der Differenziertheit der Gegenstände vorbeizielen"* können (FLICK 2007c, S. 23).

„Forschung ist dadurch in stärkerem Maße auf induktive Vorgehensweisen verwiesen: Statt von Theorien [...] auszugehen, erfordert die Annäherung an zu untersuchende Zusammenhänge ‚sensibilisierende Konzepte', in die – entgegen einem verbreiteten Missverständnis – durchaus theoretisches Vorwissen einfließt. Damit werden Theorien aus empirischen Untersuchungen heraus entwickelt [...]" (ebd., S. 23).

Im Folgenden wird beschrieben, wie die Studie die Prinzipien qualitativer Sozialforschung umsetzt; im Anschluss werden die Forschungshypothese sowie die forschungsleitenden Fragen vorgestellt.

2.1.1   Grundlagen qualitativer Forschung und ihre Umsetzung in dieser Studie

Während bis vor einigen Jahren qualitative (Sozial-) Forschung durch die Abgrenzung von quantitativer Forschung charakterisiert werden konnte, ist dies heute aufgrund der zunehmenden Vielfalt von Prinzipien und Methoden nicht mehr möglich. Qualitative Forschung hat eine eigene Identität entwickelt – bzw. eigene Identitäten (vgl. FLICK 2007a, S. ix). Obwohl heute eine Vielzahl an Erkenntniszielen und Herangehensweisen beschrieben ist, gibt es dennoch gemeinsame Wesenszüge:

> „Qualitative research is intended to approach the world ‚out there' and to understand, describe and sometimes explain social phenomena ‚from the inside' [...]" (ebd.).

Alle qualitativen Ansätze versuchen zu *verstehen*, wie Menschen agieren und dabei die Welt um sich sinnhaft rekonstruieren. FLICK beschreibt demzufolge als Grundarten des Vorgehens qualitativer Forschung die Analyse

- von Erfahrung von Individuen oder Gruppen,
- von Interaktionen und Kommunikationssituationen sowie
- von Dokumenten (Text, Bild, Film).

Trotz aller Heterogenität lassen sich Prinzipien und methodologische Grundsätze formulieren, die als Standards guter qualitativer Forschung gelten.

Erkenntnistheoretisch interpretiert qualitative Forschung den **Forschenden als erkennendes Subjekt im Forschungsprozess**, der die Welt in der Interaktion vor Ort zu verstehen sucht: *„Die Erforschung sozialen Handelns als sinnhaftes Handeln setzt die Kenntnis der Bedeutung der verwendeten (Sprach)Symbole voraus, die ganz wesentlich vom situativen Kontext abhängen"* (LAMNEK 2005, S. 32). Dies unterscheidet qualitative von quantitativer (naturwissenschaftlicher) Forschung, bei der der Forschende im klassischen Experiment die Welt quasi „von außen" betrachtet und untersucht. Qualitative Forschung folgt einem interpretativen Paradigma, das sich wie ein roter Faden durch die Beschreibung methodologischer und Interpretations-Fragen zieht. Das für eine erkenntnisreiche und sachgerechte Interpretation notwendige Verstehen kann nur unter der Voraussetzung gelingen, dass die Interaktionspartner in der Lage sind, sich in den jeweils anderen hineinzuversetzen. So gehört zu diesem Prinzip qualitativer Forschung auch, dass sie die Kontexte ihrer Studien wahrnimmt, da diese das Warum und Wozu der menschlichen Interaktion – als Grundfragen qualitativer Sozialforschung – beeinflussen. Dem interpretativen Paradigma folgend, akzeptiert qualitative Forschung Fallstudien (vgl. FLICK 2007a, S. x) als valides Instrument, um Verstehen zu erzeugen und die Angemessenheit der angewendeten Erhebungs- und Interpretationsinstrumente zu überprüfen.

Um die Interaktionen der beteiligten Kinder und Lehrenden verstehen zu lernen, wurde während der Hospitationsphasen analysiert, welche Kommunikationswege, Interaktionen und Routinen es über das Gesprochene hinaus in den Untersuchungsklassen gab. Es wurde nachzuvollziehen versucht, mit welcher Motivation und auf welche Art die unterschiedlichen Akteure (Kinder und Lehrer/innen) in den jeweiligen Situationen agierten. Der Kontext- und Subjektgebundenheit dieser qualitativen Erkenntnisse wurde zu entsprechen versucht, indem nach jeder Interaktion im Feld (Hospitationen und eigene Experimentiereinheiten) Erlebnisprotokolle für die spätere systematische Auswertung angefertigt wurden. In diesen Protokollen wurde auch Subjektives beschrieben – z. B. zunächst unverständliche Reaktionen der Kinder oder neu aufgeworfene Fragen. Dieses Vorgehen sollte unsere Erkenntnisse, aber auch methodische Entscheidungen und Schlussfolgerungen in der weiteren Untersuchung nachvollziehbar werden lassen.

Mit dem erstgenannten Prinzip qualitativer Forschung ist der Grundsatz verknüpft, dass die **Forschenden Teil des Forschungsprozesses** sind. Während quantitative Forschung durch die Bereitstellung reproduzierbarer, genormter Situationen Bezugsgrößen der normalen Lebenswelt auszublenden versucht, begibt sich die Forschungssituation in der qualitativen Forschung in das Forschungsfeld hinein. Damit wird der Forschende auch im Feld Teil des Forschungsprozesses, sollte jedoch darauf zielen, das Feld möglichst wenig zu beeinflussen und die *„forschungsspezifischen Kommunikationssituationen möglichst weit an die kommunikativen Regeln des alltagsweltlichen Handelns anzunähern"* (LAMNEK 2005, S. 22).

In den verschiedenen Phasen der Untersuchung wurde dieses Prinzip unterschiedlich umgesetzt: Während der Hospitationsphasen glichen wir unsere Interaktionen denen der häufig anzutreffenden Besucher/innen von Sprachförderschulen[59] an: Sie schauen zu, helfen bei Gruppen- oder Stillarbeit, sind aber sonst nur Beobachtende. In den Phasen unseres eigenen Unterrichtens wurde unser

---

59 Praktikantinnen und Praktikanten, Behördenvertretende oder Eltern von Schülerinnen oder
    Schülern.

Verhalten als „Lehrerin" gestaltet, nicht als „explorativ erprobende Wissenschaft-lerin". Ebenso wurde versucht, die Sprachtests nicht als Test, sondern als Ge-spräch über das Experimentieren zu gestalten, weil viele Kinder die Testsituationen vor der Einschulung in die Förderschule als familiär gewichtigen, wenn nicht so-gar belastenden Entscheidungspunkt zu Beginn ihrer „Schulkarriere" kennen-gelernt hatten. Um dies abzumildern, wurde das Wort „Test" vermieden und den Kindern erklärt, dass wir uns über das Experimentieren unterhalten möchten.

Das Prinzip der **Offenheit des qualitativen Forschungsprozesses** impliziert, dass dieser häufig mit Forschungsfragen, nicht aber mit Test-Hypothesen beginnt. Theorien und Konzepte werden eher während der Forschungsarbeit entwickelt und beschrieben (vgl. FLICK 2007b, S. xi). Dieses Prinzip beruht auf der Fun-dierung qualitativer Forschung in der Theorie des Konstruktivismus: Wissen und Erkenntnisse werden durch Beobachtungen und Fakten generiert, aus denen sich per Induktion Gesetzmäßigkeiten erkennen lassen (FLICK 2007a, S. 11).

Auch das Prinzip der Offenheit lässt sich in dieser Studie finden: Zwar exis-tierte zu Beginn eine auf Erfahrung gestützte Grundhypothese zu einer positiven Korrelation zwischen naturwissenschaftlichem Experimentieren und Sprachver-mögen bei Grundschulkindern; wie diese jedoch konkret fassbar sein würde und welche Aspekte für die spätere Umsetzung in der Schule relevant sein würden, diese Überlegungen wurden erst in den Hospitationsphasen konkretisiert.

Ein weiteres Prinzip qualitativer Forschung betrifft ihre methodische Ausges-taltung. Hier ist neben der Angemessenheit der Methoden **eine sach- und erkenntnisangemessene Flexibilität erlaubt und gefordert**: *„If the existing methods do not fit a concrete issue or field, they are adapted or new methods or approaches are developed"* (FLICK 2007a, S. x). Während methodische Ange-messenheit für jegliche Forschung grundlegend ist, ruft das Prinzip der Flexibilität in der Diskussion mit quantitativ ausgerichteter Forschung[60] häufig Kritik hervor.

Auch das Prinzip methodischer Flexibilität wurde angewendet. Der Sprach-test basierte auf einem in Schule 1 verwendeten Test, der für unsere Zwecke, das Testen auch naturwissenschaftlicher und technischer Worte, adaptiert wurde. Dabei wurde die Optik der Test-Bildkarten möglichst wenig verändert – bis das Vorgehen aufgrund der Testerfahrungen in Schule 1 grundsätzlich geändert wurde. Ein solches Vorgehen verböte sich bei einem quantitativen Forschungsansatz, der

---

60   Es ist in der qualitativen Forschung formal schwieriger, Datenqualität sicherzustellen und zu be-gründen. Wegen des größeren methodischen Handlungsspielraumes und wegen des interpretati-ven Paradigmas muss mehr Sorgfalt auf die Beschreibung der Gewinnung von Daten verwendet werden. FLICK konstatiert: *„[...] approaches to defining and assessing the quality of qualitative research (still) have to be discussed in specific ways that are appropriate for qualitative research and even for specific approaches in qualitative research"* (FLICK 2007b, S. xi).

alle Methoden vorab definiert, ist aber – nicht beliebig, sondern aus der Interaktion mit den Kindern begründet – im Rahmen qualitativer, explorierender Forschung erlaubt.

Qualitative Forschung beschränkt sich in ihrer Zielsetzung nicht auf die Produktion wissenschaftlicher Erkenntnisse. Vor allem im angelsächsischen Raum ist es erklärtes **Ziel qualitativer Forschung, auch praxisrelevantes Wissen zu generieren**: *„Often, the intention is to change the issue under study or to produce knowledge that is practically relevant – which means relevant for producing or promoting solutions to practical problems"* (FLICK 2007a, S. 6). DENZIN und LINCOLN beschreiben im Vorwort zum „Handbook of Qualitative Research": *„Qualitative research is an inquiry project, but is also a moral, allegorical, and therapeutic project"* (DENZIN und LINCOLN 2005, S. xvi).

Diese Studie versucht zu belegen, dass Experimentieren die Sprachkompetenzen von Kindern fördert. Sie möchte zudem, basierend auf der Analyse der Interventionen, eine schultaugliche Methode zur bifokalen naturwissenschaftlichen Arbeit mit Kindern beschreiben, die also *gleichzeitig* der Sprachförderung dient. So wird versucht, wissenschaftlich fundiertes, praxisrelevantes Wissen für Lehrkräfte zu generieren, das der Verankerung in ihrem Methodenrepertoire dient. So lässt diese Arbeit sich nach STOKES als „nutzeninspirierte Grundlagenforschung" klassifizieren (STOKES 1997; siehe Tab. 7).

		Praxisnutzen	
		Nein	Ja
Erkenntnisstreben	Ja	Reine Grundlagenforschung	**Nutzeninspirierte Grundlagenforschung**
	Nein	Keine Forschung	Reine Anwendungsforschung

Tabelle 7:   Klassifikation wissenschaftlicher Forschung (nach STOKES 1997, S. 73)

Das „Rahmenprogramm zur Förderung der empirischen Bildungsforschung" des Bundesministeriums für Bildung und Forschung fordert *„wissenschaftlich fundierte Aussagen über Wirkungsmechanismen von Lehr- und Lernprozessen"* (BMBF 2007b, S. 2). Konkretisierend fordert das Programm wissenschaftliche, praxisrelevante Forschung:

„Dabei geht es darum, mit Bezug auf die jeweiligen Untersuchungseinheiten (z. B. Unterricht, [...]) die Bedingungen transparent zu machen, die einen Zustand bzw. eine davon abhängige Leistung und Funktion zu erklären glauben" (ebd., S. 4).

Da sowohl naturwissenschaftliche Grundbildung als auch schulische Sprachförderung in der bildungsinteressierten Öffentlichkeit diskutiert werden, möchte diese Arbeit aufzeigen, dass eine stärkere Verankerung des Experimentierens im Sachunterricht nicht nur theoretisch wünschenswert, sondern auch im Schulalltag praktisch möglich ist.

2.1.2   Begründung der Fragestellung

Das vorliegende Thema entstammt Beobachtungen an Vor- und Grundschulkindern beim Experimentieren,[61] die an Erfahrungen und Wissen der Arbeitsgruppe Chemiedidaktik anschließen (vgl. LÜCK 2000). Beim Experimentieren von Kindern ist zu beobachten, mit welchem unmittelbaren Interesse sie Experimente durchführen, diese wiederholen und variieren; gleichzeitig zeigen sie große Spontaneität, sich über das Erlebte auszutauschen. In Diskussionen entwickeln sie große Ausdauer bei der Formulierung von Beschreibungen, die den Phänomenen gerecht werden sollen.

Diese wiederholt gewonnenen Eindrücke trafen während der Sachstandsanalyse auf *Beschreibungen*, wie vorteilhaft das Experimentieren für die Sprachfähigkeit von Kindern sei. Jedoch beschrieben diese gefundenen Aussagen keine Erkenntnisse systematischer Untersuchungen, sondern nur die Abstraktion von Beobachtungen.

Entsprechend beschließen JAMPERT et al. ihr Kapitel „Naturwissenschaften und Sprache in Forschung und Praxis" mit folgender Feststellung:

„Bei den Praxisberichten zur naturwissenschaftlichen Förderung im Elementarbereich wird immer wieder deutlich, wie wichtig sprachliche Fähigkeiten bei der Auseinandersetzung mit naturwissenschaftlichen Themen sind. Sprache ist zentral, wenn Kinder Beobachtungen beschreiben, Vermutungen anstellen, Lösungen finden und über Phänomene diskutieren. Eine explizite, systematische Verknüpfung naturwissenschaftlicher mit sprachlicher Förderung wird jedoch in keinem der Praxisansätze gemacht" (JAMPERT et al. 2006, S. 123).

---

61 In der Sozialforschung können Forschungsthemen durch persönliche Erfahrungen getriggert werden. GLASER und STRAUSS wurden durch die Erlebnisse mit ihren sterbenden Müttern zur Studie „Interaktion mit Sterbenden" angregt (GLASER und STRAUSS 1965/1974). HOCHSCHILD hat als Kind in den diplomatischen Kreisen der Eltern erlebt, wie Menschen verschiedener Kulturen emotional unterschiedlich agieren; dies führte zum Interesse am Thema „Gefühlsmanagement", u. a. zu dem von Flugbegleiter/innen („Das gekaufte Herz", HOCHSCHILD 1983/2006).

Dieses Zitat beschreibt die Bedeutung der zwei Fragerichtungen der vorliegenden Arbeit: zum einen die häufig zu lesende, jedoch wenig untersuchte Beobachtung, dass Experimentieren vorteilhaft für die sprachliche Ausdrucksfähigkeit von Kindern sei. Zum anderen lenken JAMPERT et al. das Augenmerk darauf, dass eine wissenschaftliche Untersuchung von Praxisansätzen für die *gleichzeitige* Förderung von naturwissenschaftlichen und sprachlichen Kompetenzen bislang aussteht.

2.2 Fragestellung, Hypothese und forschungsleitende Fragen

Die vorliegende Arbeit untersucht die Frage, ob naturwissenschaftliches Experimentieren auch zur Sprachförderung eingesetzt werden kann und wenn ja, unter welchen Bedingungen dies im Primarschulbereich durchführbar ist. Dazu analysiert sie

- zum einen, welche Auswirkungen naturwissenschaftliches Experimentieren auf die Sprachkompetenzen von Grundschulkindern hat, und
- zum anderen, *wie* naturwissenschaftliches Experimentieren *als Instrument der Sprachförderung* im Sachunterricht gelingend eingesetzt werden kann.

Dieser Fragenkomplex ist zwischen Chemiedidaktik, Psycholinguistik und Bildungsforschung angesiedelt.[62] Unser Fokus liegt auf der Naturwissenschaftsdidaktik, da die Sichtweise *von den Experimenten und ihren Sprechanlässen ausgeht.*

Die erste Fragerichtung baut auf einem wissenschaftlichen Fundus auf, sodass sie als Hypothese formuliert werden kann. Die zweite, explorative Fragerichtung impliziert ein Vorgehen mittels forschungsleitender Fragen. Je stärker ein Thema bereits erforscht und differenziert ist, desto eher lassen sich Hypothesen formulieren und einer testenden Bearbeitung zuführen. Je höher der explorative Grad der Fragestellung ist, desto eher sind explorative Leitfragen sowie Methoden zu wählen.

Flick beschreibt die Rolle der Hypothese in qualitativer Forschung:

„Während quantitative Forschung von Hypothesen ausgeht, spielen sie bei der qualitativen Forschung eine nachgeordnete Rolle. Hier geht es nicht darum, eine eingangs formulierte Hypothese zu prüfen. In einigen Fällen werden im Laufe des Prozesses (Arbeits-) Hypothesen aufgestellt, an denen sich der Forscher orientiert und für die er Belege oder Gegenbeispiele sucht – was aber […] mit den Prinzipien des Hypothesentestens wenig gemein hat" (FLICK 2009, S. 42).

---

62 Dies ist charakteristisch für die empirische Bildungsforschung: „Empirische Bildungsforschung ist […] wie kaum ein anderer Forschungsbereich inter- und multidisziplinär" (BMBF 2007b, S. 4).

Die zweite Fragerichtung der Arbeit zielt also darauf ab, *„die Sachlage in einem Gegenstandsbereich zunächst systematisch zu erhellen und dabei mögliche Wirkungszusammenhänge aufzudecken"* (RINCKE 2007, S. 66). Abbildung 9 zeigt die Hypothese und ihre Konkretionen sowie die forschungsleitenden Fragen.

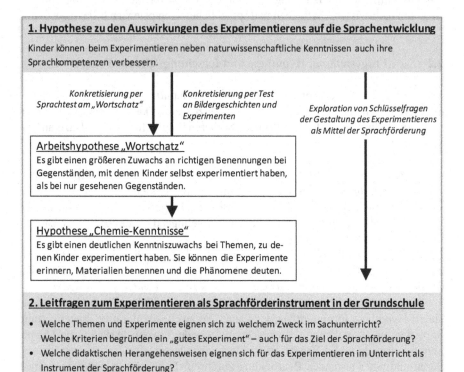

1. Hypothese zu den Auswirkungen des Experimentierens auf die Sprachentwicklung

Kinder können beim Experimentieren neben naturwissenschaftliche Kenntnissen auch ihre Sprachkompetenzen verbessern.

Konkretisierung per Sprachtest am „Wortschatz"

Konkretisierung per Test an Bildergeschichten und Experimenten

Exploration von Schlüsselfragen der Gestaltung des Experimentierens als Mittel der Sprachförderung

Arbeitshypothese „Wortschatz"
Es gibt einen größeren Zuwachs an richtigen Benennungen bei Gegenständen, mit denen Kinder selbst experimentiert haben, als bei nur gesehenen Gegenständen.

Hypothese „Chemie-Kenntnisse"
Es gibt einen deutlichen Kenntniszuwachs bei Themen, zu denen Kinder experimentiert haben. Sie können die Experimente erinnern, Materialien benennen und die Phänomene deuten.

2. Leitfragen zum Experimentieren als Sprachförderinstrument in der Grundschule

- Welche Themen und Experimente eignen sich zu welchem Zweck im Sachunterricht? Welche Kriterien begründen ein „gutes Experiment" – auch für das Ziel der Sprachförderung?
- Welche didaktischen Herangehensweisen eignen sich für das Experimentieren im Unterricht als Instrument der Sprachförderung?
- Welche logistischen und organisatorischen Rahmenbedingungen sollten erfüllt sein, damit das Experimentieren im Sachunterricht gelingen kann?

Abbildung 9:   Hypothese, Arbeitshypothesen sowie forschungsleitende Fragen

1. Hypothese zu den Auswirkungen naturwissenschaftlichen Experimentierens auf die Sprachkompetenzen von Kindern

Kinder können beim Experimentieren im Sachunterricht neben naturwissenschaftlichen Kenntnissen auch ihre Sprachkompetenzen verbessern.[63]

Vor- und Grundschulkinder teilen sich beim Experimentieren spontan und mit großem Eifer zu den erlebten Phänomenen mit. Sie zeigen dabei große Ausdauer und großen Willen zur Genauigkeit sowohl der Beobachtung als auch der Beschreibung. Dieses Aufeinandertreffen von hoher Motivation der Kinder für das Experimentieren, zum begleitenden Sprechen und zur Genauigkeit der Beschreibung ist Grundlage dieser Hypothese.[64] Die Formulierung der *Möglichkeit* zum Zuwachs an Sprachkompetenz impliziert dabei, dass der sprachförderliche Effekt von der Gestaltung des Experimentierprozesses abhängt: Findet er diskussionsfrei als Demonstration durch die Lehrperson statt, kann die Hypothese nicht aufrecht erhalten werden.

Zu ihrer methodischen Überprüfbarkeit wird die Hypothese in zweierlei Hinsicht spezifiziert. Zum einen konkretisieren wir *Sprachkompetenzen* als *Wortschatz*, der als komplexes, jedoch testbares Phänomen geeignet ist, mögliche Effekte zu belegen (vgl. Kap. 1.5.2, S. 67). Zum Zweiten vermuten wir, dass das *eigene* Experimentieren der Kinder, ihr eigenes Erproben und Hantieren mit den Dingen, wesentlich zum sprachfördernden Aspekt des Experimentierens beiträgt.

Mit Blick auf den Wortschatz und die Handlungsorientierung des Vorgehens lässt sich die folgende Arbeitshypothese formulieren:

Arbeitshypothese „Wortschatz": Es gibt einen größeren Zuwachs an richtigen Benennungen bei Gegenständen, mit denen die Kinder selbst experimentiert haben, als bei nur gesehenen Gegenständen.

Die zweite Arbeitshypothese („Chemie-Kenntnisse") testet keinen neuen Sachverhalt, da Studien von LÜCK und RISCH bereits belegen, dass Kinder im Vor- und Grundschulalter beim Experimentieren einen deutlichen naturwissenschaftlichen Wissenszuwachs erlangen können (vgl. LÜCK 2000; RISCH 2006a). Da in der vorliegenden Intervention das Experimentieren jedoch auch auf die Nutzung

---

63   Auf eine Präzisierung des Begriffes „Sprachkompetenzen" an dieser Stelle wird bewusst verzichtet.

64   WAGENSCHEIN beschreibt die Motivation der Kinder: „Man kann mit Übungen an Begriffen der Umgangssprache anfangen und etwa „Schule" […], „Bank", „Kind" erklären lassen. Die Kinder entwickeln dann bald einen gewissen sportlichen Eifer, sich an Schärfe und Knappheit der Definition zu übertreffen" (WAGENSCHEIN 1923, S. 6).

der Sprechanlässe ausgerichtet war, soll mit dieser Arbeitshypothese lediglich überprüft werden, dass das Ziel naturwissenschaftlicher Grundbildung durch eine gleichzeitige Sprachförderung nicht kompromittiert wird. Vor diesem Hintergrund wird die Arbeitshypothese „Chemie-Kenntnisse" als Nebenhypothese formuliert:

Arbeitshypothese „Chemie-Kenntnisse": Es gibt einen deutlichen Zuwachs an naturwissenschaftlichen Kenntnissen bei Themen, zu denen die Kinder selbst experimentiert haben. Die Kinder erinnern sich an die Experimente, können die Materialien benennen und die Phänomene deuten.

2. Leitfragen zum Experimentieren als Instrument zur Sprachförderung in der Grundschule

Die Hypothese zu den Auswirkungen des Experimentierens auf das Sprachvermögen der Kinder formuliert, dass Kinder beim Experimentieren neben naturwissenschaftlichen auch Sprachkompetenzen erwerben *können*. Wir vermuten, dass dabei die spontane Sprechmotivation der Kinder beim Experimentieren, das handlungsorientierte Vorgehen sowie die natürlichen Wiederholungen der Sprechanlässe zusammenwirken. Inwiefern die Nutzung des Experimentierens als Instrument der Sprachförderung gelingen kann, hängt jedoch von der Gestaltung des Unterrichts ab. Es wurde aufgezeigt, dass die Mehrheit der Grundschullehrer/innen fachfremd unterrichtet und weder über ausreichendes fachliches noch didaktisches Repertoire für das Experimentieren verfügt. Um dem entgegenzuwirken, soll praxisorientiertes, wissenschaftlich reflektiertes Erfahrungswissen erarbeitet werden.

Entsprechend werden als forschungsleitende Fragen gestellt:

- Welche Themen und Experimente eignen sich zu welchem Zweck im Sachunterricht? Welche Kriterien konstituieren dabei ein „gutes Experiment", auch für das gleichzeitige Ziel der Sprachförderung?
- Welche didaktischen Herangehensweisen eignen sich für das Experimentieren im Unterricht als Instrument der Sprachförderung?
- Welche logistischen und organisatorischen Rahmenbedingungen sollten erfüllt sein, damit das Experimentieren im Sachunterricht gelingen kann?

Die Aspekte, die zur Beantwortung dieser Fragen führen, sind für das Gelingen von sprachfördernden Experimentiereinheiten zentral, sodass ihnen im Kapitel 4, „Empirische Untersuchung", angemessene Aufmerksamkeit zukommt.

2.3 Das Untersuchungsdesign: Explorative, intervenierende Praxisstudie

In der *quantitativen* Forschung stellt das Forschungs*design* die Datenqualität sicher. Hingegen kommen im *qualitativen* Forschungsprozess die Prinzipien der Reflexivität und der Möglichkeit zur Anpassung der Methoden zum Tragen. Damit scheint die Frage des Forschungsdesigns weniger zentral. MILES und HUBERMAN Konstatieren fast humorvoll: *„Contrary to what you might have heard, qualitative research designs do exist"* (MILES und HUBERMAN 1994, S. 16).[65]

Für den beschriebenen Fragenkomplex bot sich an, die im Arbeitskreis Chemiedidaktik vorliegenden Experimentiererfahrungen für die Entwicklung sprachfördernder Experimentiereinheiten zu nutzen und diese durch Interventionen in Schulen zu erproben. Die so im Feld gewonnenen Beobachtungen und Erfahrungen sollten dokumentiert und qualitativ ausgewertet werden.

Diesen Überlegungen folgend, wurde die Arbeit als **intervenierende, explorative Praxisstudie** angelegt. Untersucht wurden zwei erste Klassen an zwei verschiedenen Sprachförderschulen. Nach Hospitationsphasen in beiden Schulen wurde die erste empirische Untersuchung in der Leineweberschule in Bielefeld-Babenhausen (Schule 1) von September bis Dezember 2009 durchgeführt, die zweite in der Irmela-Wendt-Schule in Lage-Pottenhausen (Schule 2) von April bis Juni 2010. Eingerahmt wurden die Interventionen durch Pre- und Post-Tests zum Wortschatz sowie den naturwissenschaftlichen Kenntnissen der Kinder.

---

65 Auch qualitativ Forschende verwendeten früher das Verständnis *quantitativer* Forschung für den Begriff „Forschungsdesign" und reflektierten von dort aus ihren eigenen Prozess. So schreiben BECKER et al.: *„In one sense, our study had no design. That is, we had no well-worked-out set of hypotheses to be tested, [...], no set of analytic procedures specified in advance".[...] If we take the idea of design in a larger [...] sense, using it do identify those elements of order, system and consistency our procedures did exhibit, our study had a design. We can say what this was by describing our original view of our problem, our theoretical and methodological commitments, and the way these affected our research and were affected by it as we proceeded"* (BECKER et al. 1961, S. 17). Hier treten die Wechselseitigkeit von Erkenntnisinteresse und Methodenwahl zutage und das Verständnis der konstituierenden Elemente eines Forschungsdesign qualitativer Forschung.

2.3.1   Zeitplan der Untersuchung

In Schule 1 wurde der erste Untersuchungs<u>zyklus</u> mit Experimentierphase, Pre-
und Post-Test durchgeführt. Wie der Zeitplan zeigt, wurde in Schule 2 als Erstes
hospitiert, dann jedoch eine Hospitation in Schule 1 angeschlossen, die direkt in
den ersten Durchlauf an Experimentiereinheiten und Tests mündete. Da den Interventionen und ihrer Analyse große Bedeutung zukommt, wurden die Schulen
nach der Reihenfolge ihrer Untersuchung bezeichnet (vgl. Abb. 10).

Die erste Hospitationsphase in Schule 2 dauerte 13 Vormittage über einen Zeitraum von 18 Wochen, von Februar bis Juni 2009. Neben dem Unterricht in verschiedenen Schulfächern, unterschiedlichen Klassen und Jahrgangsstufen wurde
auch die „AG (Arbeitsgemeinschaft) Experimentieren" am Mittwochvormittag[66]
besucht. Obwohl es interessant war, die Kinder-Zielgruppe in verschiedenen
Unterrichtsfächern bzw. Ausgestaltungen des Faches Sachunterricht (Basteln,
Arbeitsblätter …) zu erleben, so war es doch vor allem die Experimentier-AG,
die Einblicke in das Experimentieren im Kontext des sprachfördernden Schul-
betriebes zuließ. Durchgeführt von einer engagierten und erfahrenen Lehrkraft
konnten hier zentrale Geschehnisse der sprachlichen und handelnden Interaktion
im Rahmen des Experimentierens beobachtet werden. In Vor- und Nachgesprä-
chen mit der Lehrerin konnten wertvolle Einblicke in ihre didaktischen Vorüber-
legungen sowie in *ihre* Beobachtungsperspektiven während des Unterrichts
genommen werden. Diese Erfahrungen stimulierten das Formulieren erster Ideen
und möglicher Arbeitshypothesen zur Forschungsfrage.

Um Eindrücke aus mehr als einer Schule zu gewinnen, wurde – etwas zeit-
versetzt – mit der Hospitation in der Schule 1 begonnen, nun bereits mit der
Frage, wie die zu erwartenden Fortschritte der Sprachentwicklung belegt werden
könnten („Entwicklung Sprachtest"). Die erste Erhebung begann im Herbst 2009:
Der Pre-Test wurde in Schule 1 im Oktober, die Experimentiereinheiten im Anschluss an die Herbstferien durchgeführt, sodass dieser Durchgang bis Weihnachten abgeschlossen war; der Post-Test folgte im Februar 2010.

In der Zwischenzeit wurde mit der zweiten Hospitation in der Untersuchungsklasse der Schule 2 begonnen. Dort begann die Erhebungsphase im März 2010,
sodass sie vor den Sommerferien abgeschlossen werden konnte.

In beiden Schulen wurde die Durchführung der Studie mit Interesse verfolgt
und sowohl organisatorisch als auch inhaltlich nach Kräften unterstützt.

---

66 In Schule 2 sollen die AGs am Mittwoch den Erfahrungshorizont der Kinder erweitern. Ihren
    Interessen folgend bieten die Lehrkräfte Backen, Sport, Spiele, Basteln, Musik und Experimen-
    tieren an.

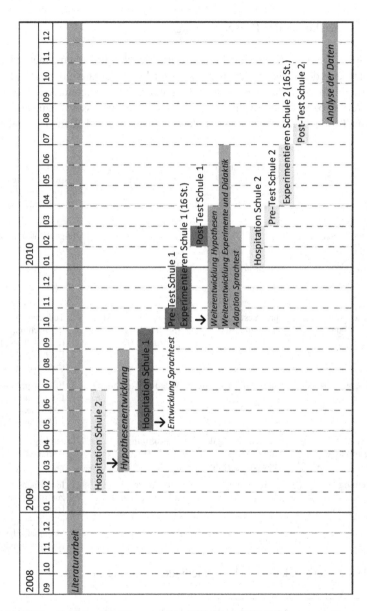

Abbildung 10: Zeitplan der Untersuchung (Interventionsphasen vor Ort. dunkelgrau: Schule 1, hellgrau: Schule 2)

2.4   Methoden der Datenerhebung

Qualitative Forschung ermöglicht und verlangt, die Forschungsmethoden der Fragestellung, den Gegebenheiten des Feldes (den Adressaten, dem sozialen und institutionellen Umfeld) sowie bereits gewonnenen Erkenntnissen in einem reflexiven Prozess auch während des Forschungsprozesses anzupassen. Die folgende Tabelle 8 fasst die in dieser Studie gewählten Methoden zusammen.

	Arbeitshypothese „Wortschatz"	Arbeitshypothese „Chemie-Kenntnisse"	Leitfragen zum Experimentieren als Instrument der Sprachförderung
Prinzipielle Forschungsmethode	Testen	Befragen	Beobachten (eigene Interaktion oder die Dritter)
Grad der Exploration	*sehr niedrig*	*Niedrig*	*Hoch*
Grad der Vorselektion der Daten	*sehr hoch*	*Hoch*	*Niedrig*
Methoden der Datenerhebung	Sprachtest (Pre- und Post-Test)	Pre- und Post-Test (naturw. Bilder-geschichten)	1. Teilnehmende Beobachtung (Hospitationen) 2. Beobachten (Interventionen)
Dokumentations-Methoden	Video-Aufzeichnungen	Video-Aufzeichnungen	1. Erlebnisprotokolle 2. Erlebnisprotokolle und Video-Aufzeichnungen
Methoden der Datenaufbereitung	Kategorisierung der Antworten im Auswertungsraster	Transkription	Daten liegen geschrieben vor
Auswertung	(semi-) quantitativ[67]	Qualitative Inhaltsanalyse	1. Identifikation zentraler Fragen 2. Qual. Inhaltsanalyse nach MAYRING: Systematische Analyse der Protokolle

Tabelle 8:   Verwendete Forschungsmethoden (Übersicht)

---

67   Wir bezeichnen die Auswertung der Sprachtests als *semi*-quantitativ, da sie zwar mathematisch ausgewertet wurden, die kleine Fallzahl aber den Vergleich mit quantitativen Studien verbietet. Quantitative Studien zu Sprachphänomenen werden meist mit großen Fallzahlen durchgeführt.

Die Übersicht über die Methoden zeigt, dass mit zunehmendem explorativen Charakter der Teil-Fragestellung der erwünschte Grad der Offenheit generierter Daten zunimmt: Für die Bearbeitung der Arbeitshypothese zum Wortschatz wurde eine (semi-) quantitative Auswertungsmethode gewählt, für die Erhebung der Chemie-Kenntnisse eine Befragungstechnik, die dem kindlichen Gesprächsverhalten angemessen war (Bildergeschichten mit naturwissenschaftlichem Hintergrund, vgl. Kap 2.4.6, S. 107), jedoch ebenfalls eine kategoriale Auswertungsmethode erlaubte, nämlich die qualitative Inhaltsanalyse. Beide Methoden verlangten durch die Auswahl der Items und der dargestellten Inhalte bereits vor der Datenerhebung eine Vorauswahl der zu gewinnenden Daten*typen* und so auch Erkenntnisse.

Für die Bearbeitung der Leitfragen zum Experimentieren als Instrument der Sprachförderung hingegen blieb, ihrem explorativen Charakter entsprechend, die Perspektive für zu gewinnende Eindrücke zunächst offen; der Blick fokussierte sich im Lauf der Hospitationen und Interventionen auf die im Kapitel 3 bearbeiteten zentralen Fragen. Gleichwohl ist in obiger Tabelle zu erkennen, dass auch bei angestrebter offener Wahrnehmung des Forschenden im Feld die systematischen Methoden der Dokumentation und Auswertung qualitativer Forschung sicherstellen sollen, dass Erkenntnisse nicht beliebig, sondern aufgrund regelgeleiteter Prozesse gewonnen und somit für Dritte nachvollziehbar werden (vgl. Kap. 2.5; zum Prinzip der Explikation vgl. LAMNEK 2005, S. 407).

2.4.1   *Pre- und Post-Tests: Aufbau und schematischer Ablauf*

Die Pre- und Post-Tests testeten die Sprachkompetenzen sowie die naturwissenschaftlichen Kenntnisse der Kinder. Tabelle 9 zeigt den Testaufbau schematisch. Änderungen in den verwendeten Instrumenten resultierten aus einer veränderten Einschätzung der Belastbarkeit der Kinder in der Testsituation, sodass in Schule 2 für den Post-Test ein drittes Testinstrument verwendet wurde. Alle Tests wurden so gestaltet, dass sie pro Kind 25–30 Minuten dauerten.

Für den Sprachtest wurden im Pre- und Post-Test jeweils die gleichen Instrumente verwendet, um (innerhalb der Schule) vergleichbare Daten zu erhalten. Die Chemie-Kenntnisse wurden durch Befragen beim Experimentieren und zusätzlich mit Alltags-Bildergeschichten, die einen naturwissenschaftlichen Hintergrund hatten (Kerze löschen unter Glas, Backen, Spülen), erhoben.

		Schule 1		Schule 2	
Methode	*zum Testen von*	Pre-Test	Post-Test	Pre-Test	Post-Test
Sprachtest (mit Bildkarten)	Wortschatz				
Sprachtest (mit Gegenständen)					
Befragen (beim Experimentieren)	Wortschatz und Chemie-Kenntnissen				
Befragen (mit Bildergeschichten)	Chemie-Kenntnissen				

Tabelle 9:   Aufbau der Pre- und Post-Tests, schematisch

Die <u>Pre-Tests</u> beider Schulen gliederten sich in zwei Teile. Wie die Tabelle 9 zeigt, wurde der Pre-Test zum Wortschatz in Schule 1 an Bildkarten, in Schule 2 an Gegenständen durchgeführt. Beide Verfahren haben Vor- und Nachteile: Die Kinder kennen das Arbeiten mit Bildkarten, zudem ist das Handling im Test unkompliziert. Gleichwohl stellen auch anschaulich gestaltete Bildkarten eine Distanz zum Gegenstand her, die die Sprechmotivation mindert. Gegenstände als konkrete Testobjekte hingegen bergen neben dem Vorteil einer unmittelbaren Sprech-Aufforderung die organisatorische Herausforderung, das Besprechen von 30–40 Gegenständen als natürliches Gespräch zu gestalten, in dem das Hin- und Herräumen der Sachen nicht in den Vordergrund tritt und Kind oder Interviewende/n ablenkt. In der Güterabwägung zwischen dem bekannten Verfahren (Bildkarten) und höherer Sprechmotivation (Gegenstände) wurden in Schule 1 Bildkarten verwendet; im Laufe der Arbeit mit den Kindern verschob sich die Bewertung dahingehend, dass den Kindern zugetraut wurde, auch im Pre-Test mit einem für sie neuen Verfahren getestet zu werden. Dies fand entsprechend in Schule 2 Anwendung.

Der <u>Post-Test</u> bestand in Schule 1 aus zwei, in Schule 2 aus drei Teilen. Nach dem Sprachtest-Teil wurden die Kinder zur Durchführung von ein bis zwei von ihnen wählbaren Experimenten animiert. Dabei wurden sie zur Benennung der benötigten Gegenstände aufgefordert und zu den Hintergründen des durchgeführten Experimentes befragt. Da die Kinder in Schule 1 mit dem zweistufigen Test keine Überforderung zeigten, wurden in Schule 2 zusätzlich, als dritter Teil, die Bildergeschichten des Pre-Tests besprochen, um diese vergleichend auswerten zu können.

2.4.2 Testen als Methode: Sprachtest („Wortschatz")

2.4.2.1 Methodische Herausforderungen der Wortschatz-Diagnostik

Die Diagnostik des Wortschatzes birgt strukturelle Herausforderungen, die bei Kindern besonders deutlich zutage treten. Vier der für unsere Untersuchung besonders relevanten Charakteristika sollen hier genannt werden, wovon die vierte vor allem bei Menschen mit Sprachstörungen relevant ist.

1. *Dynamik:* Der Wortschatz gerade von Kindern ist einer hohen Dynamik unterworfen, die seine Statusbestimmung und die Validität der Aussagekraft punktueller Erhebungen erschweren.
2. *Exemplarität:* Der Wortschatz kann aufgrund seiner hohen Zahl an Einzelelementen nur exemplarisch und nie erschöpfend erfasst werden: Bei einem expressiven Wortschatz von ca. 6.000 Worten bei sechsjährigen Kindern sowie einem erwünschten Ausschnitt von zehn Prozent wären 600 Items zu testen, was unangemessen umfangreich ist. Die Kriterien für die Auswahl der zu testenden Items werfen prinzipielle methodische Fragen auf: Dem Ziel der Repräsentativität einer Item-Auswahl steht die Tatsache entgegen, dass der Wortschatz der am stärksten durch äußere (kulturelle und bildungsbezogene) sowie innere (motivationale) Einflüsse geprägte Sprachbereich ist. Insofern *kann* mit einem Wortschatztest kein Anspruch auf Repräsentativität verfolgt werden, zumal in einer kulturell diversen Testgruppe.[68] Selbst in großen Studien wird eingeräumt, dass die Auswahl von Kriterien zur Item-Auswahl *„mit großen methodischen Problemen"* verbunden ist, *„da die betreffende Datenbasis (Kinderwortschatz) nicht oder nicht in benötigter Qualität zur Verfügung steht"* (GLÜCK 2007, S. 10). Welche methodischen Schwierigkeiten die Evaluierung von Wortschatz unabhängig vom Alter der Probanden bereitet, verdeutlicht die Aussage, dass noch vor wenigen Jahren die Wortschatzdiagnostik *„in desolatem Zustand"* gewesen sei (vgl. GLÜCK 2007, S. 1).

---

68 Auch in großen Untersuchungen folgen die Auswahlkriterien dem Erkenntnisinteresse. So kann der Anteil der Wort*arten* variieren, die Häufigkeit in der Kinder- oder Erwachsenensprache oder die phonologischer Merkmale. Allen Kriterien ist die beschriebene methodologische Problematik gemein.

3. *Cultural fairness:* Gerade in kulturell heterogenen Testgruppen sollte versucht werden, dem Anspruch auf cultural fairness nachzukommen. Dies ist jedoch bereits theoretisch schwierig, da jeder Wortschatz kulturell vermittelt ist.[69] Dem Ziel der cultural fairness wurde pragmatisch nachzukommen versucht, in dem die Test-Items überprüft und offensichtlich kulturspezifische Items weggelassen wurden[70]. Bei der Gestaltung des Bildmaterials wurde dem Prinzip der cultural diversity nachzukommen versucht (s. u.).

4. *Gestaltung der Testsituation:* Menschen mit Sprachstörungen umgehen deren Auswirkungen, indem sie Ausweichtechniken anwenden: Sie ersetzen nicht gewusste Begriffe durch Überbegriffe (Hypernomie; „Menschen" statt „Frauen") oder Beispiele (Hyponomie; „Dinge wie Schraubenzieher" statt „Werkzeug"); sie nutzen Strategien zum Zeitgewinn, entweder direkte („wart' mal ...") oder auf einer Metaebene („Moment, das fällt mir gleich ein"). Wie stark sich Sprachstörungen auf andere Lebensbereiche auswirken können, wurde in Kapitel 1.5.6 beschrieben. Insofern wurde in der Untersuchung großer Wert auf eine freundliche Gesprächsatmosphäre gelegt.

In einer methodischen Abwägung von Spontansprachproben und „Elizitationssituationen"[71] in Sprachtests beschreibt GLÜCK, dass Kinder mit Sprachstörungen in natürlichen Gesprächen durch Kompensationtechniken häufig unter ihren sprachlichen Möglichkeiten bleiben, sodass der „freundliche Zwang" eines Tests sie zu einer besseren Leistung bewegen kann (GLÜCK 2007, S. 11). Der Widerstreit dieser gegenläufigen Ziele (natürliche Gesprächsumgebung vs. stressauslösende „Testsituation", die bessere Ergebnisse erzielt) wurde abzumildern versucht, indem die Tests interaktiv gestaltet wurden. Zudem wurde das Wort „Test" konsequent vermieden und den Kindern Gespräche über das Experimentieren zu dessen Vorbereitung angekündigt.

---

69 Die Kriterien der „cultural fairness" werden auch international unzureichend verwirklicht: *„Currently available screening tools and procedures are lacking one or more criteria necessary for early identification of potential language impairment in children from culturally and linguistically diverse backgrounds"* (JACOBS 2001).

70 Die Einstufung als nicht „culturally fair" betraf die Herkunft aus unterschiedlichen Ländern oder soziogeographischen Räumen: Ein städtisch aufwachsendes Kind *kann* einen Jäger nur aus Büchern kennen, ebenso ein Baby, das nur über Machtinsignien (Krone, Zepter) als Prinz oder Prinzessin zu erkennen ist. Hier wird bildungsbürgerlicher Bilderbuch-Wortschatz abgefragt, der dem Aspekt der „cultural fairness" nicht gerecht wird.

71 Antworten auslösende Situationen (engl. to elicit: hervorrufen, auslösen).

2.4.3 Entwicklung des Sprachtests: Ziele und Item-Auswahl

Der Sprachtest diente der Evaluierung von Begriffen der naturwissenschaftlichen und technischen Umwelt der Kinder, die in gängigen Sprachtests nicht enthalten oder unterrepräsentiert sind. Entsprechend wurden *auch* naturwissenschaftlich-technische Items getestet. Obwohl sie größtenteils Alltagsgegenstände darstellten, war aufgrund der sozialen Hintergründe und der Sprachdefizite der Kinder nicht zu erwarten, dass die Items durchgängig richtig benannt werden würden. Tabelle 10 zeigt die in Schule 1 getesteten Items (Gegenstände und Nachfrage-Worte).

	Bild (Nachfrageworte in Klammern)		Bild (Nachfrageworte in Klammern)
1	Kerze (Wachs, Docht, Flamme)	19	Mehl
2	Teelicht	20	Backpulver
3	Luftballon (Gummi)	21	*Schüssel*
4	Streichhölzer	22	Mixer, Rührgerät
5	Feuerzeug	23	Kuchen- oder Backform
6	Schwamm	24	Sieb
7	Küchenrolle oder -papier	25	Trichter
8	Servietten	26	*Messer*
9	Plastiktüte, Tüte	27	*Gabel*
10	Eiswürfel	28	*Löffel*
11	*Glas*	29	Besteck
12	*Flasche*	30	*Hammer*
13	*Seife*	31	*Nägel*
14	Spülmittel	32	Schraubenzieher
15	*Eier*	33	*Säge*
16	*Öl*	34	*Zange*
17	*Kakao*	35	*Eimer*
18	*Zucker*	36	Pipette

Tabelle 10: Items Schule 1 (kursive Worte nur im Pre-Test gefragt)[72]

---

[72] Diese Items wurden bereits im Pre-Test von allen Kindern gewusst (mit max. einer Ausnahme), sodass sie zwecks Kürzung des Sprachtests im Post-Test nicht gefragt wurden.

So enthielten die Bildkarten der offiziellen Sprachtests in Schule 1 Bilderbuch-Begriffe (z. B. Jäger, Prinzen), aber keine für Gegenstände wie Kerzen, Streichhölzer, Pinzetten oder Gläser. In Folge wurden in unsere Tests Gebrauchsgegenstände eingeschlossen, wie sie benutzt werden würden (z. B. Kerzen, Teelichte, Gefäße).

Häufig werden Verben und Adjektive per Bildkarte erfragt. Eine eindeutige Darstellung von Tätigkeiten und Eigenschaften ist bildlich jedoch schwierig, da jeder Gegenstand mehrere Eigenschaften besitzt und diese im Kontext interpretiert werden. In der Folge wurde auf das Testen dieser Wortarten verzichtet, weil Ratesituationen vermieden werden sollten.[73] Der Fokus lag auf dem Erfragen von Items, zu denen Nachfragen gestellt werden können. Dies ermöglichte einen natürlicheren Gesprächsfluss und zudem, weitere Worte zu erfassen (z. B. „Wachs", „Docht", „Flamme" als Nachfragen zur Kerze).

2.4.4   Die Gestaltung der Bild-Wortkarten

Der Sprachtest wurde in Schule 1 mit Bildkarten durchgeführt. In Anlehnung an etablierte Bildkarten-Tests[74] wurden die in Tabelle 11 aufgelisteten Gestaltungskriterien erarbeitet. Die Karten wurden dann nach unseren Vorgaben gezeichnet, koloriert und laminiert (vgl. Abb. 11).

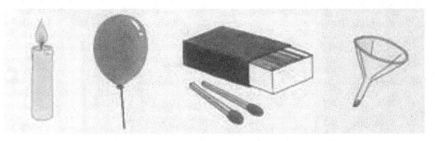

Abbildung 11: Beispiele der für den Sprachtest hergestellten Bildwortkarten

---

73 Z. B. sollten eine Peperoni und ein Messer das Adjektiv „scharf" darstellen; doch kennen nicht alle Kinder scharfe Lebensmittel; zudem lässt sich Beliebiges assoziieren, von Farben über das Kochen bis zur Gefährlichkeit des Messers. Aufgewirbeltes Laub und fliegende Blätter sollten „leicht" repräsentieren, können aber auch für „windig", „kalt", „herbstlich" stehen.
74 LANGFELDT und PRÜCHER 2004, S. 11: „Die Items sind kindgemäß gestaltet, altersgerecht, geschlechtsneutral und freundlich".

Kindgemäße, freundliche Gestaltung
Keine überflüssigen, ablenkenden Dinge auf den Bildern
Positive, werbungsfreie Anmutung der Gegenstände; freundliche Kolorierung mit Buntstiften
Abbildung von Menschen mit sympathischer Ausstrahlung, sowohl Kinder als auch Erwachsene, sowie Abwechslung von hellen und dunklen Haaren
Gleichmäßige Verteilung der Geschlechter
Format DIN A5 (gute Sichtbarkeit), Laminierung zum Schutz gegen Abnutzung

Tabelle 11: Kriterien für die Gestaltung der Bildwortkarten

2.4.5 *Veränderungen des Sprachtestverfahrens nach Schule 1*

Das Sprachtestverfahren wurde für Schule 2 in zweierlei Hinsicht adaptiert.

Zum Ersten machte die bereits beschriebene Verwendung von Gegenständen eine logistisch durchdachte Vorbereitung nötig, um eine ruhige Gesprächsatmosphäre mit wenig Hin- und Herräumen zu gewährleisten: Die Testgegenstände wurden auf Nebentischen aufgebaut, an denen das Kind entlanglaufen konnte (s. Abb. 13). So konnte die Natürlichkeit der Gesprächssituation beibehalten werden. [75]

Zum Zweiten wurde die Liste der Items angepasst: Es wurden Worte nicht mehr gefragt, die in Schule 1 von allen Kindern gewusst wurden und so keine Erkenntnisse lieferten (z. B. Hammer, Schraubenzieher, Säge, Eimer). Dafür wurden Items hinzugefügt, die durch die Nähe zu anderen gefragten Worten den Grad der Kategorisierung von Begriffen zeigen sollten (z. B. zu „Glas" auch „Tasse", „Plastikbecher") [76]. Auch wurden Items hinzugefügt, die dem erweiterten Experimentier-Repertoire entstammten (Filzstifte, Buntstifte, Kreide zur Chromatografie und Batterien, Glühbirne, Kabel, Fassung zur Elektrochemie). Die

---

75 Wichtig für den natürlichen Ablauf war, dass die Interviewerin sich mithilfe eines Bürostuhles mit Rollen bewegen und dabei mit dem Kind auf Augenhöhe bleiben konnte. Ohne dieses Arrangement hätte sie „von oben herab" sprechen müssen.

76 Diese Begriffe erscheinen trivial; doch zeigte der Pre-Test, dass einige Kinder sie nicht kategorial unterscheiden konnten (ebenso, wie „Plastiktüte" auch als „Handtasche" bezeichnet wurde und nur 30 % der Kinder eine „Kuchen- oder Backform" benennen konnte).

	Item (Nachfrageworte in Klammern)		Item (Nachfrageworte in Klammern)
1	Kerze (Wachs, Docht, Flamme)	27	*Essig*
2	Teelicht	28	Öl
3	Streichhölzer	29	*Tinte*
4	Feuerzeug	30	Kuchen- oder Backform
5	Luftballon (Gummi)	31	Mixer, Rührgerät
6	Küchenrolle/-papier	32	*Filterpapier (oder Kaffeefilter)*
7	Servietten	33	*Zahnpasta*
8	Alufolie	34	*Zahnbürste*
9	Tüte, Plastiktüte	35	*Filzstift*
10	*Tasse*	36	*Buntstift*
11	Glas	37	*Kreide*
12	*Plastikbecher*	38	Messer
13	*Messbecher*	39	*Großer Löffel*
14	Flasche	40	*(= Ess-/Suppenlöffel)*
15	Schüssel, Salatschüssel	41	*Kleiner Löffel*
16	*(kleine) Schale, Schälchen*	42	*(= Tee-/Kaffeelöffel)*
17	Seife	43	Gabel
18	Spülmittel	44	*Pinzette*
19	Sieb	45	*Pipette*
20	Trichter	46	*Lupe*
21	Mehl	47	*Schere*
22	Eier	48	Nagel
23	Kakao	49	*Batterie, Akku*
24	Zucker	50	*Glühbirne, Lampe*
25	*Salz*	51	*Kabel, Draht*
26	Backpulver	52	*Fassung, Halterung*

Tabelle 12: Items Schule 2 (kursive Worte sind neu hinzugekommen)

„Pinzette" wurde hinzugefügt, da die Kinder der Schule 1 dies im Post-Test als Verwechslungsbegriff zur „Pipette" antworteten; durch die Kontrastierung der Begriffe sollte eine Abgrenzung ermöglicht werden.

2.4.6   Befragen als Methode („Chemie-Kenntnisse")

Der zweite Testteil sollte die naturwissenschaftlichen Kenntnisse exemplarisch erheben. Dazu wurden für den Pre-Test drei Bildergeschichten mit alltäglichen Themen entworfen, die auf naturwissenschaftlichen Gesetzmäßigkeiten beruhen (s. Tab. 13).

Szene	Bildergeschichte 1: Kerze unter Glas löschen
1	Kind hinter einem Glas und einer brennenden Kerze stehend
2	Kind stülpt Glas über brennende Kerze, Glas noch nicht ganz auf dem Tisch
3	Glas schließt über der Kerze ab, deren Flamme bereits kleiner wird
4	Kerze erlischt, kleiner Rauchfaden steigt auf
Szene	Bildergeschichte 2: Kuchen backen
1	Diverse Zutaten werden zu einem Teig gerührt (Mehl, Eier, Milch, Butter, Backpulver)
2	Teig wird aus der Schüssel in die Backform gegossen
3	Backform mit dem Teig ist im heißen Ofen
4	Kuchen ist fertig, Frau freut sich
Szene	Bildergeschichte 3: Spülen
1	Diverses erkennbar schmutzige Geschirr steht in einer Spüle
2	Wie 1, aber heißes Wasser in der Spüle (= Wasserlinie sichtbar, aufsteigender Dampf)
3	Das Wasser in der Spüle ist kräftig schaumig
4	Sauberes Geschirr auf einem Abtropfgestell, kleine Schaumreste im Becken

Tabelle 13: Bildergeschichten und ihre Szenen

So konnte eruiert werden, inwiefern sich die Kinder bereits mit einem Thema auseinandergesetzt und welche Ideen sie zu Phänomenen und Gesetzmäßigkeiten entwickelt hatten. Ebenso wie bei der Auswahl der Items für den Sprachtest wurde auch bei der Auswahl der naturwissenschaftlichen Themen auf den Lebensweltbezug der Kinder sowie den Aspekt der *cultural fairness* geachtet. Die Tätigkeiten des Spülens und Backens waren allen Kindern bekannt und fast alle wussten, dass eine Kerze unter einem Glas erlischt. Deshalb blieb die Auswahl der Bildergeschichten während der Untersuchung unverändert. Tabelle 13 listet die zu beschreibenden Einzelszenen auf; die sich unten anschließende Abbildung zeigt exemplarisch die vier Bildkarten der Geschichte „Kerze unter Glas löschen".

Die Bildkarten folgten den Designkriterien der Sprachtest, wurden ebenfalls im DIN-A-5-Format gezeichnet, koloriert und laminiert (s. Abb. 12).

Abbildung 12: Bildergeschichte „Kerze löschen unter Glas"

2.4.7   Durchführung und Dokumentation der Tests

Die Tests wurden in beiden Schulen nach den Hospitationen durchgeführt, sodass die Interviewerin den Kindern bekannt war. Diese wussten, dass im Unterricht experimentiert werden würde, und so wurden die Pre-Tests als „Gespräch über das Experimentieren" angekündigt. Mit den Kindern wurde einzeln gesprochen.

Die Kinder wurden zu Beginn des Tests gefragt, ob sie Interesse an einem Gespräch über das Experimentieren hätten; nur bei positiver Antwort – die von allen Kindern kam – wurde der Test durchgeführt. [77] Nach dem Sprachtest-Teil wurden die Kinder nach jeder Bildergeschichte gefragt, ob sie Lust hätten, noch eine zu legen und zu besprechen. Auf diese Weise wurde sichergestellt, dass sie immer Interesse an der Interaktion hatten und nicht überfordert wurden. Vor Ende des Gespräches wurde gefragt, ob der Test schwierig gewesen sei, ob er Spaß gemacht habe und wir uns nach den Experimentierwochen noch einmal unterhalten könnten. Letzteres wurde von allen Kindern bejaht.

---

77   Lediglich in Schule 1 erteilte ein Elternpaar keine Einwilligung zur Datenerhebung. Es wurde dennoch ein kurzes Gespräch mit der Schülerin geführt, um sie nicht auszugrenzen und unser Interesse an ihren Gedanken zu zeigen. Im Gespräch wurde ihr vorab gezeigt, dass keine Kamera lief.

Ort der Tests waren ungestörte Räume, die parallel zum Schulbetrieb genutzt werden konnten (s. Abb. 13). In Schule 1 war dies für die Pre-Tests einer der eingerichteten Testräume.[78] Diese Räume sind hell, freundlich und mit wenig Ablenkung möbliert, sodass sie eine angenehme Gesprächsatmosphäre unterstützen. In ihnen finden allerdings die über die Einstufung als „Kind mit sonderschulischem Förderbedarf" entscheidenden Tests statt, sodass die Räume mit dieser Bedeutung verbunden sind. Aufgrund der Auslastung der Schule gab es hierzu allerdings keine Alternative. Die Post-Tests fielen in die Zeit, in der neue Schüler/innen getestet werden. Da beide Testräume entsprechend häufig belegt waren, nutzen wir die daneben liegende Bibliothek. Dies hatte zeitliche Einschränkungen durch die Bibliotheksnutzungszeiten zur Folge, aber keine Auswirkungen auf die einzelnen Tests.

In Schule 2 wurde ein im Souterrain befindlicher, wenig frequentierter Schulraum genutzt. Alle Gespräche wurden mit einer Videokamera und einem Diktiergerät aufgezeichnet. Nach jedem Gespräch wurden Gesprächsnotizen angefertigt. In der Regel fanden zwei Gespräche pro Vormittag statt, zwischen denen eine Pause oder Freistunde lag. Nur in Ausnahmefällen fanden mehr Interviews pro Tag statt.

Abbildung 13: Testräume: Links Schule 1, rechts Schule 2

Für die **Pre-Tests** wurden den Kindern der Schule 1 Bild-Wortkarten einzelner Gegenstände vorgelegt. Dabei wurden sie gefragt, ob sie den jeweiligen Gegenstand kennen und wie er hieße. In Schule 2 wurde erklärt, dass wir gern wissen würden, ob das Kind die Gegenstände auf den Tischen kennen würde, und dass wir sie nun gemeinsam beim Entlanglaufen anschauen und benennen würden.

---

78 Hätte ein anderer Raum zur Verfügung gestanden, wäre dieser dem Testraum vorgezogen worden.

Nach dem Abfragen der Bild-Wortkarten bzw. Gegenstände wurden den Kindern die Karten der Bildergeschichten vorlegt mit der jeweiligen Aufforderung, sie in die richtige Reihenfolge zu bringen und dann zu erzählen, was im Laufe der Geschichte geschehen sei. Hier hakte die Interviewerin nach der spontanen Erzählung etwas nach, um herauszufinden, was das Kind über die spontanen ersten Aussagen hinaus zur jeweiligen Geschichte bzw. dem dahinterliegenden naturwissenschaftlichen Mechanismus dachte oder wusste.

Für die **Post-Tests** wurden das Material von sechs durchgeführten Experimenten bereitgestellt (s. Tab. 14). Nach der Begrüßung wurden die Kinder nach ihrem Lieblingsexperiment gefragt und ob sie Lust hätten, dies durchzuführen.[79] Sie wurden aufgefordert, sich die nötigen Dinge vom Materialtisch zu holen. Nach der Benennung der Materialien und vor dem eigentlichen Experimentieren wurden sie gebeten, zu beschreiben, wie das Experiment durchgeführt würde. Nach seiner Durchführung wurde nach der Erklärung für das Phänomen gefragt und das Gespräch so weitergeführt, dass der Kenntnisstand des Kindes sich zeigen konnte. Dies wurde mit einem zweiten Versuch wiederholt; einige Kinder fragten nach einem dritten. Die Post-Tests endeten mit einem Dank für die gute Mitarbeit des Kindes.

	Vorbereitete Experimente
1	Kerze unter Glas löschen (mit einem und zwei Gläsern)
2	Luftballon mit Kohlenstoffdioxid aufblasen
3	Kohlenstoffdioxid-Feuerlöscher
4	Tintentropfen
5	Superabsorber
6	Chromatografie

Tabelle 14: Für die Post-Tests vorbereitete Experimente

2.4.8   Beobachten als Methode: Hospitationen und Experimentier-Einheiten

Das Beobachten – und die *Teilnehmende Beobachtung* – sind zentrale Vorgehensweisen qualitativer Forschung. Sie ermöglichen durch eigene Wahrnehmungen des Forschenden im Feld andere Erkenntnisse, als sie durch Auskünfte oder Tests der

---

79 Lediglich zwei Mal war das Lieblingsexperiment eines Kindes nicht unter den aufgebauten. Dann wurde das Kind gefragt, ob es eines der vorbereiteten Experimente durchführen mochte.

Beobachteten zutage treten.[80] Sie wird deshalb häufig mit Letzteren kombiniert, um sich wissenschaftlichem Neuland anzunähern (vgl. LAMNEK 2005, S. 552).

Während der Hospitationen war es das Ziel, das Interaktionsverhalten der Kinder und Lehrerinnen kennen und verstehen zu lernen; ein entsprechend zurückhaltendes Vorgehen war angemessen. So wurden die Interaktionen rein beobachtend gestaltet, um die Situation nah an ihrem alltäglichen Kommunikationshandeln zu belassen (vgl. Kap. 2.1.1).[81]

Die Dokumentation der teilnehmenden Beobachtungen sowie der Unterrichtseinheiten geschah in Form von Protokollen.[82] Auch wenn FLICK das Protokollieren von Beobachtungen als *„antiquierte Form der Dokumentation"* bezeichnet (FLICK 2002, S. 250), empfiehlt er sie trotzdem als *„klassisches Medium der Aufzeichnung in qualitativer Forschung"*. Bedenkt man die Abfolge der Datengewinnung während der Interaktion mit dem Feld, so unterstreicht FLICK die große Bedeutung dieser Notizen:

> „Insgesamt betrachtet beginnt spätestens bei den Feldnotizen die Herstellung der Wirklichkeit im Text. Sie ist wesentlich von der selektiven Wahrnehmung und Darstellung durch den Forscher geprägt. Die Selektivität bezieht sich dabei nicht nur auf die Aspekte, die weggelassen werden, sondern vor allem auf diejenigen, die Eingang in die Notizen finden" (FLICK 2007c, S. 376).

Das Aufschreiben der gesammelten Eindrücke sollte möglichst unverzüglich erfolgen; hier wird „klösterliche Strenge" gefordert (FLICK 2007c, S. 376). Dies sollte aus zwei Gründen geschehen: Zum Ersten verblassen Eindrücke rasch und

---

80 Das folgende Beispiel veranschaulicht diese unterschiedlichen Erkenntnisse:
In einem Hospitationsbericht (Schule 2) wird beschrieben, wie die Konzentration der Kinder beim Experimentieren wahrgenommen wurde: *„Die Kinder sind superinteressiert dabei, wenn es um ,das Ding vor ihnen' geht. Beim Bauen nur strahlende Augen, glückliche Gesichter [...]. Die Kinder sind mit Verve dabei, helfen sich gegenseitig, sind fasziniert, dass es funktioniert, manchmal nach ein paar Anläufen. [...] Nachgespräch mit der Lehrerin. Meine spontane Begeisterung dafür, dass sie die Kinder so wunderbar mitgenommen hat: ,Die saßen wirklich bei der Diskussion zum Großteil auf der Stuhlkante vorne und haben sich gegenseitig zugehört!' Sie sagt, dass ihr die Begeisterung der Kinder gar nicht so aufgefallen sei, es sei sehr anstrengend gewesen, die Disziplin zu behalten. Das finde ich erstaunlich!"* (Protokoll vom 11.03.2009). Dies wären Hinweise darauf, dass sich die Lehrperson im Unterricht auf Dinge konzentriert, die für einen Beobachter verborgen bleiben.

81 Hospitationen sind in Sprachförderschulen Usus. Entsprechend waren die Kinder die Anwesenheit von Praktikant/innen, Eltern oder Behördenvertreter/innen gewohnt, ebenso den Unterricht mit zwei Lehrpersonen, da dies in den Kernfächern die Regel ist. Das Störpotenzial eines Dritten erscheint im Vergleich zu Regelschulen, in denen es seltener Besuch gibt, gering.

82 Der angemessene Beobachtungsplatz war an einem Tisch im hinteren Teil der Klasse, möglichst wenig im Blickfeld der Kinder. Nur wenn es die Situation erlaubte und dringlich erschien, wurden Beobachtungen und Zitate auf einem kleinformatigen Block (DIN A 6) notiert, was keine Aufmerksamkeit auf sich zog. Fotografiert wurde nur einmal und nach Absprache, um Bildmaterial für ein wissenschaftliches Poster zur Verfügung zu haben.

der ungewollte Prozess des Vergessens setzt ein. Zum Zweiten geht es hier um die Erfassung von „Rohdaten", deren *Bewertung* erst in einem nächsten Schritt unter Einhaltung methodischer Regeln erfolgen soll, sodass das sich unweigerlich einstellende Nachdenken über das Erlebte als hinderlich für die Niederschrift erweist.

Die Protokolle der Hospitationen und eigenen Unterrichtseinheiten wurden in der Regel noch am selben Tag verfasst. Dass dabei ebensoviel Zeit für das Verschriftlichen des Erlebten einzuplanen war wie für die Hospitation bzw. die Unterrichtseinheiten selbst (ebd.), stellte sich bald als realistisch heraus.

Die eigenen Unterrichtseinheiten wurden zusätzlich per Videokamera aufgezeichnet. Diese Aufnahmen dienten dazu, die Reaktionen der Kinder auf einzelne Experimente sowie didaktische und organisatorische Verfahrensweisen und ihre Wirkung auf das Unterrichtsgeschehen nachverfolgen zu können. Ein Charakteristikum und methodischer Nachteil des Beobachtens als Forschungsmethode liegt darin, dass jeder Beobachtende trotz gewünschter Offenheit einer selektiven Wahrnehmung unterworfen ist, die auf seinen Vorkenntnissen und Vorerfahrungen beruht. Die Selektion verstärkt sich, wenn der Forschende selbst ein wichtiger Akteur ist und sich – wie eine Lehrkraft – Sachzwängen unterworfen sieht wie z. B. der Notwendigkeit der Kontrolle der Klasse, der Übersicht über das Geschehen, des Vordenkens der nächsten Interaktionsschritte. Die Möglichkeit, Unterrichtseinheiten mit zeitlichem Abstand und in beliebiger Reihenfolge und Häufigkeit ansehen zu können, hebt den Selektionsnachteil nicht prinzipiell auf, ermöglicht aber den Versuch, Perspektiven einzunehmen, die dem Akteur während der Intervention entgehen können.

2.5   Methoden der Datenaufbereitung und -auswertung

Datenaufbereitung und -auswertung sind wichtige Schritte auf dem Weg von der Erfassung der Wirklichkeit in „Daten" bis zu ihrer Analyse und Interpretation. In der qualitativen Forschung liegt besonderes Augenmerk auf der Nachvollziehbarkeit, die – mit einer angemessenen Verankerung der Forschungsfrage und der Kohärenz ihres theoretischen Hintergrundes – ein Gütekriterium für die Beurteilung qualitativer Ansätze darstellt (vgl. STEINKE 2003). Die verwendeten Methoden der Datenaufbereitung und -auswertung wurden bereits als Übersicht in Tabelle 8 dargestellt (s. S. 98).

2.5.1   Sprachtest „Wortschatz" (richtige Benennungen)

Da die Sprachtests als möglichst natürliche Gespräche gestaltet werden sollten, mit natürlichem Gestus und Blickkontakt, wurden während der Tests keine Notizen erhoben. Jeweils im Anschluss wurden Stichworte notiert, die auf subjektive Beobachtungen und Fragen zielten, jedoch nicht der genuinen Datenerhebung dienten.

Die Test-Rohdaten lagen als Videografie vor. Daraus wurden die zu interpretierenden Primärdaten wie folgt gewonnen: Als Erstes wurden die Antworten für jedes Item in ein Raster eingetragen, somit bewertet und kodiert. Das Kategorienschema wurde durch Vereinfachung des „Wortschatz- und Wortfindungstest für 6- bis 10-Jährige" (GLÜCK 2007) entworfen. Standardhilfe war die „Anlauthilfe", die dem Kind den ersten Laut des Items anbietet, falls es den Begriff nicht ausspricht. Zur Analyse wurden auch Umschreibungen und phonologische Ersetzungen erfasst, da sie Einblicke in die Vorgänge der Sprachproduktion erlauben;[83] diese wurden in der Bewertung als „nicht gewusst" gezählt (s. Tab. 15).

Nach dem Eintrag der Daten in das Auswertungsraster wurde berechnet, wie viele Kinder das gefragte Item benennen konnten. Den methodologischen Beschränkungen der Wortschatz-Diagnostik unterliegend wurden die **Analysen pro Item durchgeführt, nicht pro Kind**. Die vorgenommenen Analysen zeigen also, **welcher Prozentsatz an Kindern ein Item richtig benannt hat**. Analog sind Aussagen zum Zuwachs an Wortschatz nicht legitim, da der Umfang des Wortschatzes nicht in wissenschaftlich belastbarer Weise erhebbar ist.

Dabei wurde eine konservative Analyse verfolgt, sodass nur die Kategorien 1 („Wort gewusst") und 1b („mit phonologischer Anlauthilfe gewusst") als „gewusst" gewertet wurden, alle anderen als „nicht gewusst". Die Kategorie „kW" („keine Wertung") verringerte für das jeweilige Wort die Gesamtzahl der Nennungen, war also neutral. Ein Auszug aus den Tabellen zum Sprachtest (s. Tab. 17) zeigt den Rechenweg exemplarisch. Die vollständigen Tabellen finden sich in Anhang 1.

Nach dieser Aufbereitung der Daten wurden die Primärergebnisse auf Muster und Auffälligkeiten hin untersucht. Die Hypothese zum Wortschatz beschreibt, dass Kinder Worte zu Gegenständen besser lernen, mit denen sie selbst experimentiert haben (vgl. Abb. 9). Dementsprechend wurden die Test-Items für die Auswertung nach der *Aktivität ihrer Verwendung durch die Kinder im Unterricht*

---

83   Größere Studien verwenden ein Vielfaches an Kategorien: Allein für das Bewältigungsverhalten der Kinder verwendet GLÜCK acht verschiedene, für Wortersetzungen 16 Typen. Wir definierten zunächst acht, später sechs Kategorien und die Anlauthilfe als zu verwendende Standardhilfe.

kategorisiert. Dazu wurden drei Verwendungskategorien definiert: Mit „aktiven" Items haben die Kinder selbst experimentiert, „passive" kamen im Unterricht vor, aber nicht direkt beim Experimentieren der Kinder („Küchenrolle"); „nicht verwendete Items" wurden aus Gründen der Vergleichbarkeit gefragt und kamen im Unterricht nicht vor (s. Tab. 16).

Die Analyse der Items anhand der Kategorie ihrer Aktivität in der Lernsituation sollte eine – angesichts der kleinen Fallzahl nur annähernde – Beantwortung der Arbeitshypothese ermöglichen, ob das eigene Experimentieren der Kinder Auswirkungen hat auf das Lernen von Begriffen und Worten.

Code	Kategorie
0	Wort nicht gewusst
1	Wort gewusst
1b	Wort mit phonologischer Anlauthilfe gewusst
1c	Umschreibung („Kaffeeglas" statt „Tasse", „Geschirrseife" statt „Spülmittel")
1d	Phonologische Ersetzung („Dieb" statt „Sieb") [84]
kW	Keine Wertung (z. B. bei Interviewer-Fehlern) [85]

Tabelle 15: Codier-Schema für die Sprachtests

Kategorie	Beschreibung	Beispiel
„aktiv"	Gegenstand wurde von den Kindern selbst beim Experimentieren verwendet bzw. beobachtet	Kerze, Wachs, Docht, Flamme
„passiv"	Gegenstand wurde im Lehrer-Schüler-Gespräch verwendet (Kuchenform) oder von den Kindern ‚en passant' erlebt (z. B Küchenrolle zum Säubern)	Kuchenform, Küchenrolle
„nicht verwendet"	Gegenstand wurde nicht verwendet	Sieb, Besteck, Schraubenzieher

Tabelle 16: Verwendungskategorien der Test-Items (in der Lernsituation)

---

84 Diese Kategorie kam selten vor; außer bei dem genannten Beispiel nur bei der „Pipette" (als „Pimpette", „Pimpe" u..Ä.) sowie bei „Pinzette". Obwohl diese Kategorie als „nicht gewusst" gewertet wurde, sollte beim Übergang von Roh- zu Primärdaten der Bewertung nicht vorgegriffen werden.

85 In diese Kategorie fallen Null-Resultate, die nicht den Kindern zugeschrieben werden, z. B das Nicht-Stellen von Fragen oder zu rasches Weitergehen. „kW"-Antworten waren selten.

Name des Kindes / Test-Teil		Kerze Pre	Kerze Post	Wachs Pre	Wachs Post	Docht Pre	Docht Post	Flamme Pre	Flamme Post	Teelicht Pre	Teelicht Post
J.		1	1	0	1	0	1	1c	1	0	0
D.		1	1	kW	0	0	0	1c	1c	0	0
T.		1	1	0	1	0	1b	1c	1	0	0
M.		1	1	0	0	0	0	1c	1c	0	0
S.		1	1	0	1	0	1b	1c	1b	0	0
N.		1	1	0	0	0	0	1c	1c	0	0
J.		1	1	1	1	0	1	1	1	0	0
H.		1	1	0	0	0	0	0	1c	0	0
J.		1	1	0	1	0	1	1	1	0	1c
H.		1	1	0	0	0	kW	1c	0	0	0
J.		1	1	0	1	0	1	1c	1	0	1
R.		1	1	0	kW	0	0	1c	1c	0	0
N.		1	1	0	0	0	0	0	1	0	0
C.		1	1	0	0	0	0	0	1	0	kW
Kategorisierungen											
Wort gewusst		14	14	1	6	0	4	2	7	0	1
Wort nicht gewusst		0	0	12	7	14	7	3	1	14	11
mit phonologischer Anlauthilfe gewusst		0	0	0	0	0	2	0	1	0	0
Umschreibung		0	0	0	0	0	0	9	5	0	1
phonologische Ersetzung		0	0	0	0	0	0	0	0	0	0
keine Wertung		0	0	1	1	0	1	0	0	0	1
Summe der Nennungen		14	14	14	14	14	14	14	14	14	14
Summe zu wertender Aussagen	(n)	14	14	13	13	14	13	14	14	14	13
Berechnungen											
Namen gew.+ phonol. Anlauthilfe	[Anzahl Ki.]	14	14	1	6	0	6	2	8	0	1
Namen gew.+ phonol. Anlauthilfe	[%]	100	100	8	46	0	46	14	57	0	8
Namen nicht gewusst + Umschreib. + phonologische Ersetzung	[%]	0	0	92	54	100	54	86	43	100	92
Zuwachs richtiger Benennungen	[%-Punkte]		0		38		46		43		8

Tabelle 17: Tabellen-Auszug: Kategorisierung und Berechnung des Sprachtests

Beide Schulen wurden zunächst getrennt analysiert. Dies war aus zweierlei Gründen notwendig: Zum Ersten wurde die Liste der Items, wie dargestellt, verändert. Zum Zweiten konnte sich je nach Vorgehen im Unterricht die Kategorie eines Gegenstandes ändern, was ihre Handhabung bei der Datenanalyse erschwerte: Während „Feuerzeug" in Schule 1 ein nur passiv erlebter Gegenstand war, da die Kinder dort Streichhölzer benutzten, waren Feuerzeuge in der Schule 2 aktive Experimentiergegenstände, da hier die Kinder ihre Kerzen mit kindgerechten Sicherheitsfeuerzeugen anzündeten. Aus diesem Grund wurden die Daten der beiden Schulen erst nach einer separaten Darstellung zusammengeführt.

2.5.2   Chemie-Kenntnisse: Bildergeschichten, Befragung beim Experimentieren

Für die Transkription der Tests wurden – wie in anderen chemiedidaktischen Qualifizierungsarbeiten des Arbeitskreises – nur Regeln angewendet, die für die intendierte Auswertung sinnhaft erschienen. Da auch die vorliegende Studie nicht auf linguistische oder sprachpragmatische Details wie Rededauer oder Sprechverzögerungen abzielte, sondern auf Inhalte, wurde in Anlehnung an RISCH (2006a) nach den in Tabelle 18 aufgelisteten Regeln transkribiert. FLICK unterstützt ein solches pragmatisches Herangehen, indem er die *„Frage nach der Angemessenheit des Vorgehens"* stellt und beschreibt, wie *„Transkriptionsregeln häufig zu einem Fetischismus [verleiten], der in keinem begründbaren Verhältnis mehr zu Fragestellung und Ertrag der Forschung steht"* (Flick 2007c, S. 379). Es gehe auch darum, keine „Zeit und Energie" in Arbeitsschritte zu investieren, die zu keinem weiteren Erkenntnisgewinn führen. Gegen eine zu genaue Transkription führt FLICK weiter an, dass mit zunehmender Differenziertheit von Transkripten deren Lesbarkeit abnimmt.

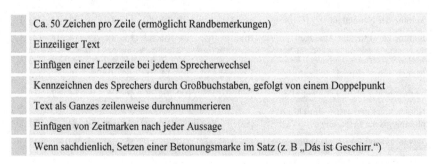

Ca. 50 Zeichen pro Zeile (ermöglicht Randbemerkungen)

Einzeiliger Text

Einfügen einer Leerzeile bei jedem Sprecherwechsel

Kennzeichnen des Sprechers durch Großbuchstaben, gefolgt von einem Doppelpunkt

Text als Ganzes zeilenweise durchnummerieren

Einfügen von Zeitmarken nach jeder Aussage

Wenn sachdienlich, Setzen einer Betonungsmarke im Satz (z. B „Dás ist Geschirr.")

Tabelle 18: Verwendete Transkriptionsregeln (nach RISCH 2006a, erweitert)

Die transkribierten Testteile zu den Chemie-Kenntnissen wurden nach der Methode der qualitativen Inhaltsanalyse nach Mayring ausgewertet (MAYRING 2008; MAYRING und GLÄSER-ZIKUDA 2008). Dabei wurde die Absicht verfolgt, die Ergebnisse vorangegangener Untersuchungen zu bestätigen (vgl. LÜCK 2000; RISCH 2006a), obwohl die Experimentiereinheiten der Untersuchung auch auf Sprachförderung zielten. Entsprechend wurden hier als erprobte Schlüsselfragen für die Analyse verwendet,

- wie gut das Kind sich an die Durchführung des Experimentes erinnern konnte,
- wie gut es sich an die Beobachtungen erinnern konnte und
- wie gut es das Experiment naturwissenschaftlich deuten konnte.

Den klassischen Schritten der qualitativen Inhaltsanalyse folgend wurde mit der Auswertung versucht, Vergleichbarkeit zu den o. g. Studien herzustellen. Für jedes Experiment wurden Kategorien und Ankerbeispiele definiert sowie Kodierregeln beschrieben mit dem Ziel, vergleichbare Bewertungskategorien („viel", „mittel" und „wenig") wie die o. g. Studien anwenden zu können (zur Definition von Kategorien, Ankerbeispielen und Kodierregeln vgl. MAYRING 2002, S. 118 f.).

2.5.3   Hospitationen und eigene Experimentiereinheiten

Die Textdokumentationen zu den Hospitationen sowie Experimentiereinheiten (Erlebnis- bzw. Unterrichtsprotokolle) wurden mit dem Verfahren der qualitativen Inhaltsanalyse nach MAYRING (MAYRING 2008; MAYRING und GLÄSER-ZIKUDA 2008; MAYRING 2002) ausgewertet. Dabei fungierten die formulierten Forschungsfragen als Ausgangsfragen bei der Auswertung der Protokolle. Diese systematische Analyse wurde nach Abschluss der Interventionen und Post-Tests begonnen. Beim zweiten Durchgang wurden anhand dieser Berichte Fragen- und Themenkomplexe formuliert, die das Grundgerüst der im Kapitel 3 bearbeiteten didaktischen Fragen bilden. Daraufhin wurde das Material erneut auf diese Fragen hin durchgesehen.

Mit dieser strukturierten Methode wurde versucht, dem Kriterium der Nachvollziehbarkeit bei der Auswertung von Textmaterial möglichst inhaltsadäquat nachzukommen. MAYRING und GLÄSER-ZIKUDA beschreiben dieses Kriterium mit der Bedeutung eines Gütemaßstabes:

„Durch [Berücksichtigung linguistischer Kriterien der Textanalyse] verlagern sich die Gütemaß-
stäbe weg von Objektivität [...] hin zur Nachvollziehbarkeit der Analysen, um trotz der Schwierigkeiten systematisch und valide zu bleiben. Die Prinzipien der zusammenhängenden Betrachtung, der Explizitheit und der Reflexivität, die Einbettung des Textes in seine Dialogstrukturen
erscheinen als wichtige Bezugspunkte" (MAYRING und GLÄSER-ZIKUDA 2008, S. 13).

Da bei dem gewählten Vorgehen die Ursprungsprotokolle und seine Auswertungen nebeneinander sichtbar blieben, wurde auch die Möglichkeit zur Reflexivität und zusammenhängenden Betrachtung aufrechterhalten.

2.6   Rahmenbedingungen der Untersuchung

Qualitativ Forschende zielen darauf ab, ein Verständnis für die Interaktion von
Akteuren aus deren Kontext heraus zu entwickeln. Sie sind Teil des Forschungsprozesses, innerhalb dessen sie Methoden und Interventionen immer wieder
überprüfen (s. Kap. 2.1.1). Dabei kommt der Beschreibung der empirischen
Untersuchungsbedingungen vor Ort eine große Bedeutung zu, da diese Gegebenheiten und Ereignisse die Basis gewonnener Erkenntnisse und von Veränderungen im Vorgehen bilden. Im Folgenden werden die Rahmenbedingungen der
Untersuchung, die beteiligten Untersuchungsschulen sowie der Zeitplan der
Untersuchung dargestellt.

2.6.1   Auswahl der Untersuchungsschulen

Das Sampling erfolgt in qualitativer Forschung nicht unter der Prämisse der Repräsentativität, sondern nach anderen erkenntnisfördernden Prinzipien: Werden
extreme, abweichende Fälle verwendet, lassen sich an ihnen sowohl Gemeinsamkeiten als auch das Spektrum eines Feldes herausarbeiten. Die Bearbeitung
„typischer Fälle" hingegen ermöglicht das Verständnis eines Feldes „aus seiner
Mitte heraus".
  Die Auswahl der Untersuchungsschulen orientierte sich am zweiten Prinzip:

- Als Untersuchungsschulen wurden Förderschulen mit dem alleinigen Förderschwerpunkt „Sprache und Kommunikation" gewählt. Damit sollte eine
  Verzerrung der Ergebnisse durch andere Förderbedürfnisse der Kinder verhindert werden, wie sie in gemischten Förderschulen (z. B. mit den Förderschwerpunkten „Lernen" oder „Emotionale und soziale Entwicklung")
  zu erwarten sind.

- Die beiden Schulen sollten mit Blick auf ihr Schulprogramm, den geografischen Raum (Stadt/Land), ihr Alter und das des Lehrergremiums nicht zu ähnlich sein.
- Da Sprachförderschulen keine Stadtteilschulen sind, sondern die Kinder aus größeren Einzugsgebieten kommen, brauchten sozioökonomische Fragen bei der Auswahl der Schulen nicht beachtet zu werden.

Es wurden zwei Schulen kontaktiert: Eine nahe gelegene Schule für den Förderschwerpunkt Sprache in Bielefeld („Schule 1"), sowie die Sprachförderschule des Kreises Lippe in Lage-Pottenhausen („Schule 2"); beide Schulen signalisierten großes Interesse an der Durchführung der Studie.

2.6.2 Beschreibung der Untersuchungsschulen

Zunächst werden gemeinsame Aspekte der Schulen beschrieben (Altersstruktur, Tagesablauf), danach unterschiedliche Sachverhalte der Schulen.

Konzeption als Durchgangschule und Altersstruktur der Schüler/innen

Sprachförderschulen sind als Durchgangsschulen konzipiert. Daraus resultiert die pyramidenförmige Verteilung der Kinder auf die fünf Jahrgangsstufen (s. Abb. 14).

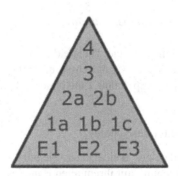

Abbildung 14: Pyramidenstruktur der Klassen in Sprachförderschulen (Bsp.)

Die vorgeschaltete Eingangsklasse (abgekürzt E-Klasse)[86] ermöglicht, den Stoff des ersten Regel-Schuljahres auf zwei Jahre zu verteilen (E-Klasse und 1. Klasse), sodass auf die individuelle Förderbedarfe der Kinder eingegangen werden kann. Beide Schulen zeigen sich als Durchgangsschulen:

> „Wir beginnen [...] mit drei Eingangsklassen [...]. Nach dem Ende des 2. Schulahres besuchen etwa zwei Drittel unserer Schülerinnen und Schüler eine allgemeine Schule, sodass es im 3. und 4. Jahrgang meist nur noch jeweils eine Klasse gibt" (Website Schule 1).

> „Die Schüler bleiben nur so lange, wie die sprachlichen Beeinträchtigungen und ihre Folgen vorliegen. Im Durchschnitt bleiben die Kinder etwa drei Jahre bei uns" (Broschüre Schule 2).

Im Schuljahr 2009/10, der Zeit der Untersuchung, besuchten 182 Kinder Schule 1, davon 45 Mädchen (= 25 %) und 137 Jungen (= 75 %). In Schule 2 lernten 167 Kinder, 47 Mädchen (= 28 %) und 120 Jungen (= 72 %). Ein Vergleich mit statistischen Daten ist leider nicht möglich, da die Erhebungen zu den Förderschulen die Geschlechterverteilung nicht aufführen (KMK 2008).

Beide Untersuchungsschulen sind Halbtagsschulen. Der Unterricht beginnt um 8:15 Uhr und endet um 12:50 Uhr bzw. 12:30 Uhr. Schule 1 bietet einen offenen Anfang von 8:00 Uhr bis 8:15 Uhr, in dem die Kinder in den Klassen spielen, lesen, sich unterhalten und den Lesecomputer benutzen können. Um 8:15 Uhr beginnt der gemeinsame Unterricht mit dem morgendlichen Begrüßungsritual.

2.6.3   Schule 1 (Bielefeld-Babenhausen)

Schule 1 ist die Förderschule der Stadt Bielefeld für den Förderschwerpunkt Sprache. Sie bildet mit der örtlichen Grundschule einen Gebäudekomplex im landwirtschaftlich geprägten, knapp 5.000 Einwohner zählenden Vorort Bielefeld-Babenhausen.

Atmosphäre und Architektur der Schule

Die Schule liegt am Rande eines Weidelandes. Sie nutzt die landschaftlich ansprechende Ästhetik der Umgebung mit ihrem alten Baumbestand durch großflächige Fensterfronten architektonisch aus. So erzeugt die Umgebung der Schule eine ländlich-ruhige, durch die angrenzende Hauptstraße und die Nähe zu Bielefeld aber

---

86   Die erste Schulklasse wird mit einem Buchstaben („E-Klasse") gekennzeichnet, damit die sich anschließende numerische Zählung der Jahrgangsstufen an die der Regelschulen anschließt.

nicht völlig abgelegene Atmosphäre. Hierzu trägt die Architektur des Neubaus bei. Großzügige Fenster in den Klassenzimmern erlauben Blicke in alle Richtungen, sowohl auf die Weiden als auch durch Sichtschmiegen auf die Flure. Im Neubau lernen die Eingangsklassen, alle höheren Jahrgänge haben Unterricht im Altbau. Der Neubau beherbergt auch das Lehrer- und ein Besprechungszimmer, das Rektorat, zwei Räume für Sprachtests sowie eine kleine Kinder-Schulbibliothek.

Philosophie der Schule

Die Schule betreibt aktive Schulentwicklung. Sie ist „bewegungsfreudige Schule" und bietet den Kindern über verschiedene Arbeitsgruppen und Projektwochen (z. B. Zirkusprojekt mit Aufführungen für Eltern und Dritte) Möglichkeiten, über das Sprachliche hinaus ihr Selbstvertrauen und das Wissen in die eigenen Fähigkeiten zu stärken. Dazu gehört, dass es im Tagesablauf ritualisierte Sprech- und Handlungsanlässe gibt, die den Kindern Orientierung und Struktur bieten.

Die untersuchte Schulklasse

Während der Hospitationsphase im Frühsommer 2009 war die Untersuchungsklasse eine E-Klasse, nach den Sommerferien eine 1. Klasse. In ihr lernten elf Jungen und vier Mädchen mit unterschiedlichen Sprachentwicklungsstörungen: Einige Kinder zeigten grammatische Störungen, deklinierten oder konjugierten nicht oder nicht richtig, andere hatten Defizite, sich die Regeln der Satzstellung zu erschließen und anzuwenden. Ebenso vielfältig waren die möglichen Ursachen des Sprachförderbedarfs: Es gab Kinder, die in sprachlich reizarmer Umgebung aufwuchsen ebenso wie Kinder, deren zweisprachiges Aufwachsen zu Problemen geführt hatte. Ein Kind besuchte ein Jahr eine Regelschule, bevor dort auffiel, dass es kaum Deutsch sprach.

Es ist in diesem Zusammenhang auf zwei Dinge hinzuweisen. Zum einen werden Kinder mit mangelnden Deutschkenntnissen, aber altersangemessenen Kenntnissen der Muttersprache in der Regel in der Grundschule besonders unterstützt, aber dort unterrichtet. Für die Sprachförderschule empfohlen werden sie nur, wenn auch in der Muttersprache deutliche Defizite bestehen.[87] Zum anderen handelt es sich bei Schülerinnen und Schülern in Sprachförderschulen nicht zwangsläufig um kognitiv beeinträchtigte Kinder. Es gibt Kinder, die aufgrund ihrer schwachen sozialen Situation oder aufgrund ausgeprägter Hörprobleme im Kleinkindalter mit unterdurchschnittlicher kognitiver Herausforderung aufwachsen, doch bietet das

---

87 Deshalb wird bei Kindern, die nicht Deutsch als Muttersprache sprechen, das Testverfahren mit Dolmetschern durchgeführt.

Einstiegsjahr in den Sprachförderschulen die Möglichkeit, basale Fähigkeiten, Fertigkeiten und Kenntnisse zu erwerben und dies auch sichtbar werden zu lassen. [88]

Zeitliche und räumliche und Voraussetzungen der Untersuchung:

Unser Unterricht mit den Experimentiereinheiten wurde im Rahmen des Sachunterrichtes durchgeführt, in der Regel am Dienstag in der fünften und am Donnerstag in der dritten Stunde. Nach fünf Stunden wurde zur Durchführung von Doppelstunden gewechselt, [89] die donnerstags in der zweiten und dritten Stunde stattfanden.

Der Sachunterricht der Grundschule findet i. d. R. im Klassenraum statt, in unserer Untersuchungsklasse in einem eher kleinen Raum des Altbaus. Nach ihrem Eingangsjahr im Neubau wurden die Erstklässler im Altbau unterrichtet. Obwohl dies hier nicht vertieft werden soll, wurde deutlich, dass die neu „aufgetretene" Enge des Klassenzimmers die gute Atmosphäre in der Klasse häufig beeinträchtigte. Die dicht beieinander stehenden Tische begünstigen Ablenkungen durch Nachbarkinder und lassen wenig Raum zur Bewegung. Es fiel auf, dass nach den Sommerferien deutlich mehr Zeit für Disziplinierungen und Aufräumen verwendet werden musste als davor:

„Die ersten zehn, fünfzehn Minuten werden für Streitschlichtung verwendet. [...] Frau E. lässt ein paar Szenen nachstellen, in denen es zu Konflikten kam, und diese mit Entschuldigungen enden. [...] Frau E. berichtet nach der Stunde [...], dass die Kinder im wesentlich kleineren Raum des Altbaus [...] aggressiver und unkonzentrierter sind. Es gibt mehr Rangeleien, ständig werden aus Versehen Ranzen umgeschubst etc., das beeinträchtigt die Atmosphäre" (Protokoll vom 22.09.09, Schule 1).

Trotz der beschriebenen Einschränkungen durch architektonische Gegebenheiten in Teilen der Schule bietet das differenzierte Lernangebot den Kindern eine offene, unterstützende Lernatmosphäre.

---

88   Eine Fallschilderung soll diesen Gedanken verdeutlichen: R. war das einzige Kind, dessen Eltern nicht in die wissenschaftliche Datenerhebung einwilligten. Da das Mädchen in der Muttersprache und in Deutsch kaum kommunizieren konnte, wollten ihr die Eltern keine zusätzlichen Belastungen zumuten. Diese Entscheidung wurde – mit Bedauern – respektiert, da R. einen Entwicklungsschub gezeigt hat. Wir führen diesen nicht kausal auf die Experimentierinterventionen zurück, doch wäre eine qualitative Analyse der Interaktionen – als Fallschilderung – möglicherweise erhellend gewesen. Im Experimentierunterricht war R. die mit Abstand aufmerksamste und rascheste Mitdenkerin, sehr fokussiert auf die Experimente und den Diskurs mit den anderen. Sie hat selbst Seitenphänomene beschrieben, die andere erst nach ihrer Aussage wahrnahmen. Zu Beginn mussten ihre Äußerungen von uns „übersetzt" werden, nach der Interventionsphase wurde R. meistens verstanden.

89   Der Wechsel auf Doppelstunden hatte didaktische Gründe (s. Kap. 4.4.1), die Hofpause zwischen ihnen organisatorische: Da viel Unterricht von zwei Lehrpersonen erteilt wird, sind Verschiebungen nicht schwierig.

2.6.4 Schule 2 (Lage-Pottenhausen)

Schule 2 ist die Sprachförderschule des Kreises Lippe. Sie befindet sich im ländlichen Lage-Pottenhausen, das 1.100 Einwohnende zählt, neben Ackerland und einem Kindergarten. Gegenüber ist ein kleines privates Wohngebiet. Ihr Einzugsgebiet ist aufgrund der ländlichen Struktur der Umgebung groß, sodass die Kinder bis zu 55 Minuten vor Schulbeginn vom Schulbus abgeholt werden.

Atmosphäre und Architektur der Schule

Auch Schule 2 besteht aus einem Alt- und einem Neubau; Letzterer ist ein Aluminium-Flachbau mit zwei Klassenzimmern. Der Altbau wurde in den 1960er-Jahren gebaut. In ihm sind neben sechs Klassenräumen auch eine Kinder-Bibliothek, das Lehrerzimmer und Rektorat untergebracht. Im Keller befinden sich andere Funktionsräume wie die Schulküche, der Musik- und ein Werkraum.

Die untersuchte Schulklasse

Die untersuchte Schulklasse der Schule 2 bestand aus 14 Kindern, fünf Mädchen und neun Jungen. Auch sie zeigte eine große Heterogenität in Bezug auf die sprachlichen Beeinträchtigungen ihrer Schülerinnen und Schüler.

Zeitliche und räumliche Voraussetzungen der Untersuchung

Aufbauend auf den Erfahrungen in Schule 1 wurden die Experimentiereinheiten in Schule 2 gleich als Doppelstunden konzipiert. Sie wurden meistens in einer 1./2. Stunde durchgeführt, in mehr als der ersten Hälfte der Untersuchung am Freitag, danach aus organisatorischen Gründen am Mittwoch.

Da der Sachunterricht im Klassenraum stattfindet, wurden die Experimentiereinheiten dort durchgeführt. Dies stellte hier eine kleine Herausforderung dar, da das relativ kleine Klassenzimmer nicht für die Ablage von Materialien ausgestattet war, sodass auch die Lehrkräfte im Unterricht Materialien auf Tabletts auf dem Boden vor der Tafel platzierten.

3 Ergebnisse und Diskussion

Dieses Kapitel stellt die Ergebnisse der Sprachtests (Kap. 3.1) sowie die der Chemie-Kenntnisse (Experimente und Bildergeschichten, Kap. 3.2) dar. Nach einem Vergleich der Prozesse des Experimentierens und der Sprachentwicklung (Kap. 3.3) werden die Arbeitshypothesen überprüft (Kap. 3.4).

3.1 Sprachtest „Wortschatz"

Der Sprachtest zeigt, wie viele Kinder ein Item korrekt benannt haben. In *qualitativer* Hinsicht er erlaubt Rückschlüsse auf mögliche förderliche Umstände für das Abspeichern von Worten. Deshalb werden im zweiten Teil die Ergebnisse mit Blick auf die Ausgangshypothese verglichen und diskutiert, **inwiefern das Experimentieren ein lernförderlicher Faktor für die Verankerung von Begriffen im Wortschatz ist.**

3.1.1 Darstellung der Ergebnisse (Schulen 1 und 2)

Im Post-Test Begriffe wurden nicht getestet, die alle Kinder – mit einer erlaubten Ausnahme – im Pre-Test gewusst hatten (vgl. Methodenteil, Kap. 2.4.3 f. und Tab. 10)[90], da hier kein Erkenntnisgewinn zu erwarten war.[91]

Neben den Benennungsquoten in Pre- und Post-Test sowie dem Zuwachs in Prozentpunkten zeigen die Ergebnistabellen, welche **Verwendungskategorie** wir den Items **je nach Aktivität ihrer Verwendung in der Lernsituation** zugewiesen haben: Die Kategorie „aktiv" klassifiziert Dinge, mit denen die Kinder selbst experimentiert haben; „passive" Gegenstände wurden bei Lehrer-Schüler-Gesprä-

---

90 Im Post-Test nicht gefragte Items: Glas, Flasche, Seife, Eier, Öl, Kakao, Zucker, Schüssel, Messer, Gabel, Löffel, Hammer, Nägel, Säge, Zange, Eimer. Ausnahmen waren „Kerze" und „Luftballon", da im Anschluss an sie anderes gefragt wurde („Wachs", „Gummi").

91 Dies basiert auf der Annahme, dass von allen Kindern gewusste Alltagsworte (wie Glas, Flasche, Seife...) als lernstabil angesehen werden können.

chen gezeigt (z. B. die Kuchenform bei „Chemie des Backens") oder waren nebensächliches Material beim Experimentieren (z. B. Küchenrolle). „Nicht verwendete" Gegenstände wurden zu Vergleichszwecken gefragt. Es ist möglich, dass
die Kinder außerhalb der Schule mit solchen umgegangen sind; dies wurde durch
die Studie nicht beeinflusst.

Schule 1

In Schule 1 steigt die Benennungsquote um bis zu 50 Prozentpunkte. [92]

Das Item „**Pipette**" wird unter Vorbehalt interpretiert: Nach den Hospitationen
wurden Pipetten als unbekannt vorausgesetzt und im Pre-Test nicht gefragt, um den
Kindern Frustrationen zu ersparen. [93] Im Post-Test benannte eine Hälfte der Kinder
den Begriff richtig, die zweite Hälfte verwendete phonologische Ersetzungen (z. B.
„Pimpette"). Der „**Trichter**" weist einen Zuwachs von 50 Prozentpunkten auf, wobei ein Drittel der Kinder die phonologische Anlauthilfe benötigte (vgl. Anhang 1).

„**Backpulver**" und „**Kuchenform**" benannten im Pre-Test ca. ein Drittel der
Kinder richtig, beide erfahren ca. 50 Prozentpunkte Zuwachs. Dies ist erwäh-
nenswert, weil Backpulver wiederholt beim Experimentieren eingesetzt wurde,
die Kuchenform aber nur im Lehrer-Schüler-Gespräch gezeigt wurde. [94]

Aus dem **Themenfeld der Kerze** („**Docht**", „**Flamme**", „**Wachs**") war der
„Docht" zu Beginn unbekannt und wurde häufig mit „Stiel" umschrieben. Im
Post-Test benannte ihn fast die Hälfte der Kinder korrekt, mit einer ähnlichen
Steigerung wie bei den Items „**Flamme**" und „**Wachs**" (um ca. 40 Prozentpunkte).
Im Pre-Test nannten zwei Drittel der Kinder die Flamme „Feuer", nur zwei Kinder verwendeten „Flamme". Auf die Frage, woraus eine Kerze sei, war „Plastik"
die Standardantwort; „Wachs" wusste nur ein Kind. Bei den weiteren Items aus
dem Bereich des Feuers („**Streichhölzer**", „**Teelicht**", „**Feuerzeug**", „**Kerze**")
ergaben sich unterschiedliche Zuwächse.

Der Luftballon wurde von allen richtig benannt, sein Material „**Gummi**" als
Nachfrage getestet. Hier antworteten von 14 Kindern sechs „aus Luft!" und drei
Kinder „aus Papier". Im ersteren Fall wurde nachgefragt, aus was „das Rote" sei,
das die Luft umschließt. Daraufhin wurden die Antworten meist von „Luft" auf
„Gummi" geändert.

---

92   Die Tabellen der Werte in den Bewertungskategorien finden sich im Anhang 1, S. 196.
93   Dennoch folgt daraus für die Auswertung, dass der Zuwachs bei diesem Item in Schule 1 nicht
     quantifizierbar ist. Das Verhalten der Kinder beim Experimentieren bestätigte, dass Pipetten
     unbekannt gewesen waren.
94   Im Lehrer-Schüler-Gespräch zum Einstieg in die Einheit „Testverfahren – Backpulver oder Mehl?"
     wurden die zum Backen benötigten Dinge – u. a. die Kuchenform – begutachtet und ihre
     Funktion für das Backen besprochen.

Item	Benennungsquote (Anzahl richtiger Nennungen pro Gesamtheit aller Nennungen für dieses Item)			Verwendungskategorie (= Aktivität in der Lernsituation): aktiv / passiv / nicht verwendet (nv)
	Pre-Test [%]	Post-Test [%]	Zuwachs [%-Punkte]	
Pipette	*nicht erhoben*	50	*„50"* *(+50 % ph.* *Ersetzungen)*	aktiv
Trichter	14	64	50	aktiv
Backpulver	36	86	50	aktiv
Kuchen- oder Backform	29	79	50	passiv
Docht	0	46	46	aktiv
Flamme	14	57	43	aktiv
Wachs	8	46	38	aktiv
Gummi	31	69	38	aktiv
Eiswürfel	71	100	29	aktiv
Besteck	43	71	29	nv
Küchenrolle oder -papier	71	93	22	passiv
Mehl	71	93	22	aktiv
Streichhölzer	50	71	21	aktiv
Sieb	71	92	21	nv
Mixer, Rührgerät	71	86	15	passiv
Servietten	36	50	14	nv
Spülmittel	43	57	14	passiv
Teelicht	0	8	8	aktiv
Schraubenzieher	86	93	7	nv
Feuerzeug	71	77	6	passiv
Kerze	100	100	0	aktiv
Luftballon	100	100	0	aktiv
Plastiktüte (oder Tüte)	86	86	0	nv
Säge	79	79	0	nv
Schwamm	86	77	-9 [95]	nv

Tabelle 19: Ergebnisse des Sprachtests der Schule 1.
Nach Zuwachs, absteigend (Erläuterung siehe Text).

Nach „**Besteck**" wurde als Oberbegriff zu seinen Einzelteilen gefragt. Er erfährt fast 30 Prozentpunkte Zuwachs, obwohl er im Unterricht nicht verwendet wurde.

Die weiteren Items aus dem Bereich der Küche erreichen Zuwächse im Bereich von ca. 20 („**Küchenrolle**", „**Mehl**", „**Sieb**") und ca. 15 Prozentpunkten („**Mixer**",

---

95 Die Antwort eines einzelnen Kindes macht, je nach Gesamtheit wertbarer Aussagen, 7–9 Prozentpunkte aus. Entsprechend liegt der Wert für „Schwamm" im Bereich normaler Schwankungen empirischer Tests.

„**Servietten**", „**Spülmittel**"). Die verbleibenden Begriffe verzeichnen geringe Zuwächse; sie wurden entweder nicht verwendet (z. B. „Schraubenzieher") oder ohne eigenes Experimentieren nur passiv eingesetzt („Feuerzeug"). [96]

Schule 2

Im Methodenteil wurde beschrieben, dass in Schule 2 neue Begriffe erfragt wurden, deren Verwendung im Rahmen neuer Experimente geplant war. Tabelle 12 führt die aus diesen Veränderungen resultierende Liste der Test-Items auf (s. S. 106). [97]

Die Ergebnisse der Schule 2 sind mit denen der Schule 1 im Wesentlichen vergleichbar; die wenigen Ausnahmen werden in der Diskussion aufgegriffen. Der höchste Zuwachs beträgt 57 Prozentpunkte, geringe Verluste ergaben sich im Bereich üblicher Schwankungen empirischer Erhebungen. Im Folgenden werden vor allem Ergebnisse zu Begriffen beschrieben, die in Schule 1 nicht gefragt wurden.

Den in qualitativer Forschung möglichen Änderungen im Forschungsprozess ist es geschuldet, dass die ersten beiden Items, „**Tinte**" und „**Messbecher**", nur im Post-Test erfragt wurden: Der dazugehörige Versuch der Chromatografie wurde als Experimentiereinheit erst während der Intervention geplant.

Die „**Pipette**" wurde in Schule 2 im Pre-Test erfragt, sodass der Zuwachs *von Null* auf 57 % hier gesichert ist. Würden die als „nicht gewusst" gewerteten phonologischen Ersetzungen (wie „Pimpette", „Pimpe") hinzugezählt, ergäbe sich ein Zuwachs auf 86 %[98]. Die „**Pinzette**" als phonologischer Ablenker wurde nicht experimentell verwendet, jedoch in den Tests in Augenschein genommen und untersucht. Im Pre-Test von einem knappen Drittel benannt, steigerte sich dies auf 57 % im Post-Test.

---

96 Rechnerisch kommt hinzu, dass diese Begriffe bereits im Pre-Test von vielen Kindern gewusst wurden. Dazu vgl. auch die Zusammenfassung der Ergebnisse.

97 Zum neuen Thema „**Chromatografie**" gehörten „Filterpapier", „Messbecher" und „Filzstifte", als Vergleichsbegriffe „Buntstifte" und „Kreide". Zur **Elektrochemie** wurden „Batterie", „Glühbirne", „Kabel, Draht" und „Fassung, Halterung" gefragt; aus Zeitgründen wurden diese Experimente nicht durchgeführt. Zur „Pipette" kam „Pinzette" als in Schule 1 häufig genannte Umschreibung hinzu; sie fungierte im Test der Schule 2 als Ablenker. Zu einzelnen Besteckteilen wurden Umschreibungen erfragt („Ess- bzw. Suppenlöffel" und „Tee- bzw. Kaffeelöffel"), was Hinweise darauf liefern sollte, inwiefern einmalige Erklärungen die Benennungsrate erhöhen kann.

98 Alle Berechnungen wurden konservativ durchgeführt: Als „gewusst" zählten nur direkt genannte Begriffe und solche nach phonologischer Anlauthilfe (= erste lautbildende Buchstaben, z. B. „Tr" für „Trichter"). Als „nicht gewusst" galten Umschreibungen („Kaffeemappen" für Kaffeefilter) und phonologische Ersetzungen.

Item	Benennungsquote (Anzahl richtiger Nennungen pro Gesamtheit aller Nennungen für dieses Item)			Verwendungskategorie (= Aktivität in der Lernsituation): aktiv / passiv / nicht verwendet (nv)
	Pre-Test [%]	Post-Test [%]	Zuwachs [%-Punkte]	
Messbecher	n.e.*	85		aktiv
Tinte	n.e.*	100		aktiv
Flamme	n.e.*	71		aktiv
Pipette	0	57	57 (+ 29 % phonol. Ersetzung)	aktiv
Filterpapier, Kaffeefilter	7	54	47	aktiv
Backpulver	50	93	43	aktiv
Fassung, Halterung	7	46	39	nv
Spülmittel	46	83	37	passiv
Essig	64	100	36	aktiv
Lupe	50	83	33	nv
Docht	0	29	29	aktiv
Filzstift	43	71	29	aktiv
Pinzette	29	57	29	nv
Alufolie	23	50	27	passiv
Mixer, Rührgerät	71	93	21	nv
Kabel, Draht	57	77	20	nv
Tee-/Kaffeelöffel	27	46	19	passiv
Küchenrolle/-papier	77	93	16	passiv
Teelicht	7	21	14	aktiv
Sieb	64	79	14	nv
Buntstift	36	50	14	nv
Trichter	50	62	12	aktiv
Öl	82	93	11	aktiv
Ess-/Suppenlöffel	36	46	10	passiv
Plastikbecher	85	93	8	aktiv
Kreide	85	93	8	passiv
Nagel	75	79	4	nv
Servietten	69	71	2	nv
Kuchen-/Backform	64	64	0	nv
Wachs	54	50	−4	aktiv
Tüte, Plastiktüte	77	72	−5	nv
Glühbirne, Lampe	100			nv
Batterie, Akku	100	93	−7	nv

Tabelle 20: Ergebnisse des Sprachtests der Schule 2.
Nach Zuwachs, absteigend (Erläuterung siehe Text).

Nur ein Kind kannte im Pre-Test „**Kaffeefilter**"; viele Kinder hatten noch keine gesehen. Bei der Chromatografie benötigt erfuhren sie einen Zuwachs um fast 50 Prozentpunkte. Die Chromatografie wurde mit **Filzstiften** durchgeführt; nach dem „**Buntstift**" wurde – als Kindern vertrauter, aber beim Experimentieren nicht verwendeter – Vergleichsbegriff gefragt. Beide hatten im Pre-Test Benennungsquoten auf ähnlichem Niveau (43 bzw. 36 %), doch erreichte der „Filzstift" einen doppelt so hohen Zuwachs wie der „Buntstift" (um 29 bzw. 14 Prozentpunkte).

Die Begriffe aus der **Elektrochemie** wurden im Pre- und Post-Test erhoben, obwohl die Experimente aus Zeitgründen nicht durchgeführt wurden. „**Kabel, Draht**" erlangte 20 Prozentpunkte Zuwachs, „**Fassung, Halterung**" fast 40 Prozentpunkte.

3.1.2   *Vergleichende Diskussion der Ergebnisse (Schulen 1 und 2)*

Im Theorieteil wurden Faktoren beschrieben, die aus psycholinguistischer Sicht zur Verankerung eines Wortes im Wortschatz beitragen (Marinellie-Faktoren, s. Kap. 1.5.3). Da der Handlungsbezug in der Intervention einer Untersuchung nicht isoliert werden kann, müssen die Ergebnisse des Sprachtests im Zusammenwirken aller beteiligten Faktoren interpretiert werden. Nur so kann die Bedeutung der Handlungsorientierung beim Lernen von Begriffen auf Plausibilität überprüft werden.

Die von den Marinellie-Faktoren (s. nächste Seite) ausgehende Analyse der vorliegenden Daten führte nicht zu einer zufriedenstellenden Interpretation. Sie decken wichtige Einflussfaktoren, u. a. den Handlungsbezug der Lernsituation und das Interesse des Kindes an der Sache selbst, nicht ab. Entsprechend wurde der Katalog von uns um zwei Faktoren erweitert, die sich sowohl induktiv aus den Daten erschlossen als auch aus psycholinguistischen Zusammenhängen heraus anboten: die von der Sache hervorgerufene **Motivation** zur Verwendung eines Begriffes sowie der bereits beschriebene **Handlungsbezug** – konkret also die Frage, ob die Kinder mit einer Sache selbst experimentiert haben.

Die **Motivation** wird in der Linguistik meist im Rahmen der Sprach*produktion* untersucht. In der vorliegenden Studie wird sie als „Anziehungskraft" für das Lernen eines Begriffes verstanden. Sie scheint auf zwei Quellen zu gründen,

- dem **Interesse des Kindes** an einer Sache (z. B. „Pipette" oder „Lupe", deren Namen die Kinder im Pre-Test spontan wissen wollten, s. u.) oder
- der erlebten **Notwendigkeit für die Verwendung** des Begriffes (s. „Besteck"; als Gegenbeispiel hier das Item „Teelicht", s. Tab. 23 und dortige Erläuterungen).

Erfüllt ein Begriff die Marinellie-Faktoren, ohne für das Kind zum Dialog nötig oder interessant zu sein, so ist die Motivation zum Abspeichern im Wortschatz begrenzt. Nach WESTDÖRP bedarf es „zwingender Kontexte", „*in denen die Realisierung der Zielstruktur für den Spiel- oder Handlungsverlauf unverzichtbar ist*" (WESTDÖRP 2010, S. 5).

Psycholinguistische Studien liefern Hinweise darauf, dass sich aktives Handeln auf das Lernen von Begriffen auswirkt. WEISS und BARATTELLI analysierten Begriffe, die Probanden nach dem Zusammenbau eines Objektes aus Bausteinen generierten. Die Studie hat gezeigt, dass Probanden, die das Objekt selbst zusammenbauen durften (erfahrungsbezogene Erfahrung), mehr und verschiedenartigere Bezeichnungen generierten als die, die es nur ansehen konnten (zustandsbezogene Erfahrung). Als Begründung wird angeführt, dass „*die intensive Auseinandersetzung mit den Objekten in der Kognitionsphase des Experimentes [...] zu reichhaltigeren Objektrepräsentationen [führt]*" *und diese mehr Merkmale beinhalten* (WEISS und BARATTELLI 2003, S. 606). Dies legt nahe, dass eine handlungsorientierte Auseinandersetzung mit Dingen die Qualität und Quantität der Informationen zur Verankerung im Wortschatz fördert.

Es ergeben sich **sechs Faktoren**, anhand derer die Ergebnisse interpretiert werden. Alle tragen zum Lernen bei – bis auf den Faktor „Schwierigkeit", der ihn erschwert.

1	Frequenz/Häufigkeit	(des Vorkommens eines Wortes)	
2	Vorstellbarkeit	(des Konzeptes, der Sache; im Original „imageability")	
3	Vertrautheit	(mit der Sache oder Idee; im Original „familiarity")	
4	Schwierigkeit	(des Begriffes, Bedeutung und Wortform)	
5	Motivation für das Lernen eines Begriffes durch	a) Interesse an der Sache oder	
		b) die erlebte Notwendigkeit für seine Verwendung	
6	Verwendungskategorie des Items (je nach Aktivität in der Lernsituation)		

Tabelle 21: Faktoren des Entstehens von Begriffsdefinitionen
(die ersten vier nach MARINELLIE 2010, übersetzt und adaptiert)

Die folgende Diskussion ausgewählter Begriffe verdeutlicht das Zusammenspiel der sechs „Lerntrigger". Sie kommen je nach Begriff und Lernsituation in unterschiedlichem Ausmaß zum Tragen: „*Dabei wirkt sich der Kontext darauf aus, welche Komponenten zum Konzept hinzukommen*" (MANGOLD-ALLWINN 1993, S. 98).

Der Fokus liegt dabei auf dem Handlungsbezug der Kinder zu den Items. Dieser drückt sich in der Kategorisierung der Items als „Verwendungskategorien" aus, je nachdem, wie aktiv die Items in der Lernsituation verwendet wurden. Die unterschiedlich aktive Verwendung der Items spiegelt sich entsprechend in diesen Verwendungskategorien wider.[99]

Pipette und Pinzette, Spülmittel, Trichter und Lupe, Besteck und Backpulver

Bei dem Begriff „**Pipette**" kommen zwei Faktoren zum Tragen: Das Interesse an der Sache und die Schwierigkeit des Begriffs. Einerseits war sie für alle Kinder ein interessanter Gegenstand, über den sie sprechen wollten; andererseits verdeutlicht die große Anzahl der Kinder, die eine phonologische Umschreibung benutzte, die Schwierigkeit, dieses Wort abrufen zu können.[100] Zwei Ausschnitte aus Post-Tests verdeutlichen, wie stark und positiv die Pipette erinnert wurde. Im ersten Ausschnitt berichtet das befragte Kind von seiner Pipette, noch ehe eine Frage gestellt wurde:

Interviewerin:	„Ich wollte mich mit Dir über das Experimentieren unterhalten […]."
D.:	„Ich hab' immer noch das Pipette."
Interviewerin:	„Du hast immer noch die Pipette?"
D.:	(nickt)

Der hohe Aufforderungscharakter dieses Utensils zeigt sich, als ein Kind während des Tests fragt, ob es mit der Pipette hantieren darf:

Interviewerin:	„Wie hieß das?"
S.:	„Äh, äh, Pipe."
Interviewerin:	„Pipette. Super. Ja, klasse! Wir sind fast fertig."
S.:	„Können wir jetzt einmal mit der Pipette?"

Die „**Pinzette**" fungierte in Schule 2 als Ablenker zur „Pipette". Im Pre-Test von knapp 30 % der Kinder benannt, war sie wahrscheinlich mehr Kindern von zu Hause bekannt. Hier kann deshalb – anders als bei den Pipetten, die die Kinder in

---

99 Zur Kategorisierung vgl. Kap. 2.5.1, Tab. 16.: Die Kategorie „aktiv" klassifiziert Dinge, mit denen die Kinder selbst experimentiert haben; „passive" Gegenstände wurden bei Lehrer-Schüler-Gesprächen gezeigt (z. B. die Kuchenform bei „Chemie des Backens") oder waren nebensächliches Material beim Experimentieren (z. B. Küchenrolle). „Nicht verwendete" Gegenstände wurden zu Vergleichszwecken gefragt.

100 Aus linguistischer Sicht zeigen Umschreibungen auch, dass die semantische Verankerung des Begriffes besser funktioniert hat als die phonologische. Als Konsequenz daraus sollten bei morphologisch komplizierten Worten wie „Pipette" oder „Trichter" mehrfache verbale Wiederholungen, z. B. durch Wortspiele, nach dem Experimentieren geplant werden: Zu diesem Zeitpunkt hat sich der Begriff mit seinen Eigenschaften bereits als Konzept verankert und die Verankerung der phonologischen Form wird so zur unterstützenden Aktivität.

der Studie erstmalig sahen – eine gewisse Vertrautheit angenommen werden. Somit wurde den Kindern im Test die Bezeichnung für etwas bereits Vertrautes genannt, was den Zuwachs von 29 Prozentpunkten trotz seiner Nicht-Verwendung beim Experimentieren erklären könnte. Zusätzlich bestand für die Phonologie des Begriffes erhöhte Aufmerksamkeit, weil die beiden ähnlichen Begriffe unmittelbar nacheinander erhoben wurden (vgl. MANGOLD-ALWINN 1993). Das Phänomen der vertrauten, aber namentlich unbekannten Sache zeigt sich auch beim „**Spülmittel**", das zu Beginn nur ca. die Hälfte der Kinder benennen konnte. [101]

Ein weiteres, prägnantes Beispiel gibt das Kind „T." im Post-Test zum „**Trichter**" [102]. T. wächst auf einem Bauernhof auf und kennt Trichter von der Landmaschinen-Versorgung mit Öl oder Benzin. Er beschreibt plastisch, wie auf dem Hof „damit" umgegangen wird; *benennen* kann es die Sache jedoch erst im Post-Test.

Interviewerin:	„Was brauchen wir noch?"
T.:	„Backpulver. […] Und Trichter."
Interviewerin:	„Und 'nen Trichter. So!"
T.:	„Beim Rasenmäher, das muss man auch 'nen Trichter brauchen."
Interviewerin:	„Bitte? Für was?"
T.:	„Beim Super-Benzin oder in Rasenmäher, da einen Trichter brauchen."
Interviewerin:	„[…] Zeig […] und erzähl mal, wie der Versuch funktioniert. […] „
T.:	„Backpulver da rein tun. […] Beim Rasenmäher muss man einen großen Trichter!"

Die Verankerung des Begriffes fand im Zeitraum der Studie statt. Die Analyse der sechs Verankerungsfaktoren zeigt, dass sich für T. nur zwei geändert haben: Das eigene Experimentieren, also der *Handlungsbezug* (da er das Einfüllen von Benzin vermutlich sieht, aber nicht selbst durchführt), sowie die *Frequenz* der Verwendung des Begriffes. Die wiederholte, eigene Benennung sowie das Experimentieren scheinen die Verankerung dieses vertrauten Begriffes im Wortschatz gefördert zu haben.

Die **Lupe** benannte im Pre-Test die Hälfte der Kinder. Der eigenen Neugier folgend nahmen sie sie im Test spontan in die Hand und probierten sie aus. Sie steigt um 33 Prozentpunkte, obwohl sie beim Experimentieren im Unterricht nicht vorkam.

---

101 Anders als z. B. Backen ist Spülen keine Tätigkeit, die mit Kindern gemeinsam durchgeführt wird, sondern eher etwas, das unangenehmerweise noch getan werden *muss*; dies könnte die geringe Benennungsquote erklären.

102 Die unterschiedlichen Ausgangswerte der Schulen sind ungeklärt; die fast gleichen Werte der Post-Tests (64 bzw. 62 %) erklären sich durch die Schwierigkeit des Wortes und damit, dass mit dem Tricher zwar hantiert wurde, er aber nicht Teil des Phänomens war (vgl. Anhang 3, Experiment 5, S. 223).

Das „**Besteck**" zeigt, dass eine einmalige Erklärung lernwirksam sein kann, wenn sich der Vorteil zur Verwendung zeigt (vgl. MARINELLIE 2010, S. 23). [103] Die Anwendungssituation wurde im Test für die Kinder durch das Tischdecken visualisiert: *„ Wenn Du den Tisch deckst, dann sagt die Mama oder der Papa: ‚Bring doch bitte das Mm-mm-mh mit.' Und dann meinen sie Messer, Gabel und Löffel. Und wie heißt das zusammen?"* Ein Drittel der Kinder nannte im Pre-Test „Geschirr" statt „Besteck": Hier erinnerten sich die Kinder, dass ein Kategorienbegriff des Tischzubehörs gefragt war.

Interviewerin:	„Und wie heißt das alles zusammen?"
J.:	„Geschirr?"
Interviewerin:	„Ne, aber fast! Geschirr ist, wenn man ... Geschirr, das ist [...] Teller und Tassen. [...]."
	„Und das ist ... [deutet auf die Bildkarte]? Be..., Be... [gibt phonologische Anlauthilfe]."
J.:	[antwortet nicht]
Interviewerin:	„Be-steck. Also, wenn man den Tisch deckt, dann braucht man Geschirr und Besteck [deutet erneut auf die Bildkarte]."

Eine Variante dieses Phänomens, nämlich das Nicht-Verankern von Begriffen durch die mangelnde Einsicht in den *Nutzen* eines gehörten Begriffes, zeigt sich beim „Löffel". Während beim „Besteck" die visualisierte Verwendungssituation (und die Einsicht, dass der Begriff „Besteck" nützlich sein kann) zu einer Aufnahme des Begriffs führte (mit Zuwachs von 43 auf 71 %), sind „Tee-/ Kaffeelöffel" und „Ess-/Suppenlöffel" lediglich Namensvarianten, die die Kommunikation nicht erleichtern, da Löffel schon über ihre Größe eindeutig („kleiner/großer Löffel") benannt werden können. Die Benennungen „Tee- bzw. Suppenlöffel" stiegen um 19 bzw. zehn Prozentpunkte, überschreiten jedoch 50 % Benennungsquote nicht. Offensichtlich hat die am Gebrauch orientierte Erklärung im Test nur teilweise interessiert und deshalb nur zur Verankerung des Begriffes geführt.

„**Backpulver**" kannte im Pre-Test der Schule 2 eine Hälfte der Kinder, in Schule 1 ein gutes Drittel. [104] Im Post-Test, nach drei Experimenten (vgl. Tab. 28 und 29), [105] benannten es fast alle richtig und ohne die Umschreibungen („Kuchenpulver") der Pre-Tests.

---

103 Aus Verfahrensgründen wurde nach dem Begriff „Besteck" nur in Schule 1 gefragt, anhand der Bildkarten.
104 Hier wirkt sich vermutlich aus, dass es in Schule 1 wöchentliche Arbeitsgruppen gibt, eine davon zum Backen.
105 Das Experiment „Luftballon mit Kohlenstoffdioxid aufblasen" begeisterte die Kinder so sehr, dass einige Eltern (auch einkommensschwacher Familien) nur für sie Essig, Backpulver oder einen Trichter kauften.

· Items der Elektrochemie: Fassung, Halterung und Kabel, Draht

Auch für die Elektrochemie liegt die Motivation als Faktor für den Zuwachs der Benennungen nahe. Die Kinder betrachteten die Dinge in den Tests mit Interesse und veranschaulichten sich ihre Funktion. So erklärt sich, dass **„Kabel, Draht"** um 20 Prozentpunkte und **„Fassung, Halterung"** um 39 Prozentpunkte wächst, obwohl nicht mit ihnen experimentiert wurde. Gleichzeitig sind die Begriffe funktional semantisch einleuchtend, da die Fassung/Halterung die Glühbirne *umfasst* und *hält*. Demzufolge resultierte aus dem Interesse an den Items die Motivation ihrer Verankerung und ein – wenn auch begrenzter – Handlungs- bezug in der Testsituation.

Items der Chromatografie: Filterpapier/Kaffeefilter, Filz- und Buntstift

Die beschriebenen Faktoren können auch die Daten zur **Chromatografie** erklären. Das vorab unbekannte „Filterpapier" erfährt einen deutlichen Anstieg, ebenso die „Filzstifte"[106]. Die Zuwächse können durch ihre Verwendung beim Experimen- tieren, ihre Limitierung durch die relative Schwierigkeit der Worte erklärt werden.[107]

Item	Benennungsquote (Anzahl richtiger Nennungen pro Gesamtheit aller Nennungen für dieses Item)			Verwendungskategorie: aktiv / passiv / nicht verwendet (nv)
	Pre-Test [%]	**Post-Test** [%]	**Zuwachs** [%-Punkte]	
Filterpapier, Kaffeefilter	7	54	47	aktiv
Filzstift	43	71	29	aktiv
Buntstift	36	50	14	nv

Tabelle 22: Test-Ergebnisse zu Items des Experiments „Chromatografie"

---

106 Erstaunlich scheint, dass beide Stifttypen, Filz- und Buntstifte, im Pre-Test nicht von mehr Kin- dern gewusst wurden, obwohl es sich um positiv besetzte Dinge aus dem Kinderalltag handelt.
107 Ausgehend von der Vermutung, dass die Kinder nicht wissen, dass die Spitzen dieser Stifte früher aus Filz bestanden haben – noch, was Filz eigentlich ist. Der Begriff „Buntstift" hingegen ist semantisch einleuchtend.

Begriffe rund um die Kerze: Wachs, Flamme, Docht – und das Teelicht

Auch die Ergebnisse aus dem Themenfeld der **Kerze** zeigen, dass eigenes Experimentieren sowie die Notwendigkeit der differenzierenden Benennung eines Items die Verankerung eines Begriffes im Wortschatz beeinflussen.

Item	Benennungsquote (Anzahl richtiger Nennungen pro Gesamtheit aller Nennungen für dieses Item) Schule 1/2			Verwendungskategorie: aktiv / passiv / nicht verwendet (nv)
	Pre-Test [%]	**Post-Test** [%]	**Zuwachs** [%-Punkte]	
Docht	0/0	46/29	46/29	aktiv
Wachs	8/54	46/50	38/–4	aktiv
Flamme	14/n.e.	57/71	43/ n.e.	aktiv
Teelicht	0/7	8/21	8/14	aktiv

Tabelle 23: Testergebnisse zu Items aus dem Themenfeld „Kerze"

Der „**Docht**" verzeichnet in Schule 1 mehr Zuwachs als in Schule 2, bleibt aber auf geringem Niveau. Ersteres kann durch die Verwendung eines Arbeitsblattes zur Kerze in Schule 1 erklärt werden, Letzteres wird plausibel durch die phonologische Schwierigkeit des Begriffes. Hinzu kommt, dass der Docht – als in den Experimenten eher nebensächlicher Teil der Kerze – nur bei wenigen Anlässen besprochen wurde.

Das „**Wachs**" kannten die Kinder beider Schulen im Pre-Test unterschiedlich gut, der Post-Test blieb jedoch mit 54 bzw. 50 % auf gleichem, mittleren Niveau. Dies kann – wie beim Docht – dadurch plausibilisiert werden, dass Wachs keinen Experimentier*gegenstand* darstellt, sondern ein *Material*, das nur zeitweise diskutiert wurde. So blieb die Notwendigkeit zur Benennung begrenzt. [108]

Der deutliche Zuwachs in Schule 1 kann als Folge eines Seitenversuchs zum Wechsel der Aggregatzustände von „fest" zu „flüssig" gedeutet werden. „*Da ist ja Wasser in der Kerze*", beschrieb ein Kind, das an einer brennenden Kerze das entstehende flüssige Wachs wahrnahm. Daraufhin goss die Lehrperson etwas flüssiges Wachs auf eine Glasschale und zeigte diese den Kindern, die so den

---

108 Die Überlegung, die „Experimentiergegenstände" kategorial in die *eigentlichen* Gegenstände und Bestandteile und das Material weiter zu differenzieren, wurde wg. der zu klein werdenden Subgruppen verworfen.

Übergang von „klar und flüssig" hin zu „fest und weiß" beobachten konnten. Dieser Versuch kam in Schule 2 nicht vor, weil dort das sich verflüssigende Wachs nicht thematisiert wurde. Eine ähnliche Erklärung legt nahe, wieso der Begriff **„Flamme"** 57 % bzw. 71 % nicht übersteigt: Beim Experimentieren wurde davon gesprochen, dass „eine Kerze erlischt" oder „kleiner wird", [109] wenn sie zu brennen aufhört, obwohl eigentlich die Flamme gemeint war. Da die „Flamme" als Begriff wesentlich ist für die „Kerze", wird er sprachpragmatisch synonym gebraucht. Die Flamme als zu differenzierender Bestandteil der Kerze wurde entsprechend nur *zeitweise* benannt.

Noch deutlicher zeigt sich dieser Effekt beim **„Teelicht"**, bei dem die Testresultate auf niedrigem Niveau bleiben (acht bzw. 21 %), obwohl viel und interessiert mit Teelichtern experimentiert wurde. Um die Funktion des Teelichtes aufzuzeigen und den Namen herzuleiten, wurden in einer der ersten Stunden ein Stövchen und eine Glasteekanne mit Tee gezeigt. Im Diskurs beim Experimentieren wurde der Begriff jedoch nur verwendet, wenn die Distinktion zu einer normalen Kerze herzustellen war. Bei Experimenten, die ein anderes Thema verfolgten (z. B. die Gasentwicklung beim Kohlenstoffdioxid-Feuerlöscher), wurden „Teelicht" und „Kerze" synonym verwendet, weil keine Notwendigkeit zu einer aufmerksamkeitslenkenden Differenzierung bestand. [110] So wurde „Kerze" eher in denotativer, also wesensbeschreibender Benennung verwendet. [111] Hier zeigt sich: Obwohl die Kinder viel mit Teelichtern experimentierten, war *dies allein kein ausreichend starker Trigger* zum Erwerb der nur für eine Differenzierung notwendigen Bezeichnung.

Als Zweites kommt die semantische Schwierigkeit hinzu, dass ein Tee*licht* den Tee nicht *beleuchten*, sondern erwärmen soll und der Begriff somit nicht einleuchtet. Zusätzlich hat die ursprüngliche Funktion zu Zeiten von Thermoskannen eher nostalgischen Charakter. So sind die Marinellie-Faktoren der Vorstellbarkeit, Schwierigkeit und Vertrautheit mit dem Teelicht für seine Verankerung nur begrenzt förderlich.

Die hier beschriebenen Überlegungen zu den Mechanismen der Verankerung von Worten im Wortschatz unterstreichen die Bedeutung der Lehrperson für die sprachfördernde Nutzung des Experimentierens: Sie sollte die Experimente und

---

109 Sicher würde man beim Lesen eines Textes zum Experiment „Kerze löschen unter Glas" über die Formulierung „die Kerze wird kleiner" stolpern, doch wenn die Kinder dies in der Experimentiersituation so beschreiben, so ergibt sich aus dem Kontext, dass sie die *Flamme* meinen und nicht das längerfristige Kleinerwerden der Kerze.

110 Ein Bsp. für den umgekehrten Fall beschreibt WENCK im Rahmen einer Unterrichtseinheit zum Magnetismus: „Die Schüler hatten vorher die Begriffe „Eisen" und „Metall" fast synonym gebraucht. [...] Danach machten sie auch sprachlich deutliche Unterschiede" (WENCK 2001, S. 172).

111 Zur Unterscheidung von denotativer, auf den Kern einer Sache zielender, und aufmerksamkeitslenkender Benennung vergleiche POBEL (1991).

Materialien so auswählen und vorbereiten, dass sie sinnstiftend an die Lebenswelt der Kinder anknüpfen, und den möglicherweise zu verwendenden Wortschatz vorab überlegen (vgl. Kap. 4.3.2, S. 182).

3.1.3   Zusammenfassung der Ergebnisse (Sprachtest)

Diese chemiedidaktische Studie untersucht Auswirkungen des Experimentierens auf die Sprachkompetenzen von Kindern am Beispiel der Verankerung von Begriffen im Wortschatz. Sie hat der Interpretation ihrer Ergebnisse die vier linguistischen Marinellie-Parameter zugrunde gelegt (s. Kap. 1.5.3, S. 69, und Kap. 3.1.2, S. 130). Da diese nicht ausreichen, um den „Trigger" der Verankerung eines Begriffes im Wortschatz zu beschreiben, wurden zwei Faktoren ergänzt: die Motivation zum Erlernen eines Begriffes und der Handlungsbezug der Kinder zu ihm in der Lernsituation.

Die Analysen zeigen: Je stärker der Handlungsbezug der Kinder in der Lernsituation zu einem Item war (= die Verwendungskategorie eines Items), desto höher war sein Zuwachs an richtigen Benennungen. Es zeigt sich eine Korrelation zwischen der Verwendungskategorie eines Items während des Lernprozesses und dem Zuwachs seiner Benennungsquote. Dies bestätigt den „Handlungsbezug in der Lernsituation" als eigenständigen Faktor der Verankerung von Begriffen im Wortschatz.

In Schule 1 erreichten Items, mit denen die Kinder experimentiert hatten, einen durchschnittlichen Zuwachs von fast 35 Prozentpunkten, „passive" Items 18 Prozentpunkte und in der Intervention nicht vorkommende Items neun Prozentpunkte. Schule 2 erzielte niedrigere Werte: 26 Prozentpunkte für Experimentier-Items und 16 Prozentpunkte für „passive" und nicht verwendete Items.

| | Zuwachs [%-Punkte] | | |
Verwendungskategorie	Schule 1	Schule 2	beide Schulen
Aktiv: Item ist Teil eines Experiments der Kinder	34	26	30
Passiv: Item nur gesehen	18	16	17
nv: Item nicht verwendet	9	16/6*	13/8*

Tabelle 24: Durchschnittlicher Zuwachs der Benennungsquote nach
          Verwendungskategorie
          (*Erläuterung siehe Text).

Die genauere Analyse der nicht verwendeten Items zeigt, dass der Wert von 16 Prozentpunkten in Schule 2 von den Items „Lupe", „Pinzette", „Kabel/Draht" und „Fassung/Halterung" verursacht wurde, die von den Kindern *im Test* mit Interesse untersucht wurden, sodass hier kurze, handelnde Explorationsphasen entstanden. Bleiben diese vier Items unberücksichtigt, so ergibt sich für Schule 2 ein Zuwachs von sechs Prozentpunkten, über beide Schulen von 7,5 Prozentpunkten.

Abbildung 15 fasst die (bereinigten) Ergebnisse mit Bezug auf den untersuchten „Handlungsbezug" zusammen. Die Säulen stehen für die „Verwendungskategorien" der Items und die Werte der Tests (Pre-Test und Zuwachs im Post-Test).

Die linke Säule repräsentiert die beim Experimentieren nicht verwendeten Items, die mittlere die Kategorie der „passiven", also nur am Rande verwendeten oder gesehenen Items und die rechte die Items, die beim Experimentieren aktiv verwendet wurden. Der untere Teil der Säulen zeigt die Ergebnisse des Pre-Tests, der obere den im Post-Test festgestellten Zuwachs an korrekten Benennungen in Prozentpunkten.

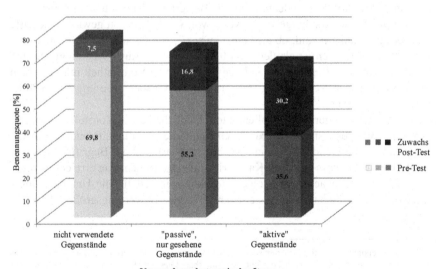

Abbildung 15: Ergebnisse des Sprachtests über beide Schulen; Auswertung nach den Verwendungskategorien der Items („Handlungsbezug"; bereinigt um vier „nicht verwendete Gegenstände", s. Text.)

Vier Aussagen werden ersichtlich.

1. Die Experimentier-Items waren im Pre-Test im Durchschnitt weniger bekannt.
2. In allen Kategorien wären höhere Steigerungen möglich gewesen, 100 % Benennungsquote werden nicht erreicht.
3. Die Experimentier-Items verzeichnen mit 30,2 Prozentpunkten die höchsten Zuwächse; die „passiven" Items steigen um 16,8, die nicht verwendeten um 7,5 Prozentpunkte.
4. Die nicht verwendeten Items erreichen die höchsten Werte im Post-Test (77,3 % Benennungen), gefolgt von den „passiven" (71,9 % Benennungen) und den Experimentier-Items (65,8 % Benennungen).

Zu 1: Es ist mathematisch richtig, dass bei niedrigem Ausgangswert ein höherer Zuwachs erreicht werden kann. Andererseits zeigt (2), dass in jeder Kategorie mehr Zuwachs möglich gewesen wäre. Insofern ist die mathematische Sicht von (1) von untergeordneter Bedeutung für die Bewertung der Studienergebnisse.

Es schließt sich die Frage an, ob vorab von vielen Kindern gewusste Begriffe leichter zu verankern sind, ob also ein Zuwachs „von 60 auf 70 %" leichter oder schwerer zu erreichen ist als der „von 0 auf 20 %".[112] Aus psycholinguistischer Sicht müssen *neue* Begriffe die anderen Faktoren wie Vertrautheit mit dem Item und Frequenz der Verwendung erst erfüllen und haben insofern eine Hürde, verankert zu werden.[113]

Zu 2: Alle Kategorien beinhalten unterschiedliche Faktor-Konstellationen. Die „Experimentiergegenstände" wurde durch die Studie beeinflusst (Handlungsbezug, Frequenz der Verwendung), andere wie die Schwierigkeit des Begriffes nicht. Insofern liegt nahe, dass in keiner Kategorie 100 %ige Benennung erreicht wurde.

Zu 3: Der „Zuwachs an richtigen Benennungen" ist für die Untersuchungsfrage der Studie die naheliegendste und relevanteste Bewertungsgröße.[114]

---

112 Der untersuchte Handlungsbezug ist nur einer von sechs Verankerungsfaktoren, die anderen waren in der Studie methodisch nicht kontrollierbar. Dies würde voraussetzen, dass dies für jedes Kind, alle Items und jeden der anderen Faktoren erhebbar wäre. Für die Evaluation der „Vertrautheit" mit einem Item oder der „Frequenz der Verwendung eines Begriffes" im familialen Umfeld exisitieren jedoch keine Erhebungsinstrumente.

113 Die nicht verwendeten Items kommen mit höherer Wahrscheinlichkeit aus der Alltagswelt der Kinder.

114 Es wurden bei der Datenanalyse alternative Kenngrößen berechnet, z. B. der Zuwachs relativ zum Ausgangswert. Die gewählte erschien als die relevanteste und datengetreueste, da sie alle Daten direkt abbildet.

Diese Studie erhebt nicht den Anspruch auf eine abschließende, quantitative Evaluation eines methodisch isolierbaren Verankerungsfaktors, sondern möchte Hinweise zur Frage liefern, ob der Handlungsbezug ein für das Begriff-Lernen relevanter Faktor ist. Dies wurde sowohl in der vergleichenden Beschreibung einer Reihe von Einzel-Items als auch in der grafischen Darstellung gezeigt.

Diese Ergebnisse zeigen, dass das Speichern von Begriffen im Wortschatz (wie auch ihr Abruf bei der Sprachproduktion) ein komplexer Prozess ist, auf dessen Nachhaltigkeit mehrere Faktoren Einfluss nehmen. Die Resultate und ihre Interpretation mithilfe der erweiterten Marinellie-Faktoren bestätigen die Beobachtungen, die sowohl in der Ausgangshypothese als auch in der Formulierung der zwei zusätzlichen „Verankerungsfaktoren" ihren Ausdruck gefunden haben: Die eigene, handelnde Aktivität der Kinder und ihr intrinsisches Interesse an den Dingen sind relevante Faktoren dafür, dass Begriffe im semantischen Lexikon verankert werden.

3.2 Chemie-Kenntnisse (Experimente, Bildergeschichten)

Ziel der Erhebung der Chemie-Kenntnisse war der Beleg, dass die Kinder die naturwissenschaftlichen Inhalte in ähnlichem Ausmaß erinnern wie in vergleichbaren Untersuchungen (vgl. LÜCK 2000; RISCH 2006a), obwohl die Einheiten mit gleichzeitigem Augenmerk auf Sprachförderung durchgeführt wurden.

Die Studien von LÜCK und RISCH analysierten die Erinnerung der Kinder auf *drei verschiedenen Ebenen des Experimentierens*, die als Kategorien der Auswertung dienten: Die Erinnerung an erstens die Durchführung des Experiments, zweitens seine Phänomene und drittens seine Deutung. Als Ausprägungen wurden jeweils „detaillierte Erinnerung" („viel"), „eingeschränkte Erinnerung" („mittel") und „geringe/keine Erinnerung" („wenig") verwendet.

Diese Kategorisierung wurde übernommen, um mit diesen Studien kompatibel zu sein. Das so entstehende Raster wurde für jedes Experiment und jede Bildergeschichte mit Beispielantworten ausgefüllt, mit denen bei der Auswertung alle Antworten abgeglichen wurden. Die Ankerbeispiele finden sich im Anhang 2.

Kategorie der Auswertung: „Erinnerung an …"	Bewertung („Ausprägung")	Geringe/keine Erinnerung („wenig")	Eingeschränkte Erinnerung („mittel")	Detaillierte Erinnerung („viel")
Durchführung				
Phänomene				
Deutung				

Tabelle 25: Auswertungsraster Chemie-Kenntnisse (nach LÜCK, RISCH, s. Text)

Während LÜCK im Bereich der Kindertagesstätten zeigen konnte, dass sich selbst in dieser Altersgruppe ein Großteil der Kinder an alle Ebenen der Experimente erinnert, unabhängig vom familiären Bildungsstatus, hat RISCH für die Grundschule gezeigt, dass die Erinnerung an die Durchführung sowie die Phänomene jeweils hohe Werte erreicht (+/– 70 % für „viel", +/– 20 % für „mittel") und die Gruppe der Kinder, die „wenig" erinnerte, unter zehn Prozent blieb (vgl. RISCH 2006a, S. 175–179). Für die „Deutung" verschoben sich die Werte in Richtung einer etwas weniger guten Erinnerung („viel" erreichten 64 %, „mittel" 24 %, „wenig" 12 %; vgl. RISCH 2006a, S. 181).

Mit diesen Werten wurden die Ergebnisse der vorliegenden Studie verglichen, um die Arbeitshypothese zu den Chemie-Kenntnissen zu überprüfen.

3.2.1   Darstellung der Ergebnisse (Schulen 1 und 2)

Da der Test der Chemie-Kenntnisse der Überprüfung einer Nebenhypothese diente, werden beide Schulen zusammen dargestellt.

3.2.1.1   Experimente

Im Post-Test wurden den Kindern verschiedene Versuche zum Experimentieren angeboten (vgl. Tab. 14, S. 110). Vor dem Experimentieren wurden sie gefragt, wie das Experiment **durchgeführt** wird und welche Phänomene dann zu **beobachten** seien. Nach der Durchführung wurden die **Erklärungen** für die erlebten Phänomene erfragt. Diese drei Fragen bildeten die Basis der Erhebung der Erinnerung an die Durchführung, die Phänomene und Deutung der Experimente.

Kategorie „Durchführung"

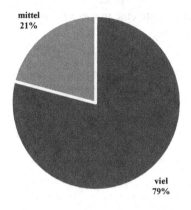

Abbildung 16: Erinnerung an die Durchführung der Experimente (n=28)

In der Kategorie **Durchführung** wurden hohe Werte erreicht. Fast 80 % der Kinder erinnerten sich an die Durchführung des jeweiligen Versuches (Ergebnisse s. Anhang 2, S. 212). Es wurden somit Werte der gleichen Größenordnung wie bei RISCH erreicht, in dessen Studie 69 % der Kinder die Ausprägung „viel" erreichten, 27 % „mittel" und vier Prozent „wenig" (RISCH 2006a).

Kategorie „Phänomene"

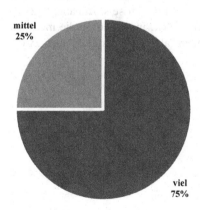

Abbildung 17: Erinnerung an die Phänomene (n=28)

Auch für die Kategorie der Erinnerung an die beobachteten **Phänomene** ergeben sich mit RISCH vergleichbare Werte. Drei Viertel der Kinder beschrieben die Phänomene vor der Durchführung gut, ein Viertel hatte eine mittlere Erinnerung (Ergebnisse s. Anhang 2, S. 213).

Kategorie „Deutung"

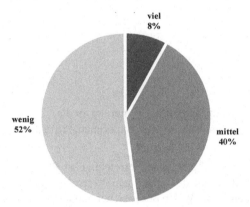

Abbildung 18: Erinnerung an die Deutung der Experimente (n=28)

Die Ergebnisse für die **Deutung** der Experimente fallen etwas geringer aus als die für die Durchführung und die beobachteten Phänomene der Experimente. Rund 48 % der Kinder äußerten sich mit mittleren oder detaillierten Erinnerungen zu den Deutungen, 52 % mit geringer Erinnerung (Ergebnisse s. Anhang, S. 218). Diese Werte bleiben hinter denen von RISCH zurück, in dessen Studie mehr als 60 % der Kinder sich „viel" erinnerten, mehr als 20 % „mittel" und zwölf Prozent „wenig" (RISCH 2006a, S. 180 f.).

3.2.1.1 Bildergeschichten

Da die Bildergeschichten die Phänomene z. T. darstellten, bildete die Erinnerung an die Phänomene hier keine Auswertungskategorie.

Kategorie „Durchführung"

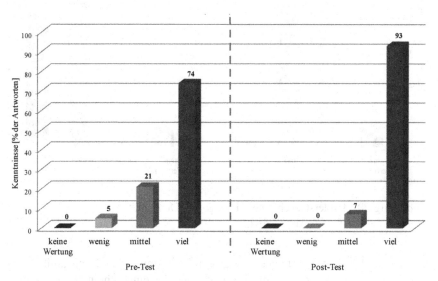

Abbildung 19: Bilder-Geschichten, Kategoire „Durchführung"[115] (% der Antw., n=42).

Die hohen Werte für die **Durchführung** im Pre-Test legen nahe, dass die Kinder die abgebildeten Tätigkeiten kannten. Da sie in der Studie weder gespült noch gebacken haben, zeigt der Zuwachs die Erinnerung an die Bildergeschichten. Das von ihnen durchgeführte Experiment „Kerze unter Glas löschen" wurde im Post-Test von allen Kindern richtig beschrieben und erzielt den höchsten Zuwachs (s. Anhang, Tab. 41, S. 214).

---

115 Die Kategorie „keine Wertung" beinhaltet Null-Wertungen, die nicht auf mangelnde Leistung der Kinder zurückzuführen sind, z. B. bei Interviewer-Fehlern oder Störungen des Tests von außen.

Kategorie „Deutung"

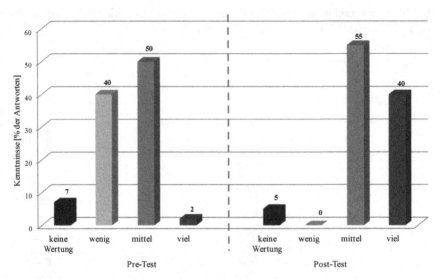

Abbildung 20: Bilder-Geschichten, Kategorie „Deutung"
              (% der Antw., n=42)

Die Werte der Deutung steigen von „wenig" zu „mittel" und von „mittel" zu
„viel". Im Pre-Test nennt ca. die Hälfte der Kinder eingeschränkte Deutungen,
die andere Hälfte kann das Gesehene nur wenig oder gar nicht deuten. Im Post-
Test wussten 40 % der Kinder die Geschichten „viel" zu deuten, über die Hälfte
erreichte „mittlere" Deutungen. Die detaillierten Ergebnisse der Bildergeschichten
s. Anhang 2, S. 214.

   Die Entwicklung der (Prä-) Konzepte wird exemplarisch für zwei der Bildergeschichten anhand der **„Deutung"** skizziert, da sie die aussagekräftigste Kategorie ist.

Bildergeschichte „Kerze unter Glas löschen"

Im Pre-Test zeigte sich eine Varietät an Deutungen der Bildergeschichte.[116] Neben Vermutungen zu Ursachen am Material[117] hatten viele Kinder eine vage Vorstellung von der Rolle der Luft: „*Weil sie keine Luft mehr kriegt*" wurde häufig genannt. Ein Kind antwortete „*weil die Kerze keinen Sauerstoff mehr hat*", ergänzte aber, dass sein Bruder dies gesagt habe und es nicht genau wüsste, was es bedeute. Die Erstklässler hatten Gase oder gar Luft als Gasgemisch noch nicht konzeptualisiert.[118]

Im Post-Test fokussierten die Deutungen auf Luft und Gase: Eine Hälfte der Kinder benennt den Mangel an Sauerstoff als Grund für das Erlöschen der Kerze, die andere Hälfte einen Mangel an Luft, ohne den Bestandteil nennen zu können. Neben der fachlich-konzeptuellen Unsicherheit zeigt der folgende Ausschnitt die Komplexität der semantischen Verankerung und des Wortabrufes:

J.:	„Äh, sie geht immer unter, weil sie immer, äh, Süßstoff, weil sie immer so auf und jetzt sie immer so runter."
Interviewerin:	„Was war mit was für einem Stoff?"
J.:	„So Süßstoff."
Interviewerin:	„Sauerstoff. Sie hat keinen Sauerstoff mehr."
J.:	„Ja, Sauerstoff."

Neben der Wortkomponente „Stoff" wurde erinnert, dass die erste Silbe einen Geschmack beschrieb; beim Wortabruf war der „Süßstoff" offensichtlich geläufiger als der „Sauerstoff", sodass diese Wortverbindung entstand.

Bildergeschichte „Backen"

Es wurde in der Studie nicht gebacken, aber wiederholt mit Backpulver experimentiert. Dementsprechend änderten sich die Werte für die „Durchführung" der Bildergeschichte nicht, jedoch konnten die Kinder das Aufgehen des Teiges beim Backen deutlich besser erklären. Der Großteil der Kinder erklärte im Pre-Test, dass die Hitze das „Wachsen" oder „Aufgehen" des Teiges bewirke, häufig mit der Vorstellung verbunden, dass die Luft des Backofens in den Teig geblasen wird.

---

116 An dieser Stelle sei die Anstrengung der Kinder gewürdigt, für die die Versprachlichung bereits einfacher Phänomene teilweise eine Herausforderung darstellte. Sie haben häufig keine Mühe gescheut bei dem Ringen um die treffendste Formulierung. Ihre verbalen Limitierungen zeigt der folgende Ausschnitt zur Bildergeschichte (Bildfolge s. Abb. 12, S. 108): „*Da erst hingehen und da runtermachen und da gucken und da aus!*"

117 Mit Aussagen wie z. B. „*es liegt am Glas*" oder „*weil das da [der Docht, Anm.* GOTTWALD*] schwarz wird*".

118 Ein Kind zeigte, dass „Gas" auch mit „giftig" konnotiert sein kann: Es berichtete, dass „*Luft drin ist und die Kerze deshalb ausgeht*", und zur weiteren Erklärung, „*weil da Gas drin ist*".

In der Experimentiereinheit „Luftballon mit Kohlenstoffdioxid aufblasen" hatten die Kinder die Textur ihrer Schulbrote untersucht, sodass sie die „Luftlöcher" in ihren eigenen Broten wahrgenommen hatten. Im Post-Test zeigt sich ein deutlicher Zuwachs bei der Deutung dieser Bildergeschichte: Alle Kinder hatten für das Phänomen des „aufgehenden" Teiges „viel" oder „mittel"-gute Erklärungen.

3.2.2   Zusammenfassung der Ergebnisse (Test „Chemie-Kenntnisse")

Während mehr als drei Viertel der Kinder den Ablauf und die Phänomene der von ihnen selbst durchgeführten Experimente aus dem Gedächtnis abrufen können, erinnert sich die Hälfte der Kinder „mittel"-gut bis „detailliert" an deren **Deutung.**

Auch bei den Bildergeschichten wissen nach der Intervention nahezu alle Kinder, wie deren „Alltagsexperimente", das Spülen und Backen sowie „Kerze löschen unter Glas", konkret durchgeführt werden. Dazu kann fast die Hälfte über das „Warum" der Abläufe dieser Experimente detaillierte Auskunft geben, die andere Hälfte auf einer weniger hohen, aber dennoch tendenziell richtigen Ebene, wie die zuvor beschriebenen Beispiele gezeigt haben.

Diese Resultate bestätigen, dass das Experimentieren auch für Kinder mit Sprachförderbedarf – trotz ihrer kommunikativen Hindernisse – eine geeignete Methode ist, sich altersangemessen im Unterricht mit naturwissenschaftlichen Inhalten zu beschäftigen. Trotzdem gibt es zwischen den Ergebnissen von RISCH und den hier neu vorliegenden eine Differenz bei der Erinnerung an die Deutung der selbst durchgeführten Experimente, für die mehrere Ursachen infrage kommen.

Erstens hatte RISCH seinerzeit teilweise einfache Experimente berücksichtigt, die mittlerweile im Kindergarten etabliert sind und deshalb in unserer Studie nicht mehr eingeschlossen wurden (z. B. Gas umfüllen unter Wasser). Diese Experimente beruhen auf wenig abstrakten Erklärungen und sind entsprechend leichter deut- und erinnerbar. Hingegen wurden in der vorliegenden Studie z. B. Vorstellungen von Gasen und Gasgemischen thematisiert, was für viele Kinder neue Konzepte darstellte.

Wenn Worte und Formulierungen nicht nur zur Kommunikation gebraucht werden, sondern sie auch, wie DEWEY formuliert, als *„store of meanings"* Ideen, Konzepte und Zusammenhänge speichern (DEWEY 1933, S. 234, vgl. Einleitung), dann ist es zweitens naheliegend, dass Kinder mit Sprachdefiziten sich Deutungen weniger gut merken können (im Vergleich zur anschaulichen Durchführung oder zu Phänomenen).

Drittens hat RISCH gezeigt, dass bei Grundschulkindern die „Warum"-Frage, anders als im Kindergarten, zugunsten des eigenen Tätig-Sein-Wollens in den Hintergrund rückt: Grundschulkinder wollen sich im Tun beweisen und handelnd herausfinden, wie etwas funktioniert (RISCH 2006a).

Viertens geschah die Durchführung der Experimentiereinheiten mit bifokaler Zielsetzung, die neben dem Aufbau chemischer Kenntnisse den Kindern möglichst sinnvolle Sprechakte beim Experimentieren bieten wollte. Das Etablieren einer sachlich-diskursiven Unterrichtskultur war sprachpragmatisches Nebenziel der Intervention.

Die beiden letzten Aspekte berücksichtigend und den handelnden und beschreibenden Aspekten Raum gebend wurde das Experimentieren im Tempo der Kinder durchlaufen, sodass der zeitliche Anteil der Deutungen variierte. So wurde jedoch das Experimentieren für die Kinder als interessante Tätigkeit erlebbar, bei der Kommunikation ein integraler und sinnstiftender Bestandteil ist.

3.3   Experimentieren und Sprachentwicklung im Vergleich

Die Auswertungen des empirischen Teils dieser Studie haben Hinweise zutage gefördert, wieso das Experimentieren als eine sehr probate Methode der Sprachförderung angesehen werden kann.

Psychologische Aspekte: Interesse an Experimenten, Sprechmotivation, Überwindung von Sprachhürden

Fast alle Kinder interessieren sich von sich aus für Experimente, experimentieren mit Ausdauer und Hartnäckigkeit. Dabei wollen sie sich über das Erlebte verbal austauschen. Auch Kinder, die eine Sprechhemmung entwickelt haben, zeigen beim Experimentieren eine hohe Sprechmotivation und können ihre Hürden überwinden.

Parallelen im Wesen der Prozesse des Experimentierens und der Sprachentwicklung:

Beide Prozesse suchen nach Bedeutung

Sowohl das Experimentieren als auch Sprache (bzw. ihre Entwicklung) suchen nach Bedeutung: Experimentieren fragt nach der Bedeutung von Materialeigenschaften und Phänomen in der dinglichen Welt. In der Sprachentwicklung erfahren Kinder durch ihre Interaktionen mit der Umwelt nicht nur, welche Bedeutung bestimmten Begriffen zukommt, sondern auch, in welcher Art von Diskussion welche Art von Interaktion welche Bedeutung hat.

Aspekte der Handlungsorientierung

Experimentieren und Sprachentwicklung basieren auf *handelnder* Interaktion mit der sozialen und dinglichen Welt (vgl. DEWEY 1933). Beide Lernprozesse beginnen mit sinnlicher Auseinandersetzung und führen zu kognitiver Verarbeitung qua Sprache.

Aspekte der Lernpsychologie

Sowohl beim Experimentieren als auch in der Sprachentwicklung vollzieht sich Lernen vom Konkreten zum Abstrakten. Ein Kind lernt zuerst die Worte zu konkreten Dingen, erst später zu Bewegungen, Verknüpfungen und Bewertungen. Experimentierende bewegen sich vom Material über erste Beobachtungen und Wiederholungen zu Regel- und Gesetzmäßigkeiten.

Lernen in der echten (undidaktisierten) sozialen Interaktion

Beide Vorgänge benötigen den anderen, ein Gegenüber. Sogar „*Physik entsteht im Diskurs*" (Diktum Heisenbergs, nach LEISEN 1999) – und auch die Bedeutung von Begriffen und sprachlichen Strukturen wird *nur* in der Interaktion mit anderen gelernt. Die Diskussionen beim Experimentieren sind echte Interaktionen (in Abgrenzung zu Rollenspielen o. Ä.), da sie auf den Erlebnissen und Gedanken der Kinder basieren.

Beide Prozesse ermöglichen das Lernen über die Dinge im echten Gebrauch. Die vielfältigen Eigenschaften von Materialien werden nicht gehört, sondern erlebt und reflektiert. Die vielfältigen Eigenschaften von Begriffen werden beim Diskutieren über Experimente aus verschiedenen Perspektiven erlebt und wiederholt gehört.

Parallelen zwischen Mechanismen des Spracherwerbs und dem Experimentieren

Sowohl Experimentieren als auch Sprachentwicklung benötigen zwingend die **Wiederholungen**, weil nur so Regel- und Gesetzmäßigkeiten erkennbar werden. Bei der Sprachentwicklung spiegelt das Bootstrapping dies wider, bei Experimentierenden lässt sich erahnen, wie sie so die Regelmäßigkeiten ihrer Umwelt explorieren.

Analysiert man diese vielfältigen Parallelen auch im Vergleich zu anderen Ansätzen der interdisziplinären Sprachförderung (Bewegung, Sport, Musik, ...), so ist festzustellen, dass das Experimentieren hier eine sehr positive Bilanz aufweist.

3.4 Überprüfung der Hypothesen

Auf Basis der grundlegenden Annahme zu Beginn der Studie, dass Experimentieren neben den naturwissenschaftlichen Kenntnissen von Kindern auch ihre Sprachentwicklung fördern könne und dass dies im Sachunterricht der Primarstufe durchführbar sei, wurden zwei Arbeitshypothesen („Wortschatz" und „Chemie-Kenntnisse") sowie Leitfragen zur praktischen Umsetzung formuliert (vgl. Kap. 2, Abb. 9).

Arbeitshypothese „Wortschatz": Es gibt einen größeren Zuwachs an richtigen Benennungen bei Gegenständen, mit denen Kinder selbst experimentiert haben, als bei nur gesehenen Gegenständen.

Diese Hypothese kann bestätigt werden. Durch die Sprachtests wurde belegt, dass der Handlungsbezug der Kinder in der Aneignungsphase von Begriffen deren Verankerung im Wortschatz unterstützt.

Handelndes Vorgehen ist wesentlich für naturwissenschaftliches Experimentieren. Gleichzeitig birgt dieses eine hohe Sprechmotivation für die Kinder, sich über die Experimente auszutauschen, sodass auch Erfolge auf sprachpragmatischer und psycholinguistischer Ebene (Überwindung von Sprechhemmungen) bei stark sprachentwicklungsverzögerten Kindern beobachtet wurden. Sie wurden jedoch nicht systematisch erhoben.

Die Verankerung von Begriffsdefinitionen im Wortschatz wird auch insofern durch das Experimentieren unterstützt, als dies im Kern die kognitive Auseinandersetzung mit „der Sache" und ihren wesentlichen Eigenschaften verfolgt. Es ist bekannt, dass das Maß der beim Lernen eines Begriffes verwendeten kognitiven Energie positiv korreliert mit der Güte der Verankerung seiner „Definition" (DELUCA 2010, S. 29).

Arbeitshypothese „Chemie-Kenntnisse": Es gibt einen deutlichen Kenntniszuwachs bei Themen, zu denen Kinder experimentiert haben. Sie können die Experimente erinnern, Materialien benennen und die Phänomene deuten.

Diese Hypothese sollte sicherstellen, dass das Ziel der Sprachförderung der Studie nicht zu einer Vernachlässigung der naturwissenschaftlichen Bildung führen würde. Deshalb wurden die Wissenszuwächse der Kinder mit den Ergebnissen ähnlicher Arbeiten verglichen. Dieser Nachweis ist im Wesentlichen gelungen: Auch mit dem gleichzeitig verfolgten Ziel, beim Experimentieren im Sachunterricht Sprachförderung zu betreiben, können Kinder naturwissenschaftliche Kenntnisse aufbauen.

Leitfragen zum Experimentieren als Sprachförderinstrument in der Grundschule

- Welche Themen und Experimente eignen sich für welche Zielsetzung im Sachunterricht?
- Welche Kriterien konstituieren ein „gutes Experiment" – auch für das Ziel der Sprachförderung?
- Welche didaktischen Herangehensweisen eignen sich für das Experimentieren im Unterricht als Instrument der Sprachförderung?
- Welche logistischen und organisatorischen Rahmenbedingungen sollten erfüllt sein, damit das Experimentieren im Sachunterricht gelingen kann?

Diese Leitfragen wurden anhand der systematisch ausgewerteten Erfahrungen während der Interventionen in den Schulen in Kap. 3 ausführlich beantwortet.

Es wurde dargestellt, welche didaktischen und organisatorischen Merkmale von Experimenten (Kap. 4.1.3) zu bedenken und welche prinzipiellen Ablaufschritte (Kap. 4.2.2) zu planen sind, damit das sprachfördernde Experimentieren gelingen kann. Hierbei wurde nicht nur die für den Experimentiererfolg wesentliche Rolle der Lehrkraft reflektiert (Kap. 4.2.4), sondern es wurden auch wichtige Fragen der Organisation und Logistik (Kap. 4.3) sowie der Gestaltung des Diskurses erörtert.

Es lässt sich zusammenfassend resümieren, dass die Durchführung bifokaler Experimentiereinheiten im Sachunterricht, die neben der naturwissenschaftlichen Grundbildung *auch* der Sprachförderung dienen sollen, mit einem vertretbaren Vorbereitungsaufwand auch im regulären Alltag der Primarstufe möglich ist.

4   Empirische Untersuchung

Das Ziel qualitativer Forschung ist neben wissenschaftlicher Erkenntnis auch, praxisrelevantes Wissen zu erzeugen (s. Kap. 2.1.1, S. 86 f.). So versucht diese Studie als nutzeninspirierte Grundlagenforschung (STOKES 1997), für das bifokale Experimentieren die *„Bedingungen transparent zu machen, die [...] eine davon abhängige Leistung und Funktion zu erklären glauben"* (BMBF 2007b, S. 4). Naturgemäß haben diese auf der Reflexion der Interventionen beruhenden Erkenntnisse eher beschreibenden Charakter.

4.1   Erprobte Themen und Experimente

4.1.1   *Kriterien für die Auswahl der Themen und Experimente*

Die Themen orientierten sich am Lehrplan des Landes Nordrhein-Westfalen. Er beschreibt zu jedem Fach „Fähigkeiten und Fertigkeiten", „Kenntnisse" sowie „Einstellungen und Haltungen". Für den Sachunterricht werden Fähigkeiten betont,

> „mit denen Zugänge zu [...] Fragestellungen gefunden werden" *und* „die mit den Verfahren eines wissenschaftsorientierten Lernens korrespondieren" (MINISTERIUM FÜR SCHULE, JUGEND UND KINDER NRW 2003, S. 55).

Als Beispiele nennt er das „Beobachten, Beschreiben, Bestimmen, Untersuchen, Auswerten, Dokumentieren von Phänomenen" und „Fragen stellen, Probleme erkennen, Vermutungen und Lösungsmöglichkeiten entwickeln und Argumentieren lernen" sowie „Planen, Ausführen und Durchführen von Experimenten". Diese Auswahl zeigt, dass viele Zielkompetenzen beim Experimentieren eingeübt und gefördert werden.

Im Bereich „Kenntnisse" gehört einer von 15 Punkten zur unbelebten Natur, vier gehören zur Biologie und zehn zu den anderen Sachunterrichtsperspektiven. Die explizit genannten zentralen chemischen Fragestellungen („Stoffe und ihre

Umwandlung", „Wärme, Licht, Feuer", ebd., S. 59) ermöglichen ein großes Spektrum an Experimenten.[119]

Damit Lehrende die Tauglichkeit von Experimenten überprüfen können, wurden Beurteilungskriterien entwickelt und in den Interventionen überarbeitet. Grundlage dieser Entwicklung waren die „Anforderungen an naturwissenschaftliches Experimentieren mit Kindern" nach LÜCK (2009d, S. 148),[120] die die Aspekte Sicherheit, Praktikabilität und Altersangemessenheit im Elementar- und Vorschulbereich abdecken (s. Tab. 26).

Ungefährliche Versuchsdurchführung	Preiswerte, leicht erhältliche Materialien
Zuverlässiges Gelingen	Einfache naturwissenschaftliche Deutung
Von Vorschulkindern selbst durchführbar	Alltagsbezug
Versuchsdauer 20–30 Min.	Möglichst systematischer Aufbau der Experimente

Tabelle 26: Anforderung an naturwissenschaftliches Experimentieren im Kindergarten (LÜCK 2009d, S. 148, leicht gekürzt)

Die Erweitung der Kriterienliste für die Auswahl von Experimenten beinhaltet die in Tabelle 27 aufgelisteten Kriterien, die kurz dargelegt werden:

Interesse-Potenzial des Themas und des Experimentes für Kinder
Möglichkeit der Versprachlichung von Phänomenen und Vermutungen
Didaktische Reduzierbarkeit der zugrundeliegenden Gesetzmäßigkeiten
Möglichkeit der Wiederholung und Variation durch die Kinder
Organisatorische Handhabbarkeit für die Lehrperson
Interesse der Lehrperson am Thema und Experiment

Tabelle 27: Didaktische Kriterien für die Auswahl von Themen und Experimenten

---

119 Wir verwenden den Begriff „Experiment", obwohl zum „Versuch" sowie „explorierenden Experimentieren" differenziert werden könnte (vgl. GRYGIER und HARTINGER 2009), weil er in Grundschulen geläufig und anschlussfähig ist.

120 Obwohl die Kriterien für den Elementarbereich formuliert wurden, sind sie in den Primarbereich übertragbar.

Interesse-Potenzial des Themas und der Experimente für die Kinder

Das Experimentieren kann eine positive Haltung gegenüber Naturwissenschaften stärken, wenn es das Interesse der Kinder zu erhalten vermag, ohne durch „Edutainment" motiviert zu sein. Experimente sind so auszuwählen, dass sie eine interessierte und intensive Beschäftigung ermöglichen.[121] DEWEY favorisiert, Kinder dabei an „Neues im Alten" heranzuführen (vgl. Anhang 3, Experiment 2), so *„daß sie [die Schüler] größere Fertigkeiten [...] im Umgang mit bereits bekannten Dingen bekommen"* (DEWEY 1974, S. 285). *„Es ist [...] wesentlich, daß die neuen Gegenstände und Ereignisse zu denen der früheren Erfahrung in Beziehung stehen"* (ebd.).

Lebensweltbezug allein *garantiert* kein Interesse. Die „Muckenfuß-Schere" beschreibt für Lernende der Klassen fünf bis zehn, dass mit zunehmendem Alter ihre Einsicht in die Bedeutung der Naturwissenschaften steigt, gleichzeitig ihr Interesse jedoch abnimmt (MUCKENFUß 1996). Deshalb wird in unserer Arbeit das Interesse-Potenzial als Kriterium[122] beschrieben, auch wenn es für jeden Versuch und die jeweilige Altersgruppe zu erproben ist.[123]

Möglichkeiten der Versprachlichung

Das Sprachhandeln entscheidet mit über das Gelingen des Experimentierens. Über die spontane Sprechmotivation hinaus sind für den sprachlichen Nutzen zwei Aspekte relevant: Erstens, ob die *Phänomene des Versuches so reichhaltig* sind, dass sie eine differenzierte Beschreibung herausfordern, und zweitens, ob die Kinder *selbst Vermutungen formulieren können*, deren Plausibilität *diskutiert* werden kann.[124]

---

121 Interesse kann durch die Intensität der Zuwendung beschrieben werden: *„Aus der Interesseforschung ist bekannt, dass ‚situationales Interesse' [...] als objektivierbarer Sachverhalt einer Situation [...] durch einen Zustand der intensivierten Zuwendung [...] auf einen Gegenstand beschrieben werden kann"* (DI FUCCIA und RALLE 2010, S. 298).

122 Dies beschränkt den Lebensweltbezug als *didaktisches Prinzip* nicht. Man würde Lernchancen zur nützlichen Rolle der Chemie in unserer technisierten Welt vergeben, wenn nicht offenbar würde, dass das „unbekannte Pulver" aus Windeln bekannt und zudem nützlich ist.

123 Entsprechend kommen in Qualifizierungsarbeiten des Arbeitskreises Chemiedidaktik nur Experimente zum Einsatz, die entweder an „Probekindern" getestet wurden oder sich bereits mit Kindern bewährt haben.

124 Manche Versuche eignen sich „sehr gut" für nur einen der beiden Bereiche. Zum Beispiel lädt das „Windelpulver" zu einer differenzierten Beschreibung der Veränderung des Pulvers ein – jedoch ist der chemische Mechanismus eher instruktiv zu vermitteln und zu plausibilisieren, als dass er von den Kindern vermutet werden könnte.

Didaktische Reduzierbarkeit der zugrunde liegenden Gesetzmäßigkeiten

Experimente sollten erlauben, dass die Experimentierenden ihre Vermutungen zu den zugrunde liegenden Ursachen diskutieren können. Für das Grundschulalter konnte RISCH zeigen, *„dass die Schüler eine Kombination favorisieren: Selbständiges Experimentieren bei gleichzeitiger Vermittlung des theoretischen Hintergrundes durch die Lehrkraft"* (RISCH 2006a, S. 188). Auch wenn im Vergleich zum Elementarbereich die „Warum"-Frage in den Hintergrund rückt, so sollten doch Erklärungen angeboten und diskutiert werden, die sich an die kindlichen Präkonzepte anschließen.[125]

Möglichkeit der Wiederholung und Variation durch die Kinder

Alle Versuche müssen von Kindern durchgeführt werden können, mit zuverlässig hervorzurufenden und wiederholbaren Phänomenen (zur Wiederholbarkeit vgl. Kap. 4.2.3).[126] Dass chemische und physikalische Experimente unabhängig von der Umwelt (Wetter, Jahreszeit etc.) zuverlässig gelingen, ist ein didaktischer Vorteil.

Organisatorische Handhabbarkeit für die Lehrperson

Die Herausforderungen an die Lehrenden beim Experimentieren werden separat reflektiert (s. Kap. 4.2.4). Zur Organisation der Experimente stellen sich zwei Fragen:
    Die erste betrifft die „Material-Aufmerksamkeit", die ein Experiment benötigt: Je mehr Dinge ausgeteilt werden müssen und je heikler diese sind (z. B. Farben, Kerzen), desto mehr wird die Aufmerksamkeit der Lehrenden auf das Material gelenkt.[127] Dies sollte durch Vorüberlegungen minimiert werden.
    Die zweite Frage betrifft die Handhabung des Versuches durch die Kinder. Können sie *alle* Schritte selbstständig durchführen oder sollte etwas zu zweit getan werden? Ist Hilfe durch die Lehrperson nötig? Überschätzt man Fingerfertigkeiten der Kinder, können unvorgesehene Probleme den Ablauf beeinträchtigen.

---

125 Dies ist kein neues Kriterium. Es wird dennoch erwähnt, weil in der Laien-Literatur häufig „Experimentieren" mit „Zauberei" konnotiert wird, wir aber *genau dies vermeiden* möchten. Experimentieren dient der freudvollen Erweiterung des kindlichen Weltverständnisses, nicht dem Edutainment durch nicht verstehbare Knalleffekte.

126 Dies schließt z. B. Versuche mit Spülmittel zur Oberflächenspannung aus, da der Reinigungsaufwand hoch ist.

127 Aus diesem Grund schließen wir z. B. das Experimentieren mit größeren „Flammen" oder „Wasser" aus, da Klassenräume dafür nicht ausgelegt sind.

Interesse der Lehrperson am Thema und Experiment

TURNER, IRESON und TWIDLE (2010) fragen, was Lehrende tun können, um das Interesse von Lernenden lebendig zu halten: *„Enthusiasm, relevance und creativity: could these teaching qualities stop us from alienating pupils from science?"* Die Interesse-Forschung unterscheidet das „aktualisierte Interesse", das im Menschen angelegt ist und durch „Aktivierungsenergie" zutage tritt, und das zunächst auf eine als interessant empfundene Situation begrenzte Interesse (vgl. SCHIEFELE 2009). Bearbeiten Lehrende Themen, die sie selbst interessieren, so führt dies zu authentisch interessierten Interaktionen mit den Kindern. Aus einer situativen Begeisterung kann dauerhaftes Interesse entstehen: *„Allerdings kann situationales Interesse durchaus am Anfang einer längerfristigen Entwicklung stehen, aus der nachhaltige individuelle Interessen hervorgehen können"* (vgl. DI FUCCIA und RALLE 2010, S. 298). Diese Entwicklung ist bei Kindern und Erwachsenen möglich.[128]

4.1.2 Übersicht über die bearbeiteten Themen und Experimente

Die folgenden Übersichten zeigen die für die Studie ausgewählten und durchgeführten Experimente für die Schule 1 (s. Tab. 28) sowie die Schule 2 (s. Tab. 29).

Eine Beschreibung der erprobten und für gut befundenen Experimente findet sich im Anhang (s. Anhang 2.2). Sie wurden für Grundschullehrende ausgearbeitet und enthalten neben allen Materialien sowie den naturwissenschaftlichen Hintergründen auch didaktische Anknüpfungen an Lebensweltbezüge.

---

128 Dies wird auch für Erzieher/innen im Bereich Naturwissenschaften beschrieben: In einem zweijährigen Fortbildungsprojekt wurden diese intensiv im Experimentieren mit Kindergartenkindern ausgebildet. Nach Abschluss des Projektes berichteten sie, wie sich ihr Bild von den Naturwissenschaften und ihr Interesse verändert habe; zudem waren deutliche Zuwächse an naturwissenschaftlichen Kenntnissen vorhanden (GOTTWALD 2009).

St. Nr.	Einzel-/ Doppelst.	Naturwissen- schaftliches Thema	Experiment	Arbeitsformen
1	Einzel	Feuer, Luft und Gase	Streichhölzer anzünden Kerze unter Glas löschen	Lehrer-Experiment (Demo), Schüler-Experiment
2	„	„	Kerze unter Glas löschen, Gläser versch. Größe	Nacherzählung, dabei Lehrer-Demo
3	„	„	2 Kerzen unter Glas löschen CO_2-Feuerlöscher[129]	2 Kerzen unter Glas (Wdh.) CO_2-Feuerl. (Schüler-Exp.)
4	„	„	./.	Arbeitsblätter zu Stunden 1–3
5 6	Doppel	Kerze/fest und flüssig (Wachs), Gas-Entstehung	Kerze beim Brennen beobachten, Ballon mit CO_2 aufblasen	Schüler-Exp., Arbeitsblatt (Dokumentation), Schüler-Exp.
7 8	„	Eigenschaften von Luft: Komprimierbarkeit, Luftwiderstand	Ballon in der Fl. aufblasen „Was fällt schneller?"	Hypoth.-Samml. (Tafel), Schüler-Exp., Lehrer-/S.-Exp., Arbeitsblatt
9 10	„	Aggregatzustände	Was passiert beim Schmelzen von Eis?	Schüler-Exp., Arbeitsblatt; (Dokumentation)
11 12	„	Verfahren zur Identifi- kation von Stoffen	Bäcker Kringelmann (Zucker/Backp. testen)	Lehrer-Schüler-Gespräch „Backen", Schüler-Exp.
13	Einzel	Gleiches mischt sich mit Gleichem; Tenside	„Der Weg der Tinte"	Lehrer-Demo-Exp., Schüler- Exp.
14	„	„	„	Lehrer-Exp. (Wdh.), Arbeitsbl.
15 16	Doppel	Löslichkeit, Kapillarwirkung	Superabsorber Chromatografie	Schüler-Exp., eigene Sätze zum Superabs.; Schüler-Exp.

Tabelle 28: Themen und Experimente der Experimentiereinheiten in Schule 1

Die nachstehenden Erkenntnisse wurden in Schule 1 gewonnen und bereits in Schule 2 umgesetzt. Zentrale Aspekte werden an anderer Stelle vertieft (s. Quer- verweise).

- Durchführen des Experimentierens mit einer beständigen Grundstruktur hilft den Kindern, sich an den Schritten des erkenntnisleitenden Vorgehens zu orientieren.
- Experimentieren und Besprechen müssen zeitlich und räumlich getrennt werden, durch Wegräumen der Materialien oder Ortwechsel im Raum (vgl. Kap. 4.1.4).

---

129 Kohlenstoffdioxid

- Es hilft der Lehrperson beim Experimentieren, wenn sie sich die didaktische Reduktion sowie einfache, altersangemessene Erklärungen vorab überlegt hat und auch, welches Vokabular Verwendung finden könnte (s. Kap. 4.3.2).
- Kleinere Einheiten planen (besser als längere Sequenzen) und Versuche, die
  - Staunen auslösen und ruhige Beobachtungszeit zulassen,
  - wiederholbar sind oder mit Spannung (z. B. Superabsorber) lange dauern.
- Interdisziplinäre Verknüpfungen mit Deutsch oder Malen sind hilfreich.
- Anlässe schaffen für das wiederholende außerschulische Experimentieren: Hausaufgaben, Spiele, Dinge zum „Den-Eltern-Zeigen" (s. Kap. 4.3.1).

In Schule 2 wurden folgende Experimentiereinheiten durchgeführt:

St. Nr.	Einzel-/ Doppelst.	Naturwissen- schaftliches Thema	Experiment	Arbeitsformen
./.	Doppel	Löslichkeit in warmem/ kaltem Wasser	Zucker in kaltem/warmem Wasser lösen	Lehrer-/Schüler-Gespräch, Schüler-Experiment
1 2	„	Löslichkeit, Kapillarwirkung	Chromatografie	Schüler-Experiment, Dokumentation
3 4	„	Saugfähigkeit	Unbekanntes Pulver (Windelpulver)	Schüler-Experiment, Dokumentation
5 6	„	Kerzen brauchen Luft zum Brennen	Kerze unter Glas löschen (eine/zwei Kerzen)	Schüler-Exp., Bilder ausschneiden/aufkleben (Dok.)
7 8	„	Luft und Gase, Gasentstehung bei Reakt.	CO_2-Feuerlöscher Ballon mit CO_2 aufblasen	Nacherzählen, Schüler-Exp., Arbeitsblatt (Dok.)
9 10	„	Gasentst. mit Backp. und Essig oder Hefe	„Chemie des Backens" + Brausetabletten-Kanone	Schüler-Exp. (Backp.+Essig, Hefe), Brause-Kanone, Dok.
11 12	„	Verfahren zur Identifikation von Stoffen	Bäcker Kringelmann (Zucker/Backp. testen)	Schüler-Exp., Arbeitsblatt (Dokumentation)
13 14	„	Gleiches mischt sich mit Gleichem; Tenside	„Der Weg der Tinte"	Lehrer-Schüler-Gespr. + Demo (Spülen), Schüler-Exp.
15 16	„	Druck und Gegendruck, Luftwiderstand	Luftballon in d. Fl. aufblasen, „Was fällt schneller?"	Schüler-Exp., Dokumen., Schüler-Exp.

Tabelle 29: Themen und Experimente der Experimentiereinheiten in Schule 2

4.1.3   Didaktische und organisatorische Merkmale von Experimenten

Zur Evaluierung der durchgeführten Experimente wurden didaktische und organisatorische Merkmale von Experimenten beschrieben, die sie charakterisieren. Der traditionelle didaktische Blick auf das Experiment fragt, welche Gesetzmäßigkeiten es veranschaulicht.[130] In dieser Studie wird der Blick um die Frage erweitert, welche Charakteristika die Wirkung der Experimente entfalten lassen. Neben der „sinnlichen Wirkung" (vgl. Kap. 4.1.4) charakterisieren die Art der Handlungsorientierung und die Zuverlässigkeit des Auftretens seiner Phänomene ein Experiment. Während „Kerze löschen unter Glas" immer gelingt, sind Materialauswahl und Schrittfolge beim „Kohlenstoffdioxid-Feuerlöscher" zu planen und zu überwachen.

Mit der zu erwartenden Wirkung von Versuchen können Lehrende typische Reaktionen der Kinder vordenken und ihre eigenen Impulse vorab besser planen (s. Tab. 30).

Die hohen Bewertungen für das Überraschungspotenzial der Kerzenversuche basieren auf unseren Erfahrungen: Obwohl Kinder wissen, dass die Kerzen erlöschen, hat es sie dennoch fasziniert, dies selbst durchzuführen.

Die Zuverlässigkeit der Phänomene wurde von LÜCK als Grundanforderung an Experimente beschrieben (LÜCK 2000; vgl. S. 156). Der „Feuerlöscher" wurde von uns als „gut mit Einschränkungen" bewertet, weil es von der Passgenauigkeit des Materials (Öffnung der Flasche), der Geschicklichkeit der Kinder und der Klarheit der Anleitung abhängt, ob der Versuch gelingt.[131]

> „Also pendele ich zwischen den Tischen, erkläre [...] ... frage, ob das Löschen der Kerze mit dem Gas [...] gelungen ist ... das ist nicht selbstredend. Ein paar Tische lassen erst das Backpulver in den Essig rieseln und fangen dann an zu diskutieren, wer die Kerze anzünden darf ... obwohl dies nun zweimal in Ruhe vorgemacht und diskutiert wurde, und erklärt wurde, welche Reihenfolge sinnvoll ist" (Protokoll vom 3.11.09, Schule 1).

Kontemplative Momente sind wichtig auf dem Weg von der Sinnesorientierung zur kognitiven Auseinandersetzung (vgl. Kap. 4.1.4). Insofern ist das Kontemplationspotenzial ein wichtiges Kriterium für die Beurteilung der Tauglichkeit

---

130 Neben der entsprechenden Rubrik enthalten die Beschreibungen der Experimente (vgl. Anhang 2, S. 212), welche „Fertigkeiten und Fähigkeiten" sowie „Kenntnisse" die Kinder hier erlernen und einüben können (Kap. 4.1.3).

131 So muss das Schälchen für das Teelicht hoch genug sein, damit das sich sammelnde Kohlenstoffdioxid die Kerzenflamme ersticken kann. Im Raum darf kein Durchzug sein, weil das Gas sonst weggeweht wird. Darüber hinaus müssen die Kinder eine Abfolge einhalten: *Erst* die Kerze anzünden, *dann* die Reaktion auslösen – sonst entweicht das Gas, bevor die Kerze brennt. Ebenfalls muss das zu kippende Glas schräg *neben* die Kerze gehalten werden.

von Experimenten. Hier wurden Experimente als „schwach" klassifiziert, die rasch und zielgerichtet vonstattengehen. Zwar waren die Essig/Backpulver-Experimente für die Kinder interessant, doch laden sie nicht im gleichen Maß zur kontemplativen Betrachtung ein wie die Kerzenbeobachtung, der Superabsorber oder die Tintenreise mit ihren ästhetischen Qualitäten. Dieses Kriterium ist kein Ausschlusskriterium – ebensowenig wie die anderen –, doch es ist vorab bei der Auswahl der Experimente und ihrer didaktisch erwünschten Wirkung zu berücksichtigen.

Didaktische und organisatorische Merkmale / **Ausprägung** ++: sehr gut +: gut +/–: gut mit Einschränkungen –: weniger gut **Experiment**	Wiederholbarkeit	Zuverlässigkeit des Phänomens	Handlungsorientierung	Überraschungspotenzial („Staunen")	Potenzial für Kontemplation	Formulierung von Hypothesen durch die Kinder	Eignung zur Einzel-/Partnerarbeit
Kerze unter Glas löschen	++	++	++	++	+	++	E
Kerze beim Brennen beobachten	++	++	+/–	++	++	++	E
Kerzen-Feuerlöscher/Kerzen-Treppe	+	+/–	++	++	+	++	E/P
Ballon in der Flasche aufblasen	++	+	++	+	+/–	++	E
Luftballon mit CO_2 aufblasen	+	++	++	++	+/–	++	P
Chemie des Backens	+/–	+	++	++	+/–	++	P
Bäcker Kringelmann	+	++	+	+	+/–	+	P
Unbekanntes Pulver (Windelpulver)	++	++	++	++	++	–	E
Chromatografie/Malermeister Tüdelmann	++	++	++	++	+	+/–	E
Der Weg der Tinte (mit Chemie beim Spülen)	+/–	++	+/–	++	++	+	E/P

Tabelle 30: Didaktische und organisatorische Faktoren von Experimenten

4.1.4 Exkurs: Knalleffekt oder Konzentration? Experimentieren zwischen Sinnesorientierung und Kontemplation

Experimentieren kann alle Sinne des Menschen ansprechen. Experimente können Staunen hervorrufen als Ausdruck der Wahrnehmung von Außergewöhnlichem, eines ästhetisch besonders beeindruckenden Phänomens oder etwas, das außerhalb des bislang Erlebten und zu Erwartenden liegt. Wie aber lassen sich sinnliche Anregungen zum Aufbau von naturwissenschaftlichen (und sprachlichen) Kompetenzen nutzen? Die Schritte des Experimentierens führen von z. T. vielfältigen Sinneseindrücken über fokussiertes, kontemplatives Wahrnehmen zur kognitiven Auseinandersetzung mit einer Sache (vgl. Kap. 4.2.1 f.). Die beiden letzten Arten der Auseinandersetzung kennzeichnen das Experimentieren in besonderer Weise.

Das „Lernen mit allen Sinnen" wird für Vor- und Grundschulen häufig gefordert. Es wird dabei fälschlicherweise gleichgesetzt mit einer Ganzheitlichkeit des Lernens, die Lerninhalte aus vielfältiger Perspektive bearbeitet (vgl. FREEß 2002, S. 55). Doch wird „mit allen Sinnen" nicht zwangsläufig *das Wesen* einer Sache erfahren.

> „Sinnliches Erleben entfacht die Lust am Hören, Sehen, Riechen, Schmecken, Fühlen ... und lenkt damit eher auf das eigene Körpererleben als auf den anzueignenden Gegenstand. [...] Am Tosen eines Wasserfalls interessiert das Tosen als sinnlicher Reiz, nicht aber der Sinn, der hinter dieser Erscheinung steht" (FREEß 2002, S. 55, Unterstreichung GOTTWALD).

Die in dieser Studie als „weniger geeignet" klassifizierten Experimente (vgl. Anhang 4, S. 240) wurden z. T. so beurteilt, weil ihre Sinnlichkeit so dominant und „laut" ist, dass sie die Konzentration auf eine auch kognitive Verarbeitung verhindert.[132]

Allein mit dem Sehsinn können wir Ausschnitt, Perspektive und Distanz zum Objekt *selbst* bestimmen.[133] Indem wir *uns* ein Bild machen, beginnen wir, Gesehenes kognitiv zu konzeptualisieren. Der kontemplativen Betrachtung kommt entgegen, dass sich viele Alltagsphänomene wie das Anzünden einer Kerze oder das Auflösen eines Zuckerwürfels als spannend und zugleich ästhetisch ansprechend erweisen (vgl. LÜCK 2009d, S. 121 ff.).[134] Die positiven Affekte, die mit dem konzentrierten Experimentieren einhergehen können, beschreibt CSIKSZENT-

---

132 Trotzdem sind reichhaltige sinnliche Primärerfahrungen wichtig. Bei sozial benachteiligten Kindern können diese z. T. im schulischen Kontext „nachgeholt" werden. In unserer Studie zeigte sich, dass viele Kinder noch nie gespült hatten, noch keinen Trichter gesehen. Dies stellt die Lehrperson vor das Dilemma, sinnliches Ersterleben der Dinge abwägen zu müssen gegen einen „dosierten" Umgang mit ihnen, um über sie reflektieren zu können.

133 Gehör, Tast- und Geruchssinn liefern undosierbare, unmittelbare Sinneseindrücke: Missfällt ein Geruch oder Gehörtes, müssen die Hände gebraucht werden, um Nase oder Ohren zu verschließen.

134 Es scheint, dass neben optischen Effekten auch *Regelmäßigkeiten* ästhetisch wirken. Das Abbröseln der Kristalle beim Lösen von Würfelzucker in Wasser zeigt die *Regelmäßigkeit*, mit der die jeweils am stärksten umspülten Kristalle herunterrutschen. In Wasser gerührtes Öl zeigt eine der Rührgeschwindigkeit entsprechende Verteilung an Ölkugeln, die sich im Stillstand wieder vereinen. Die in Glycerin schwebenden, von einem Magneten angezogenen Eisenspäne bewegen sich mathematisch präzise und langsam auf diesen zu und offenbaren einen „Blick auf die Gesetzmäßigkeit" des Experimentes.

MIHALYI (1975) mit dem Begriff „Flow-Erlebnis": Nicht nur Kinder vergessen Raum und Zeit, sind zum Experiment hingezogen und für Augenblicke „eins mit der Welt". So können sich Kinder dem *Wesen der Sache* nähern: *„Die anschaulich wesentliche Qualität vermittelt den Zugang zum Wesen"* (FREEß 2002, S. 56). WAGENSCHEIN sieht als Voraussetzung zum Nachdenken die Verbindung der *„gesammelten Anschauung des Ganzen"* mit positiven Affekten:

> „[...] Dass der Weg zu jener wohlverstandenen ‚scharfen Beobachtung' und zum scharfen Nachdenken nur zu erreichen ist, wenn man ausgehen kann von einem nahezu leidenschaftlichen Ergriffensein und einem ruhigen, schweigenden und gesammelten Anschauen des Ganzen" (WAGENSCHEIN 1995, S. 180).

Folgende Schlüsse lassen sich aus dieser Schrittfolge von der Sinneserfahrung über die kontemplative Beobachtung hin zur kognitiven Auseinandersetzung für die Didaktik des Experimentierens und des Sachunterrichts ziehen:

Sinnliche Primärerfahrungen ermöglichen: Fehlen Kindern Primärerfahrungen, so sollte die Lehrperson vorab in anderen Kontexten Gelegenheiten ermöglichen: *„Sinnliches Erleben schafft Beziehungen zu den Dingen und ist deshalb unverzichtbar"* (WELSCH 1996, S. 112). Mit Messbecher und Trichter können Kinder beim Backen hantieren, sich mit Wasser im Schwimmunterricht „austoben".

Experimentieren und Diskutieren räumlich trennen: Handelndes Experimentieren und Diskurs wechseln sich ab (vgl. Kap. 4.2.2). Die kognitive Bearbeitung der Phänomene im Diskurs benötigt die volle Konzentration der Kinder ohne Ablenkung durch Materialien. Dies verlangt einen Ortswechsel im Raum, da der Aufforderungscharakter der Experimentiermaterialien die Kinder stark ablenkt.[135] In Schule 2 erlaubte der Klassenraum keinen Stuhlkreis, sodass sich alle Kinder nach der ersten Experimentierphase zum Tafelkreis versammelt haben (s. Foto in Kap. 4.2.2, Abb. 23).

In der ersten Schule gab es keine Möglichkeit, einen solchen Sitzkreis einzurichten. Die entstehenden Nachteile werden im Erlebnisprotokoll deutlich:

> „Es ist nicht einfach, sie zum Besprechen zu bewegen, [...] sie weg vom Experimentiertisch [...] zu bekommen. Es stehen nur zwei Becher mit [...] Lösungen vor ihnen, aber selbst von diesen können sie kaum die Finger lassen. Also deutlich ansagen. [...] – die Ansage tut mir fast weh, weil viele Kinder noch am Beobachten sind. Sie schwenken die Becher z. T. ganz konzentriert und vorsichtig, z. T. fangen sie aber auch schon an, dem eher kindlichen Spieltrieb [...] nachzugeben" (Protokoll vom 03.12.09, Schule 1).

---

135 Nur wenn kein Stuhl- oder Tafelkreis möglich ist, sollte die Lehrperson durch deutliche Anweisung die Materialien in die „stille Ecke" des Tisches verbannen. Da sie bei dieser Variante praktisch verbieten muss, dass die Kinder die Materialien weiter anfassen, und dies als rigides (aber nötiges) Verbot unschöne Emotionen weckt, ist der Ortswechsel-Variante auf jeden Fall den Vorzug zu geben.

Werden diese Schlüsse nicht berücksichtigt, so arbeitet die Lehrperson gegen die Motivation der Kinder, mit wenig Chance auf ein fruchtbares Gespräch. Für eine *gemeinsame Interaktion* muss sich die Aufmerksamkeit auf den Sprechenden richten.

> „Es wird trubelig, als einige […] vom Ruß an der Unterseite des Löffels begeistert sind. Sie zeigen dies ihren Nachbarn und sind ziemlich aus dem Häuschen […]. Ich versuche […], mir Gehör zu verschaffen, […], lasse aber davon ab, als ich sehe, dass die Begeisterung der Kinder, mit ihren Händen zu experimentieren, noch weitaus stärker ist. […] Entsprechend […] schaue ich dem Geschehen zu … […] nur mit dem Löschen der Kerze und Ausgießen des Wassers wirklich weitermachen kann. Das hilft sofort … klasse" (Protokoll vom 26.11.09, Schule 1).

Auch andere Maßnahmen unterstützen den Fokus der Kinder. Zwar beschreibt LÜCK, dass sich Kindergartenkinder bei einem spannenden Experiment wenig von einer unstrukturierten Umgebung ablenken lassen (LÜCK 2009d, S. 123): *„Die Ästhetik des Experiments selbst ist so faszinierend, dass die Umgebung keine große Rolle mehr spielt."* Trotzdem sollte gerade zu Beginn die Konzentration nicht durch Unordnung gefährdet werden, da die Spannung erst aufgebaut wird. Darüber hinaus gehört Sorgfalt im Umgang mit Materialien sowie eine gewisse „Werkstattethik" zu den beim Experimentieren erlernbaren Sekundärtugenden.

Die von LÜCK verwendeten Unterlagen (Platz-Sets) sollen sich *„farblich deutlich vom Experimentiertisch unterscheiden"* (LÜCK 2009d, S. 155) und bilden so einen optischen Rahmen für das Experiment (s. Abb. 22, Raumaufbau, sowie in Anhang 3 Abb. 24, Tafelbild, und Abb. 26, Foto „Weg der Tinte"). Hier ist jeweils zu überlegen, *ob* die Unterlage nutzt oder gar stört. Werden Unterlagen verwendet, ist eine Kontrastfarbe zum geplanten Phänomen zu wählen (helle für den „Weg des Tintentropfens", dunkle beim „Superabsorber", vgl. Abb. 26).

4.1.5   Nach Erprobung für geeignet befundene Experimente

Nach der Erprobung stellten sich die folgenden Experimente als gut geeignet dar. Die Übersicht zeigt, welche Kompetenzen die Kinder im Rahmen des jeweiligen Experimentes einüben können, und ob sich Einzel- oder Partnerarbeit empfiehlt.

Experiment	Fertigkeiten und Fähigkeiten	Kenntnisse	Einzel-/ Partner- arbeit
Kerze unter Glas löschen	Umgang mit Feuer; Flammenfarbe und -größe, Wasserdampf-Niederschlag, Ruß, Rauch, Dampf	Sicherheitsmaßnahmen Löschmethode (Sand, Wasser, Ersticken); Luft-Konzept (verschiedene Gase), vor allem O_2 und CO_2	E
Kerze beim Brennen beobachten	Sorgfältiges Beobachten mehrerer Ebenen (Docht, Flamme, Wachs)	Wachs schmilzt durch Erwärmung, kann wieder erstarren (Wechsel Aggregatzustand); Wachs ist das, was bei einer Kerze am Docht brennt	E
Kerzen-Feuerlöscher/ Kerzen-Treppe	Team-Arbeit einüben Abfolge von Experimentierschritten beachten	Gasentstehung durch Reaktion von Feststoff mit Flüssigkeit; Gase haben Gewicht; O_2 zum Brennen nötig, CO_2 entsteht; CO_2 schwerer als Luft,	E/P
Ballon in der Flasche aufblasen	Experiment beobachten unter körperlicher Aktivität (Blasen)	Bewegung gegen Widerstand (Druck/Gegendruck); Luft komprimierbar; Vermutungen überprüfen	E
Luftballon mit CO_2 aufblasen	Team-Arbeit; Abfolge von Experimentierschritten beachten; Einfüllen von Pulver/Trichter	Gas kann aus Pulver (Backpulver) und Flüssigkeit (Essig) entstehen; Gase haben Gewicht; O_2 zum Brennen nötig, CO_2 entsteht	P
Chemie des Backens	Team-Arbeit einüben Vergleich schnelle/langsame Reaktion; Dokumentieren	CO_2 entsteht sowohl bei der Reaktion von Backulver. mit Essig als auch durch Hefe	P
Bäcker Kringelmann	Anwenden bereits bekannter Stoffeigenschaften; Dokumentieren	Backpulver reagiert mit Wasser unter Gasbildung, Wasser nicht	P
Unbekanntes Pulver (Windelpulver)	Ausdauernd beobachten; reichhaltige Beschreibung möglich; Pipettieren lernen	Vergleich mit / Referenz zu anderen Materialien	E
Chromatografie/ Maler Tüdelmann	Komplexe Anleitung umsetzen; Dokumentation überlegen	Abstrakte Kenntnisse: Teilchen verschieden groß und beweglich	E
Der Weg der Tinte (mit Chemie des Spülens)	Genaues Beobachten; ästhetische Beobachtung der sinkenden Tinte	Modellhafte Kenntnisse zu Öl/Wasser (Form, Eigenschaften Teilchen); Spülmittel = Verbindung Öl/Wasser	E/P

Tabelle 31: Zu erwerbende Fähigkeiten und Fertigkeiten und Kenntnisse

Neben den wissenschaftlichen Kompetenzen und der Deutung der Naturphänomene ist auch der zu erwerbende oder vertiefende Wortschatz von Interesse. Dieser
wird an anderer Stelle beispielhaft für einige Experimente aufgeführt (s. Kap. 4.3.2).

4.2   Sprachförderndes Experimentieren planen und durchführen

Während der Intervention haben sich didaktische und organisatorische Fragen
herauskristallisiert, die über das Gelingen der Experimentiereinheiten mit entscheiden.

Da *„die meisten Schulen und Länder nicht definiert haben, was sie unter
gutem Unterricht verstehen"*, schlägt DANIELSON für den Diskurs zur Unterrichtsqualität die Gliederung des Unterrichtens in 22 Tätigkeiten vor (DANIELSON 2008,
S. 50 f.). Aus diesen wurden beispielhaft einige ausgewählt, die beim Experimentieren bedeutsam sind (s. Tab. 32).

	Bereich	Tätigkeiten (Beispiele)
1	Planung und Vorbereitung	Einplanen fächerübergreifender Themen Festlegung von Lehrzielen
2	Lernumgebung und Classroom Management	Etablieren einer Lernkultur Regelung von Schülerverhalten Schaffen einer Umgebung des Respekts und des Miteinanders
3	Methoden und Kommunikation	Kommunikation mit den Schülern Einsatz von Frage- und Diskussionstechniken Beteiligung von Schülern am Lernen
4	Pädagogische Kompetenzen	Reflexion des Unterrichts Kommunizieren mit den Familien Fachkompetenz zeigen

Tabelle 32: Tätigkeiten im Kontext von Unterricht
              (nach DANIELSON 2008, ausgewählte Bsp.)

Von den Überlegungen zum Verhältnis von Experiment und Diskurs (Kap. 4.2.1)
und den Schritten beim Experimentieren (Kap. 4.2.2), der Rolle von Wiederholungen (Kap. 4.2.3) sowie der Lehrkraft (Kap. 4.2.4 werden planerische Fragen
wie die der Organisation und Logistik (Kap. 4.3) und der Planung der Sprechanlässe beim Experimentieren (Kap. 4.3) unterschieden.

4.2.1 „Physik entsteht im Gespräch": Experiment und Diskurs

Häufig wird dem Experiment eine erklärende Wirkung zugesprochen – fälschlicherweise. Das Staunen als Reaktion zeigt das Gegenteil, dass nämlich das Erlebte aus dem Rahmen des bisher Erlebten fällt: *Gerade weil* Magnete die Schwerkraft (scheinbar) außer Kraft setzen, haben sie eine so erstaunliche Wirkung auf uns – weil das Schweben von Büroklammern o. Ä. außerhalb unserer Erfahrung liegt.[136]

Das HEISENBERG zugeschriebene Diktum „Physik entsteht im Gespräch" pointiert die Bedeutung des verbalen Austauschs: Im Diskurs werden Sinneseindrücke und Erfahrungen über die Formulierung von Vermutungen in konzeptualisierte Deutungen mit argumentativer Tragkraft überführt. Dies steht im Gegensatz zu dem Mythos, wissenschaftliches Arbeiten sei eine einsame Angelegenheit.

Selbst EINSTEIN schrieb,[137] dass man *„die kooperative Anstrengung bezüglich des Endresultates berücksichtigen müsse"* (BAUERSFELD 2002, S. 11 f.). Für die Entstehung der Relativitätstheorie ist belegt, dass sie entscheidend vom Diskurs mit anderen abhing (ebd.). *„Die übliche Zuschreibung des Endproduktes an ‚große' Einzelne vernachlässigt gänzlich die zahllosen wechselseitigen Lernprozesse [...] in der Kommunikation mit anderen Zeitgenossen [...]"* (ebd., S. 11 f.).

In der Grundschule werden **Arbeitstechniken und -haltungen** grundgelegt, in dem von PIAGET und INHELDER (1975) „zweite Kindheit" genannten Alter zwischen sieben und zwölf Jahren.[138] Die Entwicklung der konkret-operativen zur formal-operationalen Phase erlaubt das bedeutsame Erkennen von Regelmäßigkeiten.

Vom Diskurs beim Experimentieren profitieren Lernende und Lehrende, doch müssten deren Gesprächsführungskompetenzen besser geschult werden. STÄUDEL, FRANKE-BRAUN und PARCHMAN bewerten sie mit dem Urteil einer *„unterentwickelten Kommunikationskultur"* (STÄUDEL, FRANKE-BRAUN und PARCHMAN 2008, S. 5) und *„in zweifacher Weise defizitär, einmal was den Austausch zwischen Lehrkraft und Lernenden angeht, zum anderen [...] zwischen den Schülerinnen*

---

136 Das Postulieren einer selbsterklärenden Kraft des Experiments blendet zudem die intellektuelle, kreative Leistung der Forschenden aus, die modellhafte Erklärungen entwickeln. Bereits SIR FRANCIS BACON bemängelt dieses Perspektive: *„Those who [...] just glanced upon things, examples and experiments; immediately, as if invention was but a kind of contemplation, raised up their own spirits to deliver oracles: whereas our method is continually to dwell among things soberly [...] or setting the understanding further [...]"* (BACON 1605, S. 17).

137 EINSTEIN korrespondierte z. B. mit dem Mathematiker HILBERT, da seine eigenen mathematischen Kenntnisse nicht für die Formulierung der Feldgleichungen ausreichten (vgl. BAUERS-FELD 2002, S. 13).

138 Während jüngere Kinder auf der Ebene der sensomotorischen Intelligenz elementare materielle Konzepte verstehen (Invarianz fester *Gegenstände*), bauen sie differenzierte Konzepte erst zwischen sieben und zwölf Jahren auf („Invarianz der Substanz, des Gewichts und des Volumens"; ebd., S. 39 f.).

und Schülern selbst [...]" (ebd.). MEHAN beschreibt die typische Gesprächssequenz („turn taking") als Dreischritt, der mit der Initiation der Lehrperson beginnt, eine Antwort eines Schülers enthält und durch eine Bewertung abgeschlossen wird (MEHAN 1985, S. 121), sodass Lernende beständig kleinschrittig bewertet werden. Eine konstruktive Gesprächskultur ist aus **gruppendynamischen** und **lernpsychologischen Gründen** wichtig. Die *gemeinsame* Fragestellung bildet den Referenzpunkt beim Vergleich von Beobachtungen; so entsteht ein gemeinsamer Blick und ein gemeinsames Interesse. Dies ist aus aufmerksamkeitspsychologischer Sicht bedeutsam.[139] weil so von anderen Kindern gelernt werden kann. Dieser diskursive Ansatz kann Lernenden einen sozialen Zugang zu Naturwissenschaften bieten. Entwicklungsprojekte testen narrative Materialien, die einen solchen Zugang zu Naturwissenschaften ermöglichen sollen (vgl. KASPER, MIKELKIS und STARAUSCHEK 2005 a,b).

Lehrende profitieren vom Diskurs, da er die **kindlichen Präkonzepte** zeigt. Die Kinder können dort Ideen hinterfragen: *„Of course practical activities have a place but they will not in themselves move learners forward to face the challenge of concept [...] reformation"* (KIBBLE 2008, S. 83). Wird das Vorgehen thematisiert, kann allen bewusst werden, wie sie beim Experimentieren lernen und wie sie dies auf andere Lernbereiche übertragen können:

> „Für erfolgreiches Lernen ist es weiterhin bedeutsam, dass Problemlöseprozesse in Worte gefasst und dann reflektiert werden, um das Gelernte vom Kontext, in dem es gelernt wurde, zu lösen und damit eine gewisse Anwendungskompetenz zu erreichen (Dekontextualisierung)" (DI FUCCIA und RALLE 2010, S. 298).

POMMERIN-GÖTZE, SCHMITT-SODY und KOMETZ beschreiben die Bedeutung der Verzahnung von fachlichem und sprachlichem Lernen:

> „Der sinnvolle Wechsel zwischen Handlungsorientierung und experimentellem Lernen, einerseits, und ausgiebiger Phasen der Reflexion [...] andererseits, sowie das Experimentieren und Innehalten und Nachdenken über neue Erfahrungen führten bei den Kindern zu wichtigen neuen Erkenntnissen im Bereich Chemie und Sprache" (POMMERIN-GÖTZE, SCHMITT-SODY und KOMETZ 2011, S. 37).

Es wird sichtbar, wie wichtig die Verzahnung von Experimentieren und Diskurs ist.

---

139 Die Bedeutung gemeinsamer Lernerlebnisse für Kinder mit ADHS (Aufmerksamkeits-Defizits-Hyperaktivitäts-Syndrom) beschreibt HÜTHER: *„Ihnen fehlt die Erfahrung, sich mit anderen in einem gemeinsamen Gegenstand des Interesses finden zu können und sich auf diese Weise mit einem anderen verbunden zu fühlen. Diese Fähigkeit zur shared attention ist nicht angeboren, sondern ein Kind muss sie als wichtige Sozialisationserfahrung erst in seinem Frontalhirn verankern"* (zitiert in TENZER 2010, S. 12 f.)

4.2.2   Experimentierschritte und Sprechanlässe

Das Experimentieren mit Kindern lässt sich auf viele Arten durchführen. Es wird anhand der Sichtstruktur in sieben Schritten beschrieben.[140]

Die Verzahnung von Experimentieren und Sprechen wird als Strukturkonstante angesehen, denn nur *„bei gelingender Kommunikation konstruieren A und B in ihren Köpfen [...] ähnliches"* (LEISEN 1999). Dabei ist das Ziel weder ein offenes Experimentieren noch bloßes Nach-Laborieren. Zielsetzung ist in dieser Studie, *„instruktive und konstruktive Anteile in ein lohnendes Verhältnis zu bringen"* (FEIGE 2007, S. 274). Experimente werden vorgedacht und in ein Problem oder eine Geschichte eingebettet. Was die Kinder sehen und tun, wird aktiv einbezogen. Die Gesprächsführung versteht sich als *„distinctive in that there is a clear focus on learning coupled with openness in the process of generating understanding"* (DAWES 2008, S. 102). Dies kann zur Untersuchung von Unvorhergesehenem führen.[141]

„Es wird trubelig, als einige der Kinder [...] vom Ruß an der Unterseite des Löffels begeistert sind. Sie zeigen dies ihren Nachbarn und sind ziemlich aus dem Häuschen – was toll ist, andererseits mich ziemlich aus dem Konzept bringt [...]. Eigentlich war der Versuch ja nur als erste Stufe hin zum [...] gedacht gewesen!" (Protokoll vom 26.11.09, Schule 1).

Die Experimentierschritte werden beschrieben, weil unseres Wissens keine Beschreibung vorliegt, die die Rolle der Lehrperson mit lernpsychologischen Gesichtspunkten beim Experimentieren vereinigt. Lehrende sollen in ihren Überlegungen unterstützt werden, welche Interaktion zu welchem Zeitpunkt konstruktiv sein kann: *„... the value of any cognitive conclusion depends upon the method by which it is reached, so that the perfecting of method, [...] is the thing of supreme value"* (DEWEY 1960, S. 200).

Zur Beschreibung der Schritte wurden die in Tabelle 33 aufgelisteten Kernfragen entwickelt.

---

140 Andere Arten der Strukturierung sind z. B. die vier Lernphasen von PARCHMANN, RALLE und DEMUTH: 1. Begegnung, 2. Neugier, 3. Erarbeitung, 4. Vernetzung und Vertiefung (PARCHMANN, RALLE und DEMUTH 2000) oder das sechsschrittige Vorgehen von ILLNER: Fragestellung, Vermutungen, Experiment, Schlussfolgerung, Anwendung/Übung, Ausklang (ILLNER 2005).
141 Diese Art Ereignis ist für die Lehrkraft unangenehm, kommt mit etwas Erfahrung jedoch selten vor.

Ebene		
1	Sichtstruktur	Was passiert in diesem Schritt? Was tun die Kinder? Welche Rolle nimmt die Lehrkraft ein?
2	Lernpsychologie mit Blick auf die Naturwisssschaften	Was passiert *mit* den Kindern?
3	Gestaltung der Schritte im Experimentierprozess	Auf was hat die Lehrkraft jetzt zu achten? Wann/wie geschieht der Übergang zum nächsten Schritt?
4	Sprachförderung	Wie kann hier Sprachförderung geschehen?

Tabelle 33: Kernfragen zur Beschreibung des Experimentierprozesses

Schritt 1: Hinführung

Dieser Schritt soll eine vorfreudige Spannung erzeugen. Dies kann mithilfe des Storytelling geschehen (vgl. Kap. 4.3.1) oder einer Fragestellung, mit der ein situationales Interesse geweckt wird, aber auch durch Stimme und Körpersprache der Lehrperson. Die Lehrperson fungiert als animierender Diskussionspartner.[142] Für einen Lernerfolg muss bereits hier ein kognitives Problem aufgeworfen werden, weil sich anwendbares Wissen nur als Lösung einer Problemstellung oder einer echten, nicht rhetorisch gestellten Frage aufbauen lässt:

> „Anything that may be called knowledge [...] marks a questions answered, a difficulty disposed of, a confusion cleared up, an inconsistency reduced to coherence, a perplexity mastered" (DEWEY 1960, S. 226 f.).

Der entworfene Spannungsbogen bestimmt die Konzentration der Beteiligten. Parallel ist die Ausgangsfrage der Kristallisationspunkt für die gemeinsame Arbeit.

Schritt 2: Materialien begutachten

Neben dem Benennen der zu verwendenden Materialien vor ihrem Einsatz bieten sich Sprachspiele zur Benennung des Materials an (vgl. Kap. 4.3.1). Das im Gespräch mit Kleinstkindern eingesetzte psycholinguistische Prinzip der „joint attention" (gelenkte Aufmerksamkeit; s. Abb. 21)[143] beschreibt, wie Erwachsene

---

142 Wird z. B. benutztes Frühstücksgeschirr mit *nur* Marmelade oder Marmelade *und Butter* mitgebracht, um gemeinsam zu überlegen, wie es gespült wird, wird naturwissenschaftlich diskutiert.

143 „Joint attention" kann mit „gemeinsamer Aufmerksamkeit" übersetzt werden oder mit „gelenkter". Wir verwenden „gelenkte Aufmerksamkeit", weil es dem Vorgehen und der Intention der Erwachsenen entspricht.

erst dann ihr eigentliches Sprechen beginnen, wenn die Aufmerksamkeit des Kindes *auf die Sache gelenkt* ist (vgl. HOFF-GINSBERG 1986). Dieses Prinzip kommt beim Experimentieren zum Tragen: Die Lehrenden sorgen zu Beginn jedes Schrittes dafür, dass die Kinder auf das Gleiche fokussiert sind, sodass ein gemeinsames Lernerlebnis stattfindet.

Deutliche Artikulation und Blickkontakt helfen, die Spannung zu erhalten. Das Wiederaufnehmen der Eingangsfrage und das Verteilen des Materials leiten den nächsten Schritt ein.

Abbildung 21: Gelenkte Aufmerksamkeit bei der Benennung von Materialien

Schritt 3: Erstes Experimentieren

Jetzt experimentieren die Kinder. Schwierige Schritte werden vorab gezeigt (z. B. Aufziehen von Ballonen auf Trichter), sodass die Kinder selbstständig vorgehen können. Vor der Durchführung wird erfragt, was vermutlich zu beobachten sein wird. Dies bahnt die kognitive Auseinandersetzung mit der Sache an. Die Vermutungen können an der Tafel notiert oder visualisiert werden (vgl. Abb. 24).

Die Lehrperson beobachtet die Kinder und analysiert ihre Handlungen, z. B. welche Variationen sie ausprobieren. Dies fließt in die Diskussion ein.[144] In

---

144 Z. B. stellte ein Junge beim Löschen seiner Kerze unter dem Glas fest, dass sie wieder auflodert, wenn er das Glas im letzten Moment vor ihrem Erlöschen wieder anhebt. Von sich aus berichtete er dies nicht, aber es trat beim Sammeln der Beobachtungen zutage und wurde im zweiten Experimentierschritt von allen wiederholt.

dieser Phase handeln die Kinder konzentriert oder möchten anderen Gesehenes zeigen, im Sinne des von PIAGET beschriebenen „egozentrischen Redens":

> „Es [das Kind] spricht entweder mit sich selbst oder um des Vergnügens willen, irgendjemanden an seiner unmittelbaren Handlung teilnehmen zu lassen" (PIAGET 1972, S. 21).

Für nachhaltiges Lernen benötigen Kinder jetzt Zeit für Wiederholungen und Variationen: *Hier und jetzt* bauen sie Erfahrungen mit der Sache auf, die das Fundament aller Abstraktionen darstellen (vgl. „Der Wert von Wiederholungen", Kap. 4.2.3), hier erfahren sie die Bedingungen für das Auftreten des Phänomens und seine Regelhaftigkeiten. VON AUFSCHNAITER beschreibt, wie *„varianten-reiches Üben zu größerer inhaltlicher Breite und zu systematischerem Vorgehen führt"* (VON AUFSCHNAITER 2007, S. 160). In Videostudien hat er eine *„sehr einheitliche zeitliche Strukturierung"* festgestellt für die Zeitspanne, in der Lernende eine Vorstellung entfalten, max. 30 Sekunden. Daraus schließt er, dass *„alles, was in einer Vorstellung thematisiert werden kann, einem Schüler bzw. einer Schülerin so vertraut sein muss, dass er bzw. sie es innerhalb von 30 Sekunden selbständig als zusammenhängend denken kann"* (ebd., S. 161). Dies zeigt: Es hinterlässt ein unaufholbares Erfahrungsdefizit, bei diesem Schritt Zeit sparen zu wollen.[145]

Lässt der direkte Fokus der Kinder auf ihr Experiment nach, so ist es Zeit für den nächsten Schritt, der per Ortswechsel eingeleitet wird (vgl. Kap. 4.1.4).

Schritt 4: Beobachtungen formulieren und vergleichen

Im ersten Diskurs-Schritt werden Beobachtungen formuliert, gesammelt und verglichen. Hier wird der Prozess wieder *gemeinsame* Sache, die alle kommentieren, beurteilen und hinterfragen. Gleichzeitig beginnt mit der Formulierung der Weg vom Konkreten zum Abstrakten, da Wortwahl und grammatische Struktur zeigen, wie die Sprechenden einen Vorgang erlebt haben und interpretieren. Ist der Superabsorber nur glitschig und glibberig oder gar klebrig? An den Formulierungen entzünden sich erste Diskussionen. Was wir unter „kleben", „glitschig" und „glibberig" verstehen, diese semantische Elaboration geschieht hier nebenbei, weil die Sache an sich interessant ist (zur semantischen Elaboration s. Kap. 1.5.3 und 4.3.4).

---

145 BIERBAUM (2007, S. 174) bemängelt in *„Zu einigen Gründen des ‚Scheiterns' naturwissenschaftlichen Unterrichts"*, dass Lehrende den Lernprozess der Schüler/innen als *„rasch, angenehm und gründlich"* planen. Das zu Verstehende werde didaktisiert, sodass die Lernenden gar nicht „bei der Sache" ankämen; *„sie [die Lernenden] richten ihr Augenmerk vielfach eher darauf, auf was die Lehrenden denn wohl mit der Sache hinaus wollen"*.

Dieser Schritt führt das sinnlich Erlebte der kognitiven Bearbeitung zu. Die Lehrenden moderieren: Sie sorgen dafür, dass alle Kinder zu Wort kommen können und das Gesagte verstanden wird. Sie achten darauf, dass nur Beobachtungen formuliert werden und das „Ich weiß, was passiert ist!" nicht verfrüht diskutiert wird. Mit Blick auf die Grundschulkinder als Experimentieranfänger/innen folgen wir LICHTENSTERN und BERGE (2007), die als Zwischenschritt die Frage nach den erlebten Gesetzmäßigkeiten fordern: Beschreiben die Kinder nur einzelne Phänomene, werden sie aufgefordert, Abläufe sowie deren Bedingungen und Gesetzmäßigkeiten zu formulieren (s. Tab. 34). So verbalisieren die Kinder vermutete Ursache-Wirkungs-Zusammenhänge, was ihr logisches Denken schult, und formulieren die so wichtigen „immer-wenn"-Sätze.

Ebene	
1 ... der Phänomene	Was passiert, ist zu sehen?
2 ... der Gesetzmäßigkeiten	Wie genau geht es vor sich, und wann?
3 ... der Theorien	Warum geschieht dies so?

Tabelle 34: Ziel-Ebenen von Fragen (nach LICHTENSTERN und BERGE 2007, S. 13)

Nach der Beschreibung der Phänomene steht der nächste Schritt an.

Schritt 5: Vermutungen anstellen, deuten und diskutieren

Der Weg vom handelnden Experimentieren zur kognitiven Bearbeitung ist mehrstufig:

„There is neither a sudden jump from the merely organic to the intellectual, nor is there complete assimilation of the latter to primitive modes of the former" (DEWEY 1960, S. 231).

Die Formulierung von Vermutungen markiert einen Meilenstein.[146] Während die Kinder sich bislang mit Konkretem befassten, wird nun kreativ gedacht. Was könnte geschehen sein, was Ursache des Phänomens sein? Dies verlangt ein gewisses Maß an formal-logischem Denken[147] und Vorstellungskraft. Dabei müssen die Kinder nicht nur ihre Ideen an den eigenen „inneren Bildern" über-

---

146 Experimente eignen sich unterschiedlich gut, zur Formulierung von Vermutungen anzuregen, sodass dies als Beurteilungsmerkmal eingestuft wurde (vgl. Kap. 4.1.3).
147 Dass dieses Stadium auch von Erwachsenen nur teilweise erreicht wird, dazu LÜCK 2006c, S. 30.

prüfen, sondern sich auch den Gedanken der anderen stellen. Dies übt ein argumentatives Vorgehen, das die Argumente anderer einbezieht. Die Wenn-Dann-Überlegung ist eine wichtige Übung, die gleichzeitig wissenschaftliches Denken und wichtige Sprachmuster fördert.

Die Lehrperson nimmt hier eine führende Rolle ein. Sie klärt Redebeiträge, sammelt die Vermutungen und visualisiert sie. Sie entscheidet, welche Ideen weiterentwickelt werden und zu welchen sich Nebenexperimente anbieten. Entsprechend fällt sie hier didaktische Entscheidungen auf Basis naturwissenschaftlicher Zusammenhänge.

Räumlich findet dieser Schritt mit Abstand zu den Experimenten der Kinder statt. Um das Experiment gemeinsam besprechen zu können, stehen beim Sitzkreis Materialien bereit (vgl. Abb. 23, Foto „Sitzkreis", in Kap. 4.4.2). Nach der Sammlung der Vermutungen werden diese per Gedankenexperiment bestätigt oder entkräftet, andere Aspekte im nächsten Schritt selbst nachvollzogen.

Schritt 6: Zweites Experimentieren

Die zweite Experimentierphase ist kurz, da sie sich nur auf einzelne Aspekte und aufgeworfene Fragen bezieht. Sie dient dazu, geäußerte Vermutungen auf Plausibilität zu überprüfen. Sie ist auch sinnvoll, wenn zuvor theoretische oder modellhafte Überlegungen zu Gesetzmäßigkeiten diskutiert wurden. Parallel überlegt die Lehrperson, wie der Bogen zur Ausgangsfrage geschlagen werden kann.

Schritt 7: Abschließende Diskussion und Dokumentation

Die Einheit wird abgerundet, indem die einleitende Frage aufgenommen wird. Da es „didaktisch keine leichte Aufgabe [ist], im naturwissenschaftlichen Sachunterricht über das Experiment hinaus der Deutung genügend Rechnung zu tragen" (LÜCK 2006c, S. 17), bietet sich das „affektive Lasso" (ebd., S. 20) des Storytelling an: Wenn die Kinder dem Protagonisten der Geschichte die Hintergründe des Experimentes erklären – oder auch nur dem Klassenmaskottchen, das nicht aufgepasst hat –, dann tun sie dies gern, weil dies auch die Ebene ihrer Phantasie und des Geschichtenerzählens anspricht.

Eine Dokumentation der Experimente in der Forschermappe ist probat, wenn sie zum Malen des Experimentes und dem Verschriftlichen von Worten animiert (vgl. Kap. 4.3.1). Hierbei ist zu bedenken, dass die Kinder nur aufnehmen, was sie im Experiment erfahren haben:[148]

---

148 Es wäre in Anschlussarbeiten zu untersuchen, welche zeitlichen Abstände zum Experimentieren günstig sind, um an dieses anzuknüpfen und zu höheren Abstraktionsgraden zu gelangen.

„Je stärker [...] modellbasierte Angebote erst betont werden, wenn Lernende dies ,einfordern', desto größer ist die Chance, dass ,echtes' wissenschaftliches Denken und Arbeiten auch in schulischen Lehr-Lernsituationen entstehen kann [...]" (VON AUFSCHNAITER 2007, S. 162).

Trotzdem sollten Lehrende für die Wissensbedürfnisse von Kindern sensibel sein und gewappnet, auf ihre Fragen einzugehen.[149]

4.2.3 Der Wert von Wiederholungen – vier Perspektiven

Experimentierende wollen Experimente häufig mehrfach wiederholen und dabei Varianten ausprobieren. Dessen Bedeutung wird in vier Perspektiven begründet.
(1) Nur Wiederholungen zeigen, welche Eigenschaften und Phänomene *wesentlich* sind. Ein einmaliges Experiment erlaubt darauf keine Rückschlüsse:

> *„Greek thinkers saw clearly [...] that experience cannot furnish us [...] with anything more than* contingent *probability. [...]. Its conclusions are particular, not universal"* (DEWEY 1960, S. 26).

Gesetzmäßigkeiten werden in der statistischen Reihung sichtbar:[150]

> *„... das Gemeinsame, also das Stabile, lässt sich als Indikator für das ansehen, was für die jeweiligen Erscheinungen wesentlich ist. Aber nicht deshalb ist etwas wesentlich, weil es einer Reihe von Erscheinungen gemeinsam ist, sondern es ist einer Reihe von Erscheinungen gemeinsam, weil es für diese wesentlich ist"* (RUBINSTEIN 1977, S. 33 f.).

Die routinemäßige Frage „Was passiert, wenn wir ... verändern?" schult die Vorstellungskraft für Korrelationen (vgl. HARTINGER und FÖLLING-ALBERS 2002).[151] Wird das Explorieren gekürzt, fehlen Erfahrungen, auf denen Kindern Abstraktionen aufbauen. Konzeptuelle Erklärungen werden *nur* verstanden, wenn sie auf *„erfahrene phänomenologische Regelhaftigkeiten bezogen werden können"* (VON AUFSCHNAITER 2008, S. 250).

---

149 Die angelsächsische Literatur thematisiert, auf welche Weise mit Schülerinnen und Schülern gesprochen wird. Der letzte Schritt fiele in die autoritative „closing down"-Kategorie des Sprechens, während Ermunterungen zu Äußerungen und zur Diskussion zum dialogischen „opening up"-Teil gehören (vgl. SCOTT und AMETLIER 2007).

150 Darauf basiert die Bedeutung der Zuverlässigkeit von Phänomenen und der Vorteil chemischer Experimente: *„No inanimate thing reacts [...] as problematic. [...] Under given conditions, it just reacts or does not react. [...] It requires no argument to show that the case is different with a living organism"* (DEWEY 1960, S. 224).

151 Manchmal verändern Kinder mehrere Parameter gleichzeitig. Die Lehrperson kann an Beispielen zeigen, dass man *nur* bei Veränderung nur *eines* Parameters auf dessen Auswirkungen schließen kann.

„Im Lernprozess sollte das Erklären also sinnvollerweise [...] erst nach der intensiven, systematisch-explorierenden Auseinandersetzung mit Phänomenen erfolgen. [...] Phasen der systematischen Erkundung [...] werden [...] oft zugunsten der Demonstration von Gesetzmäßigkeiten und erklärungshaften Generalisierungen übersprungen" (ebd.).

(2) Als affektive Komponente kommt hinzu, wie die Verlässlichkeit der Phänomene und das Vertrauen in das „Funktionieren der Welt" verknüpft ist mit tiefer Konzentration und selbstvergessener Freude, die CSIKSZENTMIHALYI als „Flow" beschrieben hat.

> „Tief versunken [...] hockt er sich nieder, füllt beide Hände mit den hellen Kieseln [...] und öffnet sie dann langsam: Von selber fallen die Steine zur Erde, und immer wieder: Er wird nicht müde, es immer wieder zu tun, es in Frage zu stellen, herauszufordern, sich von neuem bestätigen lassen: ja, es zu üben, es aus-zu-üben, was er sucht und braucht: Verläßlichkeit. [...] Ganz allein machte er die alte Grunderfahrung, aus der schließlich einmal Naturwissenschaft hervorbrechen sollte: Ordnung, Wiederkehr, Voraussagbarkeit ist – unter Umständen – in unsere Hände gegeben" (WAGENSCHEIN 2003, S. 20).

Der Nutzen dieser positiven affektiven Zustände sollte nicht unterschätzt werden. Alle Kinder profitieren davon, in den selbstvergessenen Augenblicken des „Flows" ihre Defizite zu „vergessen"; diese konzentrierten Momente sind Mosaiksteine des Fundamentes für die Freude an Naturwissenschaften und am Lernen. [152]
(3) Die sprachlichen Wiederholungen kommen der Sprachförderung zugute:

> „Die Erhöhung der Verwendungshäufigkeit hat einen ausgesprochen starken förderlichen Einfluss auf die momentane Abrufstärke eines Items" (GLÜCK 2003a, S. 181).

Dies beschreibt das erste Auftreten eines Begriffes, an das die semantische Elaboration anschließt:

> „Das kann [...] dahingehend genutzt werden, dass neu erarbeitete Wörter [...] für die inhaltlich tiefere Arbeit in der Elaboration überhaupt zur Verfügung stehen" (ebd.).

Die Elaboration besteht aus Leistungen, die wesentlich für das Experimentieren sind:

> „In-Beziehung-setzen, analysieren, segmentieren, identifizieren, vergleichen, kontrastieren, ordnen, systematisieren – diese geistigen Tätigkeiten schaffen die Verbindungen, über die Aktivierungen sich im Netzwerk blitzschnell ausbreiten können" (ebd.).

---

152 Umgekehrt lassen sich versäumte positive Erlebnisse mit der Chemie nicht beliebig nachholen, wodurch die Primarstufe ein besonderes Gewicht erhält (vgl. MÖLLER et al. 2004).

(4) Die Wiederholung zur anderen Zeit oder Gelegenheit kann das Selbstbewusstsein der Kinder stärken: Sprechanlässe wie Hausaufgaben oder Befragungen von Dritten lassen Kinder sich in der Rolle der oder des naturwissenschaftlich Kundigen erleben (vgl. Kap. 4.3.1. Auch wenden Kinder hier ihre Fähigkeiten und Kenntnisse *sprachhandelnd* an. Auch im innerschulischen Kontext bringt das erneute Anknüpfen an Experimente Rückschlüsse darauf, wie die kindlichen Konzepte sich entwickeln.

4.2.4   Die Rolle der Lehrenden beim Schüler-Experimentieren

„Gutes Klassenmanagement ist eines der Hauptmerkmale eines qualitativ hochstehenden Unterrichts" (RIEGELNIG, BÖRLIN und LABUDDE 2009, S. 372; vgl. MEYER 2008). Das Experimentieren fordert Lehrende in besonderer Weise, da es vielfältige Anforderungen an das logistische, kognitive und emotionale Classroom Management stellt:

> „The educational challenge is multidimensional. It involves the use of language and the meaning of words, the attraction of intuitive but erroneous ideas, and the reformulation of the real world through abstraction and modelling, and it faces the problems of practical experiments [...]. The solutions are equally complex and need to address all the above" (KIBBLE 2008, S. 77).

Nach TURNER, IRESON und TWIDLE können Lehrende Kinder in ihrem naturwissenschaftlichen Interesse bestärken: Eine *„enthusiastische Einstellung gegenüber den Naturwissenschaften"* ist nicht ausreichend, sondern sie müssen *„klar und verständlich [...] erklären können.* Zudem müssen sie *„gut strukturierte und [...] stimulierende naturwissenschaftliche Unterrichtseinheiten durchführen"* (TURNER, IRESON und TWIDLE 2010, S. 52; Übersetzung GOTTWALD).

Da *„eine disziplinierte und störungsfreie Unterrichtsführung sich als relevant für die wahrgenommene Motivationsunterstützung erweist"* (RAKOCZY 2006, S. 822), sollten Anleitungen und Erklärungen deutlich und einfach formuliert werden. Nur so erleben alle das motivierende Gefühl der Zugehörigkeit:

> „The idea that [...] the sense of belonging is associated with academic motivation [...], ist not new" (vgl. ANDERMAN und KAPLAN 2008, S. 115), und „relatedness or feeling securely connected to others plays a particularly important role in promoting the [...] teachers' goals and values. Thus, the quality of students' relationships with their teachers influences academic outcomes through direct contributions to students' motivation and school engagement" (PATRICK et al. 2008, S. 125).

Je nach Experimentierphase verlangt das Ziel gemeinsamen Lernens z. T. eine starke Führung durch Lehrende, z. T. ihr Beobachten, Analysieren und Entscheiden. Dies setzt naturwissenschaftliche Kenntnisse voraus, anhand derer sie Gesehenes fachlich und didaktisch beurteilen können. Zudem

> „müssen mögliche Fragen der Kinder antizipiert werden, [...] und der Sinn des Tuns durchdacht sein. Das ist selbst für ausgebildete Lehrer eine schwierige und anspruchsvolle Aufgabe" (ILLNER 2005, S. 20).

Eine grundsätzlichere Herausforderung besteht darin, dass Lehrende beim Experimentieren eine singuläre **Vorbildfunktion** ausüben, die in anderen Fächern ohne Parallele ist. Für das Lesen, Schreiben und Rechnen, für Sport und Musik gibt es vielfältige außerschulische Bezüge, regionale Sport- und Musikvereine, die Omnipräsenz des Lesens und Schreibens in der Öffentlichkeit etc. Für die Naturwissenschaften hingegen und die Kulturtechnik des Experimentierens ist die Schule der einzige institutionelle Ort der Aneignung. Weil die Chancen gering sind, dass Kinder außerschulisch experimentieren, tragen die Lehrenden hier besondere Verantwortung.

Für HÖTTECKE erfüllt das Experimentieren im Unterricht eine „**Sozialisations-funktion**" (HÖTTECKE 2008, S. 293). Seine prinzipiellen Vorgehensweisen (Generieren und Überprüfen von Hypothesen) können als Bausteine wissenschaftlicher Kultur angesehen werden und das Experimentieren als Methode, mit der diese nachhaltig erlernt werden können.[153] Die Lehrenden etablieren dabei die reflektiert denkende Haltung des Experimentierens und demonstrieren seine Schritte sowie erwünschtes Verhalten (z. B. Genauigkeit, Sorgfalt, Geduld). Sie sind **soziokulturelle Vorbilder** für das Experimentieren als Denk- und Handlungsmethode.

In der Didaktik des Sachunterrichts werden Funktionsziele benannt, die

> „übergreifende Einstellungen und Haltungen bei den Kindern grundlegen und anbahnen. Dies geschieht [...], wenn Kinder lernen, in Gruppen kooperativ [...] zusammenzuarbeiten oder etwa, wenn es ihnen gelingt, mit Hilfe von Messungen, Beobachtungen, Versuchen oder Befragungen selbst Erkenntnisse zu gewinnen und sie so den Unterschied zwischen bloßem Meinen und abgesichertem Wissen erfahren" (FEIGE 2007, S. 267).
> So kann „die Gesprächsführung als solche, das Einhalten einer bestimmten Form, die Art und Weise des Verlaufs [...] bereits als Ziel angesehen werden. Die Gesprächswerkzeuge müssen den Kindern vertraut gemacht werden, ihr häufiger Gebrauch dient der Entwicklung von Gesprächskultur" (MÜLLER 2004, S. 34).

---

153 In der deutschen Fachdidaktik ist es ungewöhnlich, eine enthusiastische Einstellung gegenüber Naturwissenschaften als Anforderung an Lehrkräfte zu lesen. Die angelsächsische Didaktik sucht ohne Vorbehalte nach Ansätzen zur Stärkung des Interesses an Naturwissenschaften (TURNER, IRESON und TWIDLE. 2010).

Der Diskurs beim Experimentieren ist hierfür ein einzigartiger Anlass, weil das Experiment einen normativen Referenzpunkt bildet. So besitzt er eine andere Qualität als das Gespräch zu Ferienerlebnissen oder Meinungen. Die hohe kognitive und didaktische Herausforderung beim Experimentieren führt dazu, dass die Lehrenden in ihrem **Selbstverständnis herausgefordert** werden.

> „Die Glaubwürdigkeit des Lehrenden für das, »wofür« er oder sie steht, ist ganz entscheidend für die Glaubwürdigkeit und damit Wertigkeit der Interaktion und Kommunikation. Lernende spüren schnell, wenn jemand nicht sagt, was er meint, wenn eine Lehrende nicht das lebt, was sie vorgibt und fordert [...]. Lernen ist immer eine soziale Situation und ein zwischenmenschliches kommunikatives Ereignis" (REICH 2006, S. 17 f.).

Gerade weil viele Grundschullehrende Naturwissenschaften fachfremd unterrichten, befürchten sie, die eigene Glaubwürdigkeit zu gefährden. Deshalb sind Diskussionen zu soziokulturellen Themen für sie einfacher als zu naturwissenschaftlichen (OSBORNE, EDURAN und SIMON 2004, S. 1015).[154] Dies ist von Bedeutung, wenn Bildungsentscheidungen z. B. beim Übergang zur weiterführenden Schule nach BOURDIEU (1999) als Ausprägungen von *„unbewussten und impliziten Voreinstellungen der Akteure"* gesehen werden, die *„als Habitus mit unterschiedlichen Bildungshaltungen und Bildungsstrategien verknüpft sind"* (zitiert in HELSPER et al. 2009, S. 127). Wenn sich *„bei Kindern im Alter von ca. zehn Jahren [...] schon frühe habituelle Haltungen analysieren lassen"* (ebd., S. 131), dann könnte das Experimentieren wie keine andere Tätigkeit dazu beitragen, *„über die Erfahrungen der Akteure"* (ebd., S. 128), eine Haltung des „Fragens an die Welt" als konkretes Handeln erlebbar werden zu lassen. Da der *„Habitus als unbewusste Denk-, Wahrnehmungs- und Handlungsschemata [...] die Spielräume für Erfahrung limitiert"* (ebd., S. 128), kann ein naturwissenschaftlich-fragender Habitus der Lehrperson zu einer Erweiterung der Bildungsstrategien des familiären Kontextes führen.

Auf Basis der Möglichkeiten des Experimentierens erscheint seine *verbindliche* Verankerung im Grundschulstudium sinnvoll, sodass alle zukünftigen Lehrenden sich mit ihm in angemessener Weise auseinandersetzen (vgl. Kap. 1.3.3, S. 44).

---

154 *„Our data give a clear indication that supporting and developing argumentation in a scientific context is significantly more difficult than enabling argumentation in a socioscientific context"* (OSBORNE , EDURAN und SIMON 2004, S. 1015).

4.3   Die Sprechanlässe des Experimentierens planen

Um die hohe Sprechmotivation der Kinder beim Experimentieren im Sinne der Sprachförderung bestmöglich zu nutzen, sollte das sprachliche Geschehen rund um das Experiment bewusst gestaltet werden.

4.3.1   Den Rahmen gestalten: Storytelling und narrative Didaktik

Storytelling als Methode narrativer Didaktik wirkt positiv auf das Lernklima und die Lernleistungen.[155] SCHEKATZ-SCHOPMEIER (2010) konnte für die Grundschule zeigen, dass die *„mit Storytelling unterrichteten Schüler eher in der Lage sind, die gelernten Inhalte in neuen, unbekannten Situationen abzurufen"* (ebd., S. 129).[156] Das Storytelling wirkte sich positiv sowohl auf das generelle Verhalten der Schüler und Schülerinnen im Unterricht aus sowie auf die Erinnerungsfähigkeit bei einigen (ebd.). Die als positiv erlebte Lernkultur in der Gruppe ist auch mittelfristig förderlich:

> „Schließlich fördert ein positiv erlebtes soziales Klima motiviertes Handeln, insbesondere dann, wenn es mit dem Gefühl der Zugehörigkeit einher geht, bei der relevante Personen (z. B. Lehrende) als Vorbilder infrage kommen" (DI FUCCIA und RALLE 2010, S. 300).

Grundsätzlich kann narrative Didaktik alle Stadien des Experimentierens bereichern. Geschichten helfen, „sinnstiftende Zusammenhänge" darzustellen und nutzen aus, dass Kinder, aber auch viele Erwachsene, gern Geschichten hören (vgl. LÜCK 2006a).

Gerade den Schulanfängerinnen und -anfängern wird durch das Storytelling als Methode zugutekommen, dass durch das Erzählen der Lehrperson *„ein intensiverer Austausch durch den Blickkontakt"* entsteht, und *„das Erleben von Mimik und Gestik des Erzählenden"* (LÜCK 2006c, S. 21) sie unmittelbarer anspricht als eine nur vor- oder gar selbst gelesene Geschichte. Das Erzählen ist nicht nur die archaische, über Jahrtausende kultivierte Grundform der Weitergabe von Wissen und Erfahrungen, bis sie von der Schriftform abgelöst wurde – gerade für „neue" Grundschulkinder ist das Hören von Erzählungen eine noch sehr vertraute Form der Kommunikation, die zu vermittelnde „Inhalte" mit dem direkten interpersonellen Kontakt zwischen Erzählendem und Kind verbindet (vgl. ebd.). Basierend

---

155 Zu den erzähltechnischen Mechanismen vgl. KUBLI 2001.
156 Hinzuweisen ist auf die ausgearbeiteten Geschichten in der Publikation von SCHEKATZ-SCHOP-MEIER (2010).

auf den Erfahrungen der jüngeren Kindertage kann das Kind seiner Phantasie beim Zuhören freien Lauf lassen, *„während es sich zugleich der behütenden Gegenwart des vertrauten Erzählers gewiss sein kann"* (ebd., S. 132). Zwar geht es beim Experimentieren auch um das Verstehen und kognitive Durchdringen von Gesetzmäßigkeiten, doch ist es nicht nur aus einseitiger motivatorischer Perspektive wünschenswert, die Affekt- und Phantasie-Ebene der Kindes anzusprechen; auch für das Sich-Vorstellen, Vermutungen-Entwickeln und Mitdenken ist das Involviertsein des ganzen Menschen gefragt (vgl. ebd.).

Eine narrative Struktur oder Einbettung von Lerninhalten kann die Motivation von Jugendlichen unterstützen, sich mit der unbelebten Natur zu befassen. Die interaktive Lern-CD „Tafelrunde" motiviert Schülerinnen und Schüler mit geringer Lesemotivation dazu, Materialien zunächst anzuhören, um sich dann dem Text zuzuwenden (vgl. KASPER, MIKELKIS und STARAUSCHEK 2005a,b; auch KASPER und MIKELKIS 2008).

Andere Ansätze nutzen das darstellerische Interesse von Kindern und Jugendlichen und lassen naturwissenschaftliche Themen in Cartoons, Filmen oder andere Darstellungsformen umsetzen. Hierbei geschieht das aus „Stoff"-Sicht Eigentliche en passant: Indem sich die Lernenden mit der Aufteilung von Bildern und Szenen und deren Inhalten auseinandersetzen, konzeptualisieren und durchdenken sie naturwissenschaftliche Sachverhalte und deren Struktur (vgl. KRAUS und VON AUFSCHNAITER 2005).

Die Verwendung von Geschichten hat über den affektiven Effekt hinaus positiven Einfluss auf die kognitive Strukturierung von Themen. Im Angelsächsischen mit seinen pragmatischeren Herangehensweisen wird der Bedeutung von Geschichten als „cognitive organizer" bereits Rechnung getragen. Der Pulitzer-Preisträger und Harvard-Professor EDWARD O. WILSON drückt dies klar aus: *„We live, learn, and relate to others through stories."* So wurde in den USA ein Typus Textaufgabe entwickelt, der die Geschichte realer Personen oder Dinge aufgreift und aus ihr Fragen ableitet. Die Weltklassesprinterin FLORENCE GRIFFITH JOYNER („FloJo") und ihre bislang ungeschlagenen Laufleistungen sind als Story mit zu bearbeitenden Fragen Bestandteil eines *„high school curriculum that introduces science through stories to engage students"*[157]. Ähnliche Ideen werden in Deutschland über Ansätze wie „kontextoptimierte Lernmedien" (z. B. Zeitungsausschnitte, Werbung), „situiertes Lernen", „anchored instruction" oder „authentisches Lernen" verfolgt, das über seinen direkteren Realitätsbezug den „narrativen Gehalt" unserer Umgebung abzubilden versucht.

---

157 Es sei hier angemerkt, dass die *entscheidenden* Schulcurricula auf Disctrict- und Gemeinde-Ebene bestimmt werden, dem hohen Grad der Verantwortung der lokalen „School Boards" folgend.

4.3.2   Zur Semantik: Möglichen Wortschatz vorab überlegen

Wird der verwendbare Wortschatz vorab überlegt (vgl. Tab. 35), dann kann dies verhindern, dass Lehrende im Unterricht von der Suche nach Worten und Erklärungsebenen überrascht werden und kindliche oder zu wissenschaftliche Sprache verwenden.

Experiment	„Vokabular"
Kerze unter Glas löschen/ Kerze beim Brennen beobachten	Glas (evtl. in Abgrenzung zu Becher, Tasse); Feuerzeug, Streichholz, Streichhölzer; Wachs, Docht, Spitze, Flamme; anzünden, überstülpen, löschen; brennen, leuchten, nach oben steigen; heiß sein, abstrahlen, verbrennen; schmelzen, kalt werden, erkalten, fest werden
Kerzen-Feuerlöscher/ Kerzen-Treppe	*Zusätzlich:* Nach unten sinken, (her-) absinken, sich am Boden sammeln; Luft, Luftgemisch, Gas(e), Teilchen, Gewicht, schwer/leicht sein; Stoffe, Bestandteile, Sauerstoff, Kohlenstoffdioxid; Winzer, Weinbauer, Weinkeller, Bierbrauer, Kessel
Luftballon mit CO_2 aufblasen	*Zusätzlich:* Trichter, Ballon überziehen, dehnen aufblasen, Druck entsteht/wird erzeugt, bewirkt ...
Unbekanntes Pulver (Windelpulver)	Pipette, pipettieren, (dazu) tropfen; Tropfen, tropfen; Glasschälchen, Petrischale; weißes, körniges Pulver; Körner/Körnchen/körnig; rieseln, streuen; Vergleiche „wie Zucker", „wie Schnee", „wie Pudding"; durchsichtig, glitschig, sich vergrößern, sich feucht anfühlen, klebrig, klumpig, glibberig; aufsaugen, aufnehmen, (an sich) binden; gefaltet sein, verknäult, verwunden

Tabelle 35: Beispiele für den Wortschatz zu ausgewählten Experimenten

Ziel der Planung ist, ein verständliches Sprach- und Erklärungsniveau zu finden. Neue Worte werden etabliert, indem sie in verschiedenen Stadien des Experimentierens und mit unterschiedlicher Perspektive verwendet werden. Es hat sich bewährt, neue Worte während des Sprechens an der Tafel zu sammeln und sie am Schluss von Kindern erklären zu lassen. So zeigt sich, wie die Kinder Begriffe konzeptualisiert haben.

4.3.3 Das Üben grammatischer Strukturen en passant

Von Sprachförder-Lehrpersonen wird erwartet, dass sie für die Kinder individuelle Programme ausarbeiten und umsetzen.[158] Wegen der Variabilität der Förderbedürfnisse ist dies nur bedingt zu bewerkstelligen, da mit der Individualisierung der Vor- und Nachbereitungsaufwand drastisch ansteigt und das Leistbare häufig übersteigt.

Zu dieser kaum beachteten Frage kommt hinzu, dass Grundschullehrende der Regelschulen im Studium keine Spezialqualifikationen zu „Sprache, Sprachstörungen und Maßnahmen" erwerben. Englische Grundschullehrende agieren mit heterogenem Wissen zu diesen Themen, *„with 40 % unable to provide any information about speech and language"* (MROZ und LETTS 2008, S. 73).[159] Lehrende wissen um ihre Defizite in diesem Bereich: *„Teachers also commented that they did not feel comfortable with the extent of their knowledge in this area"* (ebd., S. 73 f.); auch werden Schwierigkeiten formuliert, den Bedürfnissen von Kindern mit Sprachschwierigkeiten gerecht zu werden:

> *„... teachers of older children with communications strategies*[160] *[...] struggling to know how to intervene successfully and being aware of their lack of expertise, which leads to the children's need not being met"* (ebd., S. 88).

Lehrende in Regelschulen sind nicht für differenzierende Sprachfördermaßnahmen ausgebildet. Umso mehr bietet sich das Experimentieren als sprachfördernde Methode an, weil es durch seine Wiederholungen „Übungsorte" für grammatische Konstruktionen *en passant* bereithält. Dies hält den Vor- und Nachbereitungsaufwand für Lehrende in Grenzen und ermöglicht gleichzeitig eine aktive und interessante Grammatikübung. Die folgende Zusammenstellung möglicher Inhalte und passender Schritte im Experimentierablauf (Tab. 36) kann nur erste Anregungen geben.

Vergleicht man die sich hier bietenden Möglichkeiten, so ist der Aufwand für das Vorbereiten des Experimentierens gering: Beispiele anderer Disziplinen ver-

---

158 Zum Beispiel, stellvertretend für viele andere, SELGE und MIKA (2005): *„Es ist sinnvoll, die intensive schulische Beobachtung bei der Anmeldung der Schulanfänger zu beginnen. [...] ... werden Fördermaterialien zusammengestellt, sodass sich nach der Auswertung [...] differenzierte Förderangebote anschließen können"* (ebd., S. 28 ff.).

159 Die Studie untersucht Grundschullehrkräfte in England. Unseres Wissens liegen keine vergleichbaren Daten aus dem deutschen Sprachraum vor. Da der angelsächsische in der Spracherwerbsforschung führend ist, ist davon auszugehen, dass deutsche Lehrkräfte nicht *wesentlich* besser ausgebildet sind.

160 „Older" war hier als Abgrenzung zu Kindergartenkindern formuliert worden.

langen *für je eine grammatische Konstruktion* einen gesonderten Unterrichts-
aufbau, z. B. den Aufbau von Turngeräten zur Übung von Präpositionen (vgl.
CLAUSMEYER 2009).

Grammatische Konstruktion	Experimentierschritt/Beispielfragen
Steigerungen von Adjektiven	Benennung der Materialien („Formuliert Vergleiche zum Gewicht oder der Größe, z. B.: Die Essigflasche ist schwerer als das Glas.")
Präpositionen und dazugehörige Deklination anwenden	Benennung der Materialien/Beschreibung der Phänomene („Beschreibe, wo die Dinge sind! So geht das: Die Essigflasche steht *hinter dem* Glas. Oder „Der Tintentropfen schwebt *im* Öl.")
Sätze im Präsenz	Beschreibung des Ablaufes vor dem Experimentieren („Beschreibe der Tiger-Ente, wie wir vorgehen, in der Gegenwartsform! So geht das: Zuerst nehme ich die Streichhhölzer und reibe sie an der Schachtel …, dann …, danach …, am Schluss …")
Sätze im Futur (mit Verbklammer)	Beschreibung des Ablaufes vor dem Experimentieren („Beschreibe, wie wir vorgehen, in der Zukunftsform! So geht das: Ich *werde* die Streichhölzer *nehmen* und sie an der Streichholzschachtel *reiben* …")
Sätze in der Vergangenheit Sätze zur Erzählung verbinden	Beschreibung des Ablaufes nach dem Experimentieren („Beschreibe, wie Du experimentiert hast! So geht das: Als erstes habe ich … . Dann habe ich … . Als … passiert war, habe ich …")
Formulierung von Wenn-Dann-Beziehungen	Beschreibung von Gesetzmäßigkeiten („Wann passiert etwas? Formuliere Wenn-Dann-Sätze, z. B.: Wenn ich das Glas herunterlasse, dann erlischt die Flamme.")
Kausalsätze (und alle anderen Nebensätze wie adverbiale, modale, finale, konsekutive …) – mit Verbendstellung	Beschreibung von Gesetzmäßigkeiten („Warum passiert etwas? Formuliere Weil-Sätze, z. B.: Weil die Flamme keinen Sauerstoff mehr bekommt, erlischt die Flamme.")

Tabelle 36: Beim Experimentieren wiederholbare grammatische Konstruktionen

4.3.4   Ergänzende Sprechanlässe: Hausaufgaben, Spiele, Forschertagebücher

KIBBLE formuliert als Hausaufgabe *„Let's find out what family and friends think"*
(KIBBLE 2008, S. 81). Durch diese Übung erfahren Kinder, was Dritte über ein
Thema wissen, zu dem sie selbst kompetent sind, und erleben sich als ernst

genommene Gesprächspartner/innen. Dies kann ihr Selbstkonzept fördern. Neben Hausaufgaben des Interviewens oder Demonstrierens kann es als Gesprächsanlass genügen, einen Experimentiergegenstand oder eine Miniatur mit nach Hause nehmen zu dürfen.[161]

In der Schule lässt sich die Sprechmotivation beim Experimentieren vielgestaltig nutzen. Bietet das Storytelling eine anknüpfbare Rahmengeschichte, ist z. B. das *Weiter- und Nacherzählen* integrierbar. In der vorliegenden Studie wurde mit strukturierten Sprachspielen begonnen, die einen natürlichen Sprechanlass vertieften, z. B. das Benennen von Materialien oder Phänomenen. Das erste Sprachspiel wurde *„Ich sehe 'was, was Du auch siehst"* genannt. Das erste Kind benennt einen Gegenstand auf dem Demonstrationstisch („*ich* sehe einen Messbecher …") und ruft ein nächstes auf, eine andere Sache zu benennen („… und *Du*, Florian?"). Jeder kommt an die Reihe, sodass alle Gegenstände mehrfach benannt werden. Auch wenn die semantische Elaboration – die der Bedeutung – nachhaltiger wirkt als die phonologische (s. GLÜCK 2003b, S. 125), so ist es angeraten, bei Kindern mit Sprachdefiziten die Namen der Materialien spielerisch zu wiederholen.

Als zweites Spiel wurde *„Ich sehe was, was Du nicht siehst"* gespielt. Auf dem zentralen Tisch verdeckt dabei ein Tuch einen Gegenstand, den nur ein Kind erfühlen darf. Es beantwortet dann die von den anderen gestellten Ja-/Nein-Fragen. Dieses Spiel benötigt Übung, um vom Raten einzelner Gegenstände auf Charakterisierungskategorien zu kommen. Dazu wurden mit den Kindern Kriterien entwickelt (Ort des Vorkommens wie z. B. Haus, Küche; Flüssigkeit oder Feststoff; Verwendung bei Spiel oder Arbeit etc.).

Für den über die Klasse hinausgehenden Raum sollten *„Situationen eingeplant und genutzt werden [...], in denen erworbenes Wissen nachfragenden Zuhörern ‚erzählt' werden kann"* (HAGEN et al. 2007, S. 186). Hier kommen Nachbarschaftsstunden, Schulfeste oder Experimentierarenen infrage, in denen die Klasse von Vorgängen und Erkenntnissen beim Experimentieren berichtet. Beinhaltet dies das Nacherzählen der Storytelling-Geschichte, erhalten mehr Kinder eine aktive Rolle.[162] Es fördert das Selbstbewusstsein und das Selbstkonzept der Kinder, hier vor einem größeren, aber teilweise vertrauten Publikum von Experimenten zu berichten – oder sie zu demonstrieren.

---

161 Die in Schule 2 nach dem Tintentropfen-Versuch abgefüllten Schnappdeckelgläser mit Öl und Tintenwasser haben für eine entsprechende Erzählmotivation gesorgt.
162 Dies hat im Angelsächsischen lange Tradition, vgl. WEAVER und THE NATIONAL STORYTELLING ASSOCIATION 1994, S. 87.

Eine potenziell interessante und nachhaltige Methode ist das Forschertagebuch. In ihm wird Wichtiges gesammelt wie neu gelernte Worte, Zeichnungen
und Arbeitsblätter. Es dokumentiert die Experimente und kann so als Nachschlage-
Referenz dienen. In vereinzelten Situationen wurde beobachtet, dass Kinder
spontan ihre Forschermappe hervorgeholt haben, als beim Erzählen Worte fehl-
ten. Die Fertigkeit, rasch auf bereits bearbeitetes Wissen zugreifen zu können,
kann so in einem für die Kinder sinnvollen Kontext gefördert werden.

4.4   Planung der Organisation und Logistik beim Experimentieren

Im Folgenden werden Kernfragen der logistischen Planung reflektiert.

Grundsätzlich sollte jedes Experiment vorab mit dem Material ausprobiert
werden, das den Kindern zur Verfügung stehen wird. Unvorhergesehene Materialeigenschaften und Effekte können den Ablauf verändern. Auch einfache Materialien wie PET-Flaschen sind zu testen, wenn Frustrationen vermieden werden
sollen:

> „Es gibt nur sehr verhaltene Erfolge – das war nicht, was sie sich vorgestellt hatten! Ich mir auch
> nicht … die kleinen PET-Flaschen […] haben einen zu wenig konischen, zu lange zylindrischen
> Hals, der den Ballon relativ schnell verschließt … ärgerlich, das nicht vorhergesehen zu haben!"
> (Protokoll vom 19.11.09, Schule 1).

Hat die Lehrperson wenig Erfahrung mit einem Experiment, so ist dies in einer
kleinen Gruppe von Kindern zu erproben (z. B. einer Arbeitsgruppe), um Sicherheit zu gewinnen.

4.4.1   Der zeitliche Rahmen: Doppelstunde oder Einzelstunde?

Die Interventionsphase wurde im Sachunterricht durchgeführt, für den in der Stun-
dentafel zwei Wochenstunden vorgesehen sind. In Schule 1 begannen die Experimentiereinheiten in Einzelstunden (Dienstag, 5. Stunde; Donnerstag, 3. Stunde).

Es zeigte sich rasch, dass **Einzelstunden zu kurz sind**, um die Sprechanlässe
des Experimentierens angemessen zu nutzen – auch deshalb, weil nie alle Reaktionen und Argumente der Kinder vorhergesehen werden können.[163] 45 Minuten

---

163 Selbst bei identischem Versuchsaufbau und gleicher Einleitung reagiert jede Kindergruppe
     etwas anders, entstehen selbst bei z. B. (vermeintlich) einfachen Versuchen unterschiedliche
     Diskussionen aus den Beobachtungen.

reichen nicht aus für das Experimentieren mit spannender Hinführung, gründlicher Beobachtung, Formulieren von Vermutungen zur Deutung, geschweige das Erstellen einer interessanten Dokumentation. Diese empirisch gewonnene, pragmatische Erkenntnis schließt an Beschreibungen der fachdidaktischen Literatur an, die eine Schulstunde von 45 Minuten *„für die Vernetzung von neuem mit bekanntem Wissen sowie für den Wissenstransfer mit großer Wahrscheinlichkeit eher zu kurz"* hält (STARAUSCHEK 2011, S. 219). Unter Zeitdruck können Lernende ihren Gedanken zur Sache nicht nachgehen und – im konstruktivistischen und kontextorientierten Sinne – nicht in einen genuinen Bildungs- und Vermittlungsprozess mit der Sache eintreten (vgl. BIERBAUM 2007, S. 174).

Als Reaktion auf diese Erkenntnis wurde zwei Wochen lang jeweils jede zweite Experimentierstunde für Diskussion und Dokumentation eingesetzt. Es zeigte sich jedoch, dass die Motivation zur verbalen Beschäftigung mit den Experimenten nach zwei Tagen deutlich abgenommen hatte:

> „N. [...] ist offensichtlich gelangweilt, T. fängt an, [...] mit N. Kontakt aufzunehmen; [...] Zeichen dafür [...], dass es nicht mehr viel Spannungsbogen zum Experiment gibt" (Protokoll vom 06.11.2009, Schule 1).

Obwohl die Experimente der ersten Stunde in der folgenden wieder aufgenommen wurden, entstanden weiterhin durch Zeitdruck ausgelöste Zielkonflikte. Das knappe Zeitbudget war keine gute Ausgangslage für eine ernsthafte Diskussion mit Kindern oder das Überprüfen von Deutungen im Nebenexperiment.

> „Nach der Nacherzählung [...] und dem Kerzenversuch sind fast 30 Minuten vergangen. Soll ich jetzt noch das Arbeitsblatt anfangen? Ich möchte den Rhythmus zwischen Experimentieren und Wiederholen und Methoden der Versprachlichung etablieren ... also machen wir es [...]. Wir werden mit dem Gong fertig. Drei Kinder kommen und fragen, ob sie die Forschertagebücher zu Hause zeigen dürften ..." (ebd.).

Darüber hinaus erfüllte die zweite Stunde, die auf Nachbesprechung und Dokumentation fokussiert, die Erwartungen der Kinder nicht: *„Etwas Richtiges machen"* heißt für sie, *selbst* zu experimentieren. Die Kinder arbeiten bei der Dokumentation mit, weil „Arbeitsblätter" als Arbeitsmethode etabliert sind. Ihr eigentliches Interesse galt jedoch dem eigenen Experimentieren mit genügend Zeit für Wiederholungen.

> „J. kommt und sagt mir, dass er gedacht habe, dass wir ‚heute wieder etwas Richtiges machen würden'. Etwas Richtiges – mehr mit den Händen, offensichtlich. [...] Ein gutes Maß finden zwischen Hand, Sprechen und Dokumentieren, trotz 45-Minuten-Takt" (Protokoll vom 29.10.09, Schule 1).

Die Einengung durch den Schulstundenrhythmus wird im Angelsächsischen als Verursachungsfaktor für störendes Verhalten von Kindern angesehen mit der Begründung, dass sie sich zu häufig auf neue Personen, Unterrichtsthemen und -stile einstellen müssen. EINEDER und BISHOP beschreiben: *„traditional schedules create conditions that increase disruptive behavior"* (EINEDER und BISHOP 1997, S. 49). Sie belegen, dass die Umstellung auf längere Zeitintervalle die Leistungen der Kinder verbessern kann.[164]

Nach fünf Einzel- wechselten wir zu Doppelstunden (Donnerstag 2./3. Stunde), mit wenigen Ausnahmen (diese aus organisatorischen Gründen). Die Tabellen 28 und 29 zeigen die erprobten Experimente und die Abfolge der Doppel- und Einzelstunden.

4.4.2   Die „vorbereitete Umgebung" – was heißt dies beim Experimentieren?

Die „vorbereitete Umgebung" nach MONTESSORI zielt darauf ab, dass Kinder selbstständig agieren können. Übertragen bedeutet dies, dass der Raumaufbau den Ablauf der jeweiligen Einheit unterstützen soll.

Die **Materialien** bergen ein hohes Aufforderungspotenzial. Das als **Materialtisch** fungierende Lehrerpult überblickt die Lehrperson problemlos, ohne größere Ablenkung der Kinder.[165]

Bei der Raumauswahl sollte die (möglichst trockene) Akustik bedacht werden, sodass *„raumakustisch bedingte Störungen berücksichtigt und verringert werden"* (HAGEN et al. 2007, S. 185). Abbildung 22 zeigt einen exemplarischen Raumaufbau. Der Raum sollte groß genug sein, damit die Kinder sich bei Teamarbeit gut bewegen können.[166] Ein Sitzkreis sollte eingerichtet werden können, ohne Tische zu schieben.

Mit dem Ortswechsel *im Raum* wird eine Diskussion möglich, während das Material einsatzbereit bleibt (s. Abb. 23). So können die Kinder zum Experiment zurückkehren und Besprochenes vertiefen und überprüfen (vgl. Kap. 4.2.2).

---

164 Diese Studie bezieht sich auf die Einführung von Blockunterricht.
165 Auf dem Materialisch steht alles Benötigte bereit, da mehrere „Lager" das Handling verkomplizieren.
166 In der Schule 1 war dies nicht der Fall, was häufig zu angespannten Situationen unter den Kindern geführt hat.

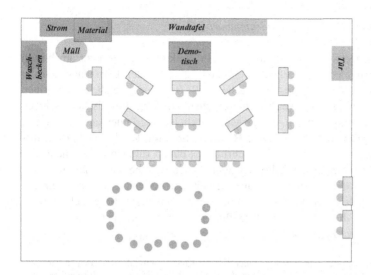

Abbildung 22: Raumaufbau für das Experimentieren

Abbildung 23: Sitzkreis beim Diskutieren

4.4.3   Einzel-, Partner- oder Gruppenarbeit?

Die Entscheidung, welche Sozialform für ein konkretes Experiment am besten geeignet ist, hängt von den Erfahrungen der Klasse und den Lernzielen, auf die Lehrperson hinarbeiten möchte, ab. Tabelle 31 (S. 165) zeigt, welche Sozialformen für welche Experimente aus welchen didaktischen oder organisatorischen Gründen infrage kommen. Experimente, die aus Geschicklichkeitsgründen eher in Partnerarbeit durchgeführt werden *sollten* (z. B. „Luftballon mit Kohlenstoffdioxid aufblasen")[167], sind selten. Lassen sich Schritte bei einem ruhigen Experiment hintereinander ausführen und in Ruhe beobachten (wie z. B. bei der „Tintentropfen-Reise"), so *kann* der Versuch als Partnerarbeit durchgeführt werden, wenn die Kinder gute Erfahrungen in Partnerarbeit haben. Haben sie diese nicht, lenken Diskussionen um die Schritte der Durchführung vom Experiment ab und gefährden so eine positive Erfahrung.

„Es zeigt sich, dass bei Teamarbeit ein guter Teil der Konzentration dafür verwendet wird, wer nun was macht und bekommt [...]. Arbeiten die Kinder alleine und mit dem Wissen, dass genug Material für alle ist, haben sie die Ruhe im Kopf – und eine starke Motivation! –, sich mit den Nachbarn auszutauschen" (Protokoll vom 10.12.09, Schule 1).

Auch hier ist jedoch zu erproben, was die Kinder bereits können und sich zutrauen:

„Auf meine Frage, ob sie dies lieber alleine oder im Team ausprobieren möchten, erschallt mir ein ‚Team' entgegen – ganz anders als in Schule 1" (Protokoll vom 30.04.2010, Schule 2)

---

167 Ausführliche Beschreibung des Versuchs im Anhang 3, S. 222.

5 Zusammenfassung und Ausblick

Das Ziel dieser empirischen Untersuchung war ein zweifaches. Zum einen sollte gezeigt werden, dass das eigene Experimentieren von Grundschulkindern positive Auswirkungen auf ihre Sprachkompetenzen haben kann. Dabei sollte das Ziel der Heranführung an naturwissenschaftliche Grundbildung durch den Blick auf Sprachförderung nicht beeinträchtigt werden. Mit dem anderen, eher nutzeninspirierten Fragenkomplex (vgl. STOKES 1997) wurden didaktische Fragen der Vorbereitung und Durchführung des Experimentierens so aufgearbeitet, dass dies die Verankerung des Experimentierens im Primarbereich stärken kann.

Die Studie hat sich ihrem Fragebereich aus zwei wissenschaftlich weit auseinander liegenden Disziplinen genähert, der Chemiedidaktik und der Psycholinguistik. Gleichzeitig hatte sie zwei Perspektiven vor Augen: erstens die Sichtweise der *Kinder*, an deren Interesse sich Methoden, Themen und Herangehensweisen bewähren müssen: Das Bildungssystem *dient* den Kindern. Um diese jedoch zu erreichen, müssen zweitens auch die Lehrenden mit ihren tradierten Curricula, bildungsbiografischen und -soziologischen Hintergründen und Motivationen mitbedacht werden.

Ca. 20–25 % der (Vor-) Schulkinder in Deutschland werden in den flächendeckenden Sprachstandserhebungen als förderbedürftig getestet; das striktere Verfahren zur Einschulung im Förderschulsystem klassifiziert sechs Prozent der Kinder als „mit sonderpädagogischen Förderbedarf im Bereich Sprache" und beschult sie größtenteils im zweiten Schulsystem.

Diese Studie untersucht das Experimentieren als Methode der Sprachentwicklung. Dieser Ansatz basiert auf langjährigen Beobachtungen im Arbeitskreis Chemiedidaktik der Universität Bielefeld, der seit vielen Jahren in unterschiedlichen Bildungskontexten und mit verschiedenen Altersstufen mit Kindern naturwissenschaftlich experimentiert (vgl. LÜCK 2000; LANGERMANN 2006; RISCH 2006a; WEHMEIER 2012). Wir haben mit zwei Klassen Erstklässlern in Sprachförderschulen untersucht, wie sprachintensiviertes Experimentieren gelingen kann, und haben Hinweise gesucht, aus welchen Gründen sich das Experimentieren so passend zur Sprachförderung eignet.

Es ist festzuhalten, dass die Handlungsorientierung beim Experimentieren offenbar die Verankerung eines Begriffes im Wortschatz eines Kindes beeinflusst. Es konnte gezeigt werden, dass die Verwendungskategorie der Items in der Experimentiersituation (aktiv, passiv, nicht verwendet) ein beeinflussender Faktor für die Verankerung eines Begriffes im semantischen Lexikon ist (vgl. Kap. 3.1.3 Zusammenfassung der Ergebnisse, S. 138): Die Items, die beim Experimentieren von den Kindern selbst verwendet wurden, hatten einen deutlich höheren Zuwachs an korrekten Benennungenals die nicht verwendeten (30 zu 7,5 Prozentpunkten).

Gleichzeitig haben die Tests der Chemie-Kenntnisse gezeigt, dass die Zuwächse an naturwissenschaftlichen Kenntnissen in der gleichen Größenordnung liegen wie die vergleichbarer Studien (vgl. RISCH 2006a). Damit hat sich gezeigt, dass die Betonung des verbalen Geschehens in den Interventionen, das „wissenschaftliche Disputieren", nicht von der Vermittlung naturwissenschaftlicher Grundbildung abgelenkt hat.

Das Thema der Sprachförderung ist in Deutschland aktuell und von hohem gesellschaftlichen und wissenschaftlichen Interesse. Selbst im angelsächsischen, wesentlich besser beforschten Raum konstatierte BISHOP aufgrund der Komplexität der Sprachaneignung und der gleichzeitigen Dringlichkeit der Sprachförderung noch vor Kurzem: „*I see the key task for the next 25 years as discovering why language knowledge does not ‚stick' in some children, despite repeated exposure*" (BISHOP 2009, S. 164).

Die Vielfalt der zur Anwendung kommenden Sprachfördermaßnahmen ist groß; nur wenige sind evaluiert. Auch wenn das naturwissenschaftliche Experimentieren mit dieser Studie sicher nicht als evaluiert gelten kann, liefert sie doch eine Vielzahl an Hinweisen, wieso das Experimentieren von seinem Wesen her als probate Methode der Sprachförderung angesehen werden kann. Stellvertretend für die in Kapitel 3.3, S. 149, ausgeführten Parallelen sei hier genannt, dass sowohl das Experimentieren als auch die Sprachentwicklung Prozesse sind, die letztlich nach Bedeutung suchen: Der eine nach der von Materialeigenschaften und Phänomenen und ihren Zusammenhängen, der andere nach der inhaltlichen Bedeutung von Begriffen sowie ihren Bezügen im sprachlichen Zusammenhang. Dabei gehen beide Prozesse von der sinnlichen und handelnden Wahrnehmung aus und zielen auf eine kognitive Verarbeitung, für die es zwingend ein Gegenüber braucht: „Physik entsteht im Diskurs" (vgl. LEISEN 1999). Auch ist beiden Prozessen gegeben, dass sie sich mit vielen Wiederholungen jeweils von den einfachen Eigenschaften der Dinge ihrem Kern annähern – Bedeutungen explorierend, vermutend und im sozialen Kontext erprobend.

Wichtig für die Umsetzung in der Schule ist vor allem dieses erstaunliche Phänomen, dass es zwischen beiden Prozessen eine Vielzahl von Parallelen gibt. Hierzu zählt die Tatsache, dass beide Prozesse die Wiederholung als Lernmechanismus *benötigen* – und dass es so auch der Sprachförderung zugutekommt, dass viele Begriffe an verschiedenen Stellen des Experimentierprozesses aus unterschiedlicher Perspektive und mit unterschiedlicher Intention beleuchtet werden.

Die schulische Umsetzung war immer mit im Blick in dieser Studie, da sie die Voraussetzung dafür ist, dass bifokales, sprachförderndes Experimentieren zum Einsatz kommen kann. Dass Kinder sich stark für das Experimentieren interessieren, ist mittlerweile mehrfach belegt; dies hat auch die vorliegende Studie trotz der bifokalen Zielsetzung der Interventionen gezeigt.

Es könnte eine nächste Aufgabe sein, zu evaluieren, wie Fortbildungsmaßnahmen für Lehrende im Primarbereich gestaltet sein sollten, damit diese sich verstärkt naturwissenschaftlichen Themen und vor allem dem Experimentieren zuwenden.

Das Ministerium für Schule und Weiterbildung des Landes Nordrhein-Westfalen formulierte 1999 in seiner gleichlautenden Empfehlung die *„Förderung in der deutschen Sprache als Aufgabe des Unterrichts in allen Fächern"*. Doch auch heute gelten *„sprachbewusst unterrichtende Lehrer"* als *„Glücksfall"*, weil es an *„tragfähigen Schulkonzepten"* mangelt, die es *„allen naturwissenschaftlichen und anderen Fachlehrern ermöglichen, ihren Unterricht sprachbewusst zu gestalten"* (AGEL, BEESE und KRÄMER 2012, S. 36).

Wir hoffen, dass die Erkenntnisse dieser Studie dazu beitragen, aufzuzeigen, warum sich das naturwissenschaftliche Experimentieren als Methode und Anlass der Sprachförderung eignet und auf welche Weise das Experimentieren und sein Diskurs genutzt werden können, um Sachunterricht im umfassenden Sinn sprachfördernd zu gestalten.

Anhang

Anhang 1: Ergebnistabellen der Sprachtests ("Wortschatz")

Schule 1

Name des Kindes / Test-Teil	Kerze Pre	Kerze Post	Wachs Pre	Wachs Post	Docht Pre	Docht Post	Flamme Pre	Flamme Post
J.	1	1	0	1	0	1	1c	1
D.	1	1	kW	0	0	0	1c	1c
T.	1	1	0	1	0	1b	1c	1
M.	1	1	0	0	0	0	1c	1c
S.	1	1	0	1	0	1b	1c	1b
N.	1	1	0	0	0	0	1c	1c
J.	1	1	1	1	0	1	1	1
H.	1	1	0	0	0	0	0	1c
J.	1	1	0	1	0	1	1	1
H.	1	1	0	0	0	kW	1c	0
J.	1	1	0	1	0	1	1c	1
R.	1	1	0	kW	0	0	1c	1c
N.	1	1	0	0	0	0	0	1
C.	1	1	0	0	0	0	0	1
Kategorisierung								
Wort gewusst	14	14	1	6	0	4	2	7
Wort nicht gewusst	0	0	12	7	14	7	3	1
mit phonologischer Anlauthilfe gewusst	0	0	0	0	0	2	0	1
Umschreibung	0	0	0	0	0	0	9	5
phonoloische Ersetzung	0	0	0	0	0	0	0	0
keine Wertung	0	0	1	1	0	1	0	0
Summe der Nennungen	14	14	14	14	14	14	14	14
Summe der zu wertenden Aussagen n=	14	14	13	13	14	13	14	14
Berechnung								
Wort gew.+ phonol. Anlauthilfe [Anzahl Ki.]	14	14	1	6	0	6	2	8
Wort gew.+ phonol. Anlauthilfe [in %]	100	100	8	46	0	46	14	57
Wort nicht gewusst+ Umschreib. + phonologische Ersetzung [in %]	0	0	92	54	100	54	86	43
Zuwachs richtiger Benennungen [%-Punkte]		0		38		46		43

Teelicht		Luftballon		Gummi		Streichhölzer		Feuerzeug		Schwamm		Küchenrolle oder - papier		Servietten	
Pre	*Post*	*Pre*	*Post*	*Pre*	*Post*	*Pre*	*Post*	*Pre*	*Post*	*Pre*	*Post*	*Pre*	*Post*	*Pre*	*Post*
0	0	1	1	0	1	1	1	1	1	1	1	1	1	1	1
0	0	1	1	0	1	0	1	1c	0	1	1	1	1	1c	1
0	0	1	1	0	0	1	1	1	1	1	1	1	1	0	0
0	0	1	1	kW	0	0	1	0	0	0	0	1	1	0	0
0	0	1	1	1	1b	0	0	0	1	1	1c	1	1	0	1c
0	0	1	1	0	0	0	0	1	1	1	1	0	1	0	1c
0	0	1	1	1b	1	1	1	1b	1b	1b	1	1	1	0	1
0	0	1	1	1c	1	0	0	1b	1	0	0	0	0	0	0
0	1c	1	1	0	0	1	1	1	1	1	1	1	1	1	1
0	0	1	1	0	1	1	1	0	0	1	kW	0	1	1	1d
0	1	1	1	1	1	1	1	1	1	1	1	0	1	1	1
0	0	1	1	1	1	1c	1	1b	kW	1	1	1	1	0	0
0	0	1	kW	0	kW	1c	1c	1	1	1	1	1	1	0	1
0	kW	1	1	0	1	1	1	1b	1	1	1	1	1	1b	1
0	1	14	13	3	8	7	10	6	9	11	10	10	13	4	7
14	11	0	0	8	4	5	3	3	3	2	2	4	1	8	4
0	0	0	0	1	1	0	0	4	1	1	0	0	0	1	0
0	1	0	0	1	0	2	1	1	0	0	1	0	0	1	2
0	0	0	0	0	0	0	0	0	0	0	0	0	0	0	1
0	1	0	1	1	1	0	0	0	1	0	1	0	0	0	0
14	14	14	14	14	14	14	14	14	14	14	14	14	14	14	14
14	13	14	13	13	13	14	14	14	13	14	13	14	14	14	14
0	1	14	13	4	9	7	10	10	10	12	10	10	13	5	7
0	8	100	100	31	69	50	71	71	77	86	77	71	93	36	50
100	92	0	0	69	31	50	29	29	23	14	23	29	7	64	50
	8		0		38		21		5		–9		21		14

Name des Kindes		Tüte, Plastiktüte		Eiswürfel		Spülmittel		Mehl	
Test-Teil		*Pre*	*Post*	*Pre*	*Post*	*Pre*	*Post*	*Pre*	*Post*
J.		1	1	1	1	1c	1c	1	1
D.		1	1	1	1	0	1c	1	1
T.		1	1	1	1	1	1	1	1
M.		0	0	0	1	0	1c	0	1
S.		1	1	1	1	0	0	1	1
N.		0	0	1b	1	0	1b	0	1b
J.		1	1	0	1	0	1b	1	1
H.		1	1	0	1	0	1b	0	0
J.		1	1	1	1	0	1	1	1b
H.		1	1	1	1	1	0	1	1
J.		1	1	1	1	1b	1	1	1
R.		1	1	1	1	1b	1	1	1
N.		1	1b	0	1	1	1b	0	1
C.		1	1	1	1	1	0	1	1
Kategorisierung									
Wort gewusst		12	11	9	14	4	4	10	11
Wort nicht gewusst		2	2	4	0	7	3	4	1
mit phonologischer Anlauthilfe gewusst		0	1	1	0	2	4	0	2
Umschreibung		0	0	0	0	1	3	0	0
phonologische Ersetzung		0	0	0	0	0	0	0	0
keine Wertung		0	0	0	0	0	0	0	0
Summe der Nennungen		14	14	14	14	14	14	14	14
Summe der zu wertenden Aussagen n=		14	14	14	14	14	14	14	14
Berechnung									
Wort gew.+ phonol. Anlauthilfe [Anzahl Ki.]		12	12	10	14	6	8	10	13
Wort gew.+ phonol. Anlauthilfe [in %]		86	86	71	100	43	57	71	93
Wort nicht gewusst+ Umschreib. + phonologische Ersetzung [in %]		14	14	29	0	57	43	29	7
Zuwachs richtiger Benennungen [%-Punkte]		0		29		14		21	

	Backpulver		Mixer, Rührgerät		Kuchen- oder Backform		Sieb		Trichter		Besteck		Schraubenzieher		Pipette	
	Pre	*Post*	*Pre*	*Post*	*Pre*	*Post*	*Pre*	*Post*	*Pre*	*Post*	*Pre*	*Post*	*Pre*	*Post*	*Pre*	*Post*
	1c	1	1	1	1	1	1	1	1	1	1	0	1	1		1d
	0	1	1	1	1c	1	0	1	0	1	0	1	1	1		1
	1	1	1	1	1b	1	1	1	0	1	1	1b	1	1		1
	1	1	1	0	0	0	0	1	0	0	0	1d	1	1		1d
	0	1	1	1	0	1	1b	1	0	0	1	1b	1	1		1b
	0	1	0	1	0	1	0	1	0	0	0	1b	1	1		1d
	0	1c	1	1	0	1c	1	1b	1b	1	1	1d	1b	1		1d
	0	1b	0	1	0	1b	0	1	0	1b	0	1b	0	0		1b
	1b	1	1	1	0	0	1	1	0	1b	1	1	1	1		1d
	1b	1	0	1	0	1	1	1	0	0	0	0	1b	1		1d
	0	1	1	1	1b	1	1	1	0	1	0	1	1	1		1b
	1c	1	0	1	0	1	1	kW	0	1	0	1	0	1		1
	0	1c	1b	1c	0	1	1	0	0	0	0	1	1	1		1d
	1b	1	1	1	1	1	1	1	0	1b	1b	1	1	1		1
	2	11	9	12	2	10	9	11	1	6	5	6	10	13		4
	7	0	4	1	9	2	4	1	12	5	8	2	2	1		0
	3	1	1	0	2	1	1	1	1	3	1	4	2	0		3
	2	2	0	1	1	1	0	0	0	0	0	0	0	0		0
	0	0	0	0	0	0	0	0	0	0	0	2	0	0		0
	0	0	0	0	0	0	0	1	0	0	0	0	0	0		0
	14	14	14	14	14	14	14	14	14	14	14	14	14	14		14
	14	14	14	14	14	14	14	13	14	14	14	14	14	14		14
	5	12	10	12	4	11	10	12	2	9	6	10	12	13		7
	36	86	71	86	29	79	71	92	14	64	43	71	86	93		50
	64	14	29	14	71	21	29	8	86	36	57	29	14	7		50
		50		14		50		21		50		29		7		„50"

Schule 2

Name des Kindes / Test-Teil	Kerze Pre	Kerze Post	Wachs Pre	Wachs Post	Docht Pre	Docht Post	Flamme[168] Pre	Flamme[168] Post
C.	1	1	0	0	0	0		1b
D.	1	1	1	1	0	0		1
L.	1	1	1	1	0	1b		1
J.	1	1	0	1	0	0		1
F.	kW	1	kW	0	kW	0		0
P.	1	1	1	1	1c	1		1
N.	1	1	1	1	0	1		1
J.	1	1	0	0	0	0		1c
I.	1	1	0	0	0	0		1
M.	1	1	0	0	0	0		1b
M.	1	1	1	1	0	0		0
E.	1	kW	1	1	0	1		1
R.	1	1	1c	0	0	0		1c
F.	1	1	1	0	0	0		1
Kategorisierung								
Wort gewusst	13	13	7	7	0	3		8
Wort nicht gewusst	0	0	5	7	12	10		2
mit phonologischer Anlauthilfe gewusst	0	0	0	0	0	1		2
Umschreibung	0	0	1	0	1	0		2
phonologische Ersetzung	0	0	0	0	0	0		0
keine Wertung	1	0	1	0	1	0		0
Summe der Nennungen	14	0	14	14	14	14		14
Summe der zu wertenden Aussagen n=	13		13	14	13	14		14
Berechnung								
Wort gew.+ phonol. Anlauthilfe [Anzahl Ki.]	13	13	7	7	0	4		10
Wort gew.+ phonol. Anlauthilfe [in %]	100	100	54	50	0	29		71
Wort nicht gewusst+ Umschreib. + phonologische Ersetzung [in %]	0	0	46	50	100	71		29
Zuwachs richtiger Benennungen [%-Punkte]		0		–4		29		

---

168 „Flamme" wurde im Pre-Test nach der Umstellung von Bildkarten auf Gegenstände nicht gefragt. Während die Bildkarte eine brennende Kerze zeigte, wurden in Schule 2 Kerzen verwendet, die nicht brannten, damit die Kinder sie im Test in die Hand nehmen konnten. Deshalb können nur Post-Test-Werte verglichen werden, nicht Zuwächse.

Teelicht		Küchenrolle/-papier		Servietten		Alufolie		Tüte, Plastiktüte		Plastikbecher		Messbecher		Spülmittel	
Pre	Post	Pre	Post	Pre	Post	Pre	Post	Pre	Post	Pre	Post	Pre	Post	Pre	Post
0	0	0	1	0	1b	0	1	1c	0	1	1		1b	1c	1
0	1	1	1	1b	1	0	1	1	1	1	1		1b	0	1
0	0	1	1	0	1	1	1	1	1	1	1		1	1c	kW
0	0	1	1	1	1	1c	0	1	1	1	1		0	1	1
kW	0	kW	1	kW	0	kW	0	kW	0	kW	1		1	kW	1
1	1	1	1	1	1	1	1	1	1	1	1		1	0	kW
1c	1	1	1	1	1	0	1	1b	1	1	1		1	0	1
0	0	1b	1	1	1	0	0	1b	1	1b	1		kW	1b	1
0	1d	1	1c	1	0	1c	1	1	1c	1	1		1	1	1
0	0	1b	1	1	1b	0	0	1	0	1	1c		1	1c	1
0	0	1	1	1c	0	0	0	1	1	1	1		1	1	1c
0	1d	1	1	1	1	1	1	1	1	1	1		1	1	1c
1c	0	0	1	1c	0	0	0	0	1b	0	1		0	0	1
0	0	1c	1	1	1	0	0	1c	1	1c	1		1b	1	1
1	3	8	13	8	8	3	7	8	9	10	13		8	5	10
10	9	2	0	2	4	8	7	1	3	1	0		2	4	0
0	0	2	0	1	2	0	0	2	1	1	0		3	1	0
2	0	1	1	2	0	2	0	2	1	1	1		0	3	2
0	2	0	0	0	0	0	0	0	0	0	0		0	0	0
1	0	1	0	1	0	1	0	1	0	1	0		1	1	2
14	14	14	14	14	14	14	14	14	14	14	14		14	14	14
13	14	13	14	13	14	13	14	13	14	13	14		13	13	12
1	3	10	13	9	10	3	7	10	10	11	13		11	6	10
8	21	77	93	69	71	23	50	77	72	85	93		85	46	83
92	79	23	7	31	29	77	50	23	29	15	7		15	54	17
	14		16		2		27		-5		8				37

Name des Kindes	Test-Teil	Sieb Pre	Sieb Post	Trichter Pre	Trichter Post	Backpulver Pre	Backpulver Post	Essig Pre	Essig Post
C.		0	0	0	kW	0	1	0	1
D.		1b	1	1b	1b	0	1	0	1
L.		1	1	1b	1b	1	1	kW	1
J.		1	1	0	0	1b	1	kW	1
F.		1d	1	0	0	1b	1	kW	1
P.		1	1	1b	0	1	1	1	1
N.		1	1	1	1b	1	1	1b	1
J.		0	1b	0	0	0	1	1b	1
I.		1b	1	0	1	1	1	1b	1
M.		0	0	1b	0	1b	1	1b	1
M.		1	1	0	1	0	1	1	1
E.		1	1	1b	1	1c	1	1	1
R.		0	0	1c	1b	0	0	0	1
F.		1	1	1	1	0	1	0	1
Kategorisierung									
Wort gewusst		7	10	2	4	4	13	3	14
Wort nicht gewusst		4	3	6	5	6	1	4	0
mit phonologischer Anlauthilfe gewusst		2	1	5	4	3	0	4	0
Umschreibung		0	0	1	0	1	0	0	0
phonologische Ersetzung		1	0	0	0	0	0	0	0
keine Wertung		0	0	0	1	0	0	3	0
Summe der Nennungen		14	14	14	14	14	14	14	14
Summe der zu wertenden Aussagen	n=	14	14	14	13	14	14	11	14
Berechnung									
Wort gew.+ phonol. Anlauthilfe	[Anzahl Ki.]	9	11	7	8	7	13	7	14
Wort gew.+ phonol. Anlauthilfe	[in %]	64	79	50	62	50	93	64	100
Wort nicht gewusst+ Umschreib. + phonologische Ersetzung	[in %]	36	21	50	38	50	7	36	0
Zuwachs richtiger Benennungen	[%-Punkte]		14		12		43		36

Öl		Tinte		Kuchen- oder Backform		Mixer, Rührgerät		Filter(papier), Kaffeefilter		Filzstift		Buntstift		Kreide	
Pre	*Post*	*Pre*	*Post*	*Pre*	*Post*	*Pre*	*Post*	*Pre*	*Post*	*Pre*	*Post*	*Pre*	*Post*	*Pre*	*Post*
1	1	1		0	0	0	0	0	1d	1c	1c	1c	1	0	1
1	1	1		1c	1	1	1	1	0	1	1	1	1	1	1
kW	1	1		1	1	1	1	0	1	0	1c	1	1c	kW	1
kW	1	1		1b	1	1	1	1c	0	1b	1	1	1	0	1
kW	1	kW		0	1c	0	1	1c	0	0	1	0	0	1	1
1	1	1		1	1c	1	1	1c	1	0	1	0	1	1	1
1	1	1		1c	1	1	1	1c	1	1	0	1c	1c	1	1
1	1	1		1b	1	1	1	0	1	0	1	0	0	1	1
1	1	1		1	1	0	1	0	0	1	1	1	1	1	1
1	1	kW		1	1	1b	1	1c	1	1b	1	1c	1c	1	1
0	0	1		1	0	1	1	0	1	1c	1	1c	1	1	0
1b	1	1		1	1	1	1	0	1c	1	1	1	1	1	1
1c	1	1		0	1c	1c	1	0	0	0	1	0	1c	1	1
1	1	1		1	1	1	1	0	kW	0	0	1c	1c	1	1
8	13	12		7	9	9	13	1	7	4	10	5	7	11	13
1	1	0		3	2	3	1	8	4	6	2	4	2	2	1
1	0	0		2	0	1	0	0	0	2	0	0	0	0	0
1	0	0		2	3	1	0	5	1	2	2	5	5	0	0
0	0	0		0	0	0	0	0	1	0	0	0	0	0	0
3	0	2		0	0	0	0	0	1	0	0	0	0	1	0
14	14	14		14	14	14	14	14	14	14	14	14	14	14	14
11	14	12		14	14	14	14	14	13	14	14	14	14	13	14
9	13	12		9	9	10	13	1	7	6	10	5	7	11	13
82	93	100		64	64	71	93	7	54	43	71	36	50	85	93
28	7	0		36	36	29	7	93	46	57	29	64	50	15	7
	11				0		21		47		29		14		8

Name des Kindes	Test-Teil	Ess- oder Suppenlöffel		Tee-/Kaffeelöffel		Pinzette		Pipette	
		Pre	Post	Pre	Post	Pre	Post	Pre	Post
C.		0	kW	0	kW	0	0	0	1b
D.		0	1	0	1	0	0	0	1
L.		0	1b	0	0	0	1	0	1d
J.		1	0	0	0	0	1	0	1d
F.		0	0	0	0	1c	0	0	1
P.		1	1	kW	0	1	1	0	1
N.		1	0	1c	1	1	1	1c	1b
J.		0	1	0	1	1b	1c	0	0
I.		0	1	1b	1	0	1	0	1
M.		0	0	1c	0	0	1d	0	1d
M.		0	0	1b	0	1b	1	0	1
E.		1	1c	1	1	0	1	0	1d
R.		0	0	kW	0	1c	0	0	0
F.		1b	1	kW	1b	0	1	0	1
Kategorisierung									
Wort gewusst		4	5	1	5	2	8	0	6
Wort nicht gewusst		9	6	6	7	8	4	13	2
mit phonologischer Anlauthilfe gewusst		1	1	2	1	2	0	0	2
Umschreibung		0	1	2	0	2	1	1	0
phonoogische Ersetzung		0	0	0	0	0	1	0	4
keine Wertung		0	1	3	1	0	0	0	0
Summe der Nennungen		14	14	14	14	14	14	14	14
Summe der zu wertenden Aussagen	n=	14	13	11	13	14	14	14	14
Berechnung									
Wort gew.+ phonol. Anlauthilfe	[Anzahl Ki.]	5	6	3	6	4	8	0	8
Wort gew.+ phonol. Anlauthilfe	[in %]	36	46	27	46	29	57	0	57
Wort nicht gewusst+ Umschreib. + phonologische Ersetzung	[in %]	64	54	73	54	71	43	100	43
Zuwachs richtiger Benennungen	[%-Punkte]		10		19		29		57

Lupe		Nagel		Batterie, Akku		Glühbirne		Kabel, Draht		Fassung, Halterung	
Pre	Post	Pre	Post	Pre	Post	Pre	Post	Pre	Post	Pre	Post
0	1	0	1c	1	1	1	1	1c	1c	0	1
0	kW	1	1	1	1	1	1	0	1	1	1
0	1	kW	1	1	1	1	1	1	1	0	0
0	1	0	0	1	1	1	1	1	1	0	0
1b	1	0	1d	1	1	1	1	0	1c	0	1
0	1	1	1	1	1	1	1	1	1	0	1
1	1	kW	1	1	1	1	1	1	1	0	0
1b	1c	1b	1	1	1c	1	1	1	1	0	0
1	1	1	1	1	1	1	1	1	1	0	0
1c	1	1	1	1	1b	1	1	0	0	0	1
1	0	1	1	1	1	1	1	1c	1c	0	0
1	1	1	1	1	1	1	1	1	1	0	0
1c	kW	1	1	1	1	1	1	1c	1c	0	kW
1	1	1	1	1	1	1b	1	1	1	0	1
5	10	8	11	14	12	13	14	8	10	1	6
5	1	3	1	0	0	0	0	3	1	13	7
2	0	1	0	0	1	1	0	0	0	0	0
2	1	0	1	0	1	0	0	3	2	0	0
0	0	0	1	0	0	0	0	0	0	0	0
0	2	2	0	0	0	0	0	0	0	0	kW
14	14	14	14	14	14	14	14	14	13	14	14
14	12	12	14	14	14	14	14	14	13	14	13
7	10	9	11	14	13	14	14	8	10	1	6
50	83	75	79	100	93	100	100	57	77	7	46
50	17	25	21	0	7	0	0	43	23	93	54
	33		4		−7		0		20		39

Anhang 2: Tests der Chemie-Kenntnisse

Ankerbeispiele der Auswertungskategorien

Experimentieren

Ankerbeispiele zum Experiment „Luftballon mit Kohlenstoffdioxid aufblasen"

Kategorie der Auswertung / Ausprägung	Detaillierte Erinnerung („viel")	Eingeschränkte Erinnerung („mittel")	Geringe/keine Erinnerung („wenig")
Durchführung	M: „Da füllt man erst Essig rein [zeigt auf die Flasche]. Dann [...] ist der Trichter am Luftballon, dann [...] kommt da Backpulver rein. Dann wird der Luftballon da drüber gemacht. Dann muss man so halten, damit das Backpulver da unten lang geht ..."	R. [...] beginnt, den Luftballon in die Flasche zu stülpen. „Jetzt müssen wir irgendwas da rein machen."	./.
Phänomene	M: „... und dann schäumt es. Und dann geht der Luftballon irgendwie noch ein bisschen hoch. [macht alle Bewegungen mit]"	F: „Da unten drin, da, äh, da wird das Essig und das Backpulver zusammen nach oben ge, ge, mmh, geflogen, ne? Und wenn der Luftballon dann wieder runter geschwebt ist, dann ist das alles wieder tief."	./.
Deutung	./.	M: „Weil, weil da Luft raus kommt. [...] Aus Essig und Backpulver?"	Interv. „Und warum bläst er sich auf?" M.: „Weil der keine Luft mehr kriegt."

Ankerbeispiele zum Experiment „Kerze unter Glas löschen"

Kategorie der Auswertung / Ausprägung	Detaillierte Erinnerung („viel")	Eingeschränkte Erinnerung („mittel")	Geringe/keine Erinnerung („wenig")
Durchführung	Ju: „Du machst das Streichholz an und zündest die Kerze an. Und dann die beiden [Kerzen]. Und dann tust du auf jede Kerze ein Glas drauf. [...] Dann gehen die aus."	./.	./.
Phänomene	F: „Mmh, äh, die Kerze geht aus. Und wenn man hoch macht, geht sie wieder an. [...] Das die immer kleiner wird die Flamme. Die wird so fast ausgehen und dann geht sie wieder an [wenn man das Glas hochzieht]."	./.	./.
Deutung	Ju: „Die Kerzen brauchen auch Sauerstoff um zu brennen und wenn du da Gläser drunter tust, dann bekommen die keinen Sauerstoff mehr."	Jo: „Äh, sie geht immer unter, weil sie immer weniger Süßstoff, weil sie immer so auf und jetzt geht sie immer so runter."	D: „Ähm, ich hab bisschen vergessen."

Ankerbeispiele zum Experiment „Kohlenstoffdioxid-Feuerlöscher"

Kategorie der Auswertung / Ausprägung	Detaillierte Erinnerung („viel")	Eingeschränkte Erinnerung („mittel")	Geringe/keine Erinnerung („wenig")
Durchführung	N.: „Zuerst mache ich die Kerze an. [...] Und das hier holen [Backpulver] Das hier jetzt ... [Gibt Backpulver ins Schälchen, um die Kerze herum] Jetzt tun wir Essig dazu."	S. (führt das Experiment vor, will aber das Glas direkt über die Kerze halten)	./.

Phänomene	Cl: „ Dann sprudelt das erstmal. Dann [...] macht man ein bisschen drüber, dann geht die Kerze aus."	S: „Und dann ist das immer so gequelmt [geschäumt]. Immer so groß geworden und immer so runter gekommen."	./.
Deutung	N: „Weil das hier nimmt dadurch der Kerze den Sauerstoff weg."	./.	C.: „Da entsteht, da schäumt der Backpulver und dann [...] ist das aus."

Ankerbeispiele zum Experiment „Tintentropfen"

Kategorie der Auswertung	Ausprägung	Detaillierte Erinnerung („viel")	Eingeschränkte Erinnerung („mittel")	Geringe/keine Erinnerung („wenig")
Durchführung	J.: „Man packt da Wasser und Öl rein und dann ist das Öl oben." Int: „Was kam da noch mit rein?" J.: „Tinte. Haben wir Tinte rein gepackt, 'nen Tropfen, und dann ist es durchgegangen und vier Tropfen und dann ist alles so bunt gekommen."	H: „Es muss hier erstmal Wasser rein. [...] Und dann die Tinte." Int: „Und was haben wir da zwischendurch noch rein getan?" H: „Ach! Öl!"	./.
Phänomene	H: „Mmh, das löst sich auf und geht so nach unten und noch so oben." Int: „Was geht nach oben?" H: „Mmh, diese, mmh, Pünktchen."	P: „Mmh, erstmal Tinte und dann Wasser. [...] Also, da konnte man sehen, dass die Tinte da runter tropfte."	./.
Deutung	./.	E.: „Weil das leichter als das Wasser ist."	H: „Das hab ich glaub ich vergessen."

Ankerbeispiele zum Experiment „Chromatografie"

Ausprägung / Kategorie der Auswertung	Detaillierte Erinnerung („viel")	Eingeschränkte Erinnerung („mittel")	Geringe/keine Erinnerung („wenig")
Durchführung	N: „Wir muss erstmal hier ein Loch machen. […] Ja muss dann rollen. Dann Wasser halten, dann muss Papier, diese Rolle, hier mach. Und noch, muss diese Stifte auch noch anmalen."	[L. weiß die einzelnen Schritte zu tun, das Anmalen des Filter-papiers und das Auf-rollen des zweiten, be-nötigt aber Hilfestel-lung in ihrer Abfolge.]	./.
Phänomene	R: „Es ist so, die Farbe ist anders geworden. So blau. Bei mir ist die Farbe ganz anders geworden!"	N: „Ähm, wir musse anmale, dann Wasser durch diese lange Stab, dann ein Blume."	./.
Deutung	./.	N: „Weil Wasser hier hoch saugen, dann diese Farbe langsam in Wasser wird, dann bisschen verteilen."	./.

Ankerbeispiele zum Experiment „Windelpulver"

Ausprägung / Kategorie der Auswertung	Detaillierte Erinnerung („viel")	Eingeschränkte Erinnerung („mittel")	Geringe/keine Erinnerung („wenig")
Durchführung	D.: „Erst da ein biss-chen rein gemacht. Und dann mit der Pipette von dem Wasser und dann, dann bei der Windel-pulver immer so gemacht."	./.	./.
Phänomene	H: „Es wird größer."	./.	./.
Deutung	./.	./.	D.: „Weiß ich nicht mehr."

Bildergeschichten

Ankerbeispiele zur Bildergeschichte „Kerze unter Glas löschen"

Ausprägung / Kategorie der Auswertung	Detaillierte Erinnerung („viel")	Eingeschränkte Erinnerung („mittel")	Geringe/keine Erinnerung („wenig")
Durchführung	J.: „Ein Junge hat ein Glas geholt, die Kerze angemacht. Und dann hat der das Glas drüber gemacht, dann wird das langsamer und jetzt ist aus."	./.	./.
Deutung	J.: „Weil es kein Sauerstoff hat."	R: „Weil in die Glas gibt's keine Luft."	F: „Der Deckel drückt das Feuer runter."

Ankerbeispiele zur Bildergeschichte „Kuchen backen"

Ausprägung / Kategorie der Auswertung	Detaillierte Erinnerung („viel")	Eingeschränkte Erinnerung („mittel")	Geringe/keine Erinnerung („wenig")
Durchführung	E.: „Also, da macht die Mutter einen Teig. Füllt das in die Backform, stellt das in den Ofen. Und dann, danach ist es ein richtiger Kuchen."	R.: (Beginnt die Bilder zu sortieren; 8 sec.) „Die Mama backt Kuchen. Dann macht das. Das hier." (Ist sich unsicher bei der Reihenfolge; verschiebt Bilder; tauscht sie aus)	./.
Deutung	E.: „Weil da Backpulver drin ist, ist er aufgegangen."	L.: „Dann wird das immer dicker. […] Weil da Luft drinne."	F.: „Also, der Kuchen muss […] heiß werden, damit er auch mit Blasen […] schmeckt."

Ankerbeispiele zur Bildergeschichte „Spülen"

Ausprägung Kategorie der Auswertung	Detaillierte Erinnerung („viel")	Eingeschränkte Erinnerung („mittel")	Geringe/keine Erinnerung („wenig")
Durchführung	E: „Hier ist das dreckige Geschirr. Da. Hier wird warmes Wasser rein gelassen. Hier kommt Spülmittel rein. Und dann ist es sauber."	R.: „Die Sachen, Sachen sind schmutzig. [...] Dann hat die Wasser angemacht. [...] Und dann hat die ... (überlegt; 6 sec.) Das ist falsch. (Tauscht das zweite Bild gegen ein anderes aus.) Erst Wasser und dann das hier (deutet auf das Spülmittel)."	./.
Deutung	E: „Den Teller mit der Marmelade konnte man einfach so abwaschen. [...] Aber das mit der Butter nicht. Dafür brauchen wir Spülmittel."	Int: „Was macht das Spülmittel?" P: „Das wascht das ab." Int: „Und was passiert mit dem Öl?" P: „Das sieht man nicht mehr. Dafür schäumt das nur."	./.

Ergebnistabellen der Tests (Chemie-Kenntnisse)

Experiment	Schule 1	Schule 2	Σ
Luftballon mit CO_2 aufblasen	2	5	7
Kerze unter Glas löschen	4	2	6
CO_2-Feuerlöscher	3	2	5
Tintentropfen	1	3	4
Chromatografie	3	1	4
Windelpulver	1	1	2

Tabelle 37: Im Post-Test gewählte Experimente

Testergebnisse der Experimente

Kategorie „Durchführung"

Experiment	Geringe/keine Erinnerung („wenig")	Eingeschränkte Erinnerung („mittel")	Detaillierte Erinnerung („viel")
Luftballon mit CO_2 aufblasen	0	1	7
Kerze unter Glas löschen	0	0	5
CO_2-Feuerlöscher	0	2	3
Tintentropfen	0	2	2
Chromatografie	0	1	3
Windelpulver	0	0	2
Σ	0 (= 0 %)	6 (= 21 %)	22 (= 79 %)

Tabelle 38: Erinnerung an die Durchführung der Experimente (n=28)

Kategorie „Phänomene"

Experiment	Geringe/keine Erinnerung („wenig")	Eingeschränkte Erinnerung („mittel")	Detaillierte Erinnerung („viel")
Luftballon mit CO_2 aufblasen	0	2	6
Kerze unter Glas löschen	0	0	5
CO_2-Feuerlöscher	0	2	3
Tintentropfen	0	1	3
Chromatografie	0	2	2
Windelpulver	0	0	2
Σ	0 (= 0 %)	7 (= 25 %)	21 (= 75 %)

Tabelle 39: Erinnerung an die Phänomene der Experimente (n=28)

Kategorie „Deutung"

Experiment	Geringe/keine Erinnerung („wenig")	Eingeschränkte Erinnerung („mittel")	Detaillierte Erinnerung („viel")
Luftballon mit CO_2 aufblasen	3	3	0
Kerze unter Glas löschen	2	1	2
CO_2-Feuerlöscher	3	1	0
Tintentropfen	3	1	0
Chromatografie	0	4	0
Windelpulver	2	0	0
Σ	13 (= 52 %)	10 (= 40 %)	2 (= 8 %)

Tabelle 40: Post-Test: Erinnerung an die Deutung der Experimente (n=25)

Bildergeschichten

Kategorien „Durchführung" und „Deutung"

Bildergeschichte	Testteil	Durchführung Anteil Nennungen [in %]				Deutung Anteil Nennungen [in %]			
		kW	wenig	mittel	viel	kW	wenig	mittel	viel
Kerze unter Glas löschen	Pre		7	14	79		64	29	7
	Post				100			50	50
Spülen	Pre		7	36	57	21	36	43	
	Post			7	93			71	21
Backen	Pre			14	86		21	79	
	Post			14	86	7		43	50
Σ	Pre		5	21	74	7	40	50	2
	Post			7	93	5		55	40

Tabelle 41: Ergebnisse der Befragung per Bildergeschichte
(kw = „keine Wertung"; n=42).

Anhang 3: Beispiele empfehlenswerter Experimentiereinheiten

Jede der beschriebenen Einheiten kann für sich durchgeführt werden. Die hier gewählte Reihenfolge ist nicht zwingend, jedoch sind die Erfahrungen des Arbeitskreises Chemiedidaktik eingeflossen.

Es sollte mit wenig aufwendigen Experimenten begonnen werden, um Kinder und Lehrende zu Beginn nicht zu überfordern. Teamarbeit sollte erst eingeplant werden, wenn alle Beteiligten im Experimentierprozess etwas Routine erlangt haben.

Zudem sollte bei den Kindern eine freudige, aber realistische Erwartungshaltung zum Experimentieren geweckt werden. Es empfiehlt sich daher, mit Alltagsmaterialien und ruhigen Experimenten zu beginnen. Experimente mit unbekannten Substanzen (wie der Superabsorber) sollten nicht zu Beginn durchgeführt werden, weil sie durch die vermeintliche Nähe zur Zauberei die Gefahr bergen, dass ein wesentlich falscher Eindruck vom Experimentieren entsteht: Dass sich das Unbekannte durch „Zauberei" anders verhält, als zu erwarten wäre. Ebenso wenig eignen sich Experimente mit „Knalleffekt" für den Beginn des Experimentierens, weil sie „Edutainment"-Erwartungen nähren und nicht auf eine spannend-konzentrierte Auseinandersetzung zielen.

Experiment1:   „Kerze(n) unter Glas löschen"

Benötigtes Material

- Pro Kind
  - ein Teelicht und ein Glas;
- für je zwei Kinder
  - ein Sicherheitsfeuerzeug (Stabfeuerzeug oder Feuerzeugpistole; sie eignen sich für Kinderhände, da die Flamme mit genug Abstand von den Fingern erscheint).

Naturwissenschaftliches Thema: Worum geht es in dem Versuch?

- Kerzen benötigen Luft (bzw. Sauerstoff) zum Brennen.
- Stoffkreislauf: Die Kerze verschwindet nicht, sondern die Teilchen, aus denen sie besteht, werden umgewandelt.

Versuchsdurchführung

- Jedes Kind bekommt ein Teelicht sowie ein Glas.
- Die Kinder stülpen das Glas über die brennende Kerze und beobachten, was geschieht.

Beobachtung

- Nach einer gewissen Zeit, die von dem Volumen des Glases abhängt, werden die Flammen kleiner, verändern dabei ihre Farbe und erlöschen schließlich.
- Danach steigt vom Docht Rauch auf und es schlägt sich ein Wasserfilm im Glas nieder.

Kindgerechte Erklärung/Deutung

- Kerzen benötigen Luft zum Brennen, genauer gesagt ein Gas aus der Luft, den Sauerstoff. Ist nicht ausreichend Sauerstoff vorhanden, so erlöschen sie.
- Sie werden zunächst kleiner und verändern die Farbe, mit der sie brennen.
- Dabei verschwindet die Kerze nicht einfach – genauso wenig, wie der Salat, den wir essen. Auch er wird (in unserem Körper) umgewandelt.
- Bei der Kerze sehen wir Stoffe, die bei der Umwandlung entstehen: Es steigt weißer Wachsdampf auf, wenn zu wenig Sauerstoff zur Verfügung steht und sie zu brennen aufhört, und das Glas beschlägt innen und fühlt sich feucht an – es ist Wasser entstanden.

Mögliche Erweiterungen des Versuchs

- Gibt man jedem Kinderpaar ein Glas anderer Größe dazu, können sie das gleichzeitige Überstülpen der Gläser über die Teelichte und die Reaktionen der Kerzen erproben. Es zeigt sich: Je größer das Glas ist, desto länger brennt die Kerze, weil mehr Sauerstoff zur Verfügung steht.
- Anhand von Gläsern unterschiedlicher Größe können die Kinder Vermutungen aufstellen, in welcher Reihenfolge die Kerzen erlöschen, und dies erproben.

Didaktische Bemerkungen/Bezüge zum Alltag

- Kinder kennen Kerzen, haben aber heterogene Vorstellungen zum Verbrennungsvorgang. Dieser Versuch ist geeignet, ihr Wissen sichtbar werden zu lassen und per Diskussion weiterzuentwickeln.

- Die folgenden Versuche empfehlen sich als Anschluss: Der „Kerzen-Feuerlöscher" nimmt den Aspekt des Sauerstoffes wieder auf, „Kerzen beim Brennen beobachten" vertieft das Wissen um den Brennvorgang und bietet Anknüpfungen zum Thema der Aggregatzustände.

Naturwissenschaftliche Vertiefung

- Bei der Verbrennung der Kerze entsteht aus Paraffin und Sauerstoff Kohlenstoffdioxid und Wasser (und bei unvollständiger Verbrennung Ruß). Das Wasser zeigt sich als Niederschlag innen am Glas.
- Die schematische Reaktionsgleichung zeigt dies:
  $2 \, C_{20}H_{42} + 61 \, O_2 \rightarrow 40 \, CO_2 + 42 \, H_2O.$

Experiment 2: „Kerzen beim Brennen beobachten"

Benötigtes Material

- Pro Kind
  - o ein Teelicht und
  - o ein Schälchen als Unterlage für das Teelicht;
- für je zwei Kinder
  - o ein Sicherheitsfeuerzeug (Stabfeuerzeug oder Feuerzeugpistole).

Worum geht es in dem Versuch, naturwissenschaftlich und didaktisch?

- Naturwissenschaftlich vertieft dieser Versuch die Beobachtung der Verbrennung.
- Dabei wird die unterschiedliche Abstrahlung von Wärme um die Flamme erfahrbar und der Wechsel des Aggregatzustandes des Wachses von „fest" zu „flüssig" (und, unsichtbar, gasförmig) sowie die verschiedenen Farbzonen der Flamme werden sichtbar.
- Mit der Zeit wird auch deutlich, dass das Wachs in der Aluschale weniger wird.
- Didaktisch ermöglicht dieser Versuch genaues, unabgelenktes Beobachten und das Entdecken neuer Aspekte an einem vermeintlich bereits bekannten Vorgang (vgl. Kap. 4.1.1).

Versuchsdurchführung

- Jedes Kind bekommt ein neues, frisches Teelicht. Sie werden gleichzeitig angezündet.
- In einer „Ohrenschonungs-Übung" beobachtet jedes Kind unabgelenkt: Für eine verabredete Zeit, z. B zwei Minuten, spricht niemand, dann erst werden Eindrücke ausgetauscht.
- Es bietet sich an, das Gesehene zu dokumentieren, z. B. zu malen und zu beschriften

Beobachtung

- Beim Entzünden des Dochtes läuft an diesem meist ein Tropfen flüssiges Wachs herab.
- Die Flamme brennt in unterschiedlichen Farben und hat einen grauen Rand.
- Nach einer Weile entsteht durch das schmelzende Wachs unter der Flamme ein kleiner Wachssee.
- Es ist über der Flamme sehr heiß, neben ihr aber weniger.

Kindgerechte Erklärung/Deutung

- Die verschiedenen Flammenfarben zeigen unterschiedliche Temperaturzonen.
- Die Flamme brennt nach oben, weil die entstehende Hitze sie nach oben steigen lässt. So ist es über der Flamme heiß und neben ihr nicht (Vergleich mit Heizkörpern anstellen).
- Beim Brennen wird durch die nach unten strahlende Wärme das Wachs flüssig. Es wird im Docht nach oben gezogen und verbrennt dort. Da ganz am Anfang noch kein flüssiges Wachs am Docht ist, ist dieser stark mit Wachs überzogen – so entsteht der erste Tropfen.

Mögliche Erweiterungen des Versuchs

- Dass sich unter dem Docht flüssiges Wachs bildet (und nicht Wasser), wird deutlich, wenn es in eine Schale gegossen wird: Zuerst flüssig und durchsichtig, erkaltet es bald, wird weiß und fühlt sich wieder an wie Wachs.
- Hier lassen sich Parallelen herstellen zum Übergang von Eis (als fest gewordenes Wasser) zu flüssigem Wasser durch das Ansteigen der Temperatur.

Didaktische Einrahmung/Bezug zum Alltag

- Dieser Versuch entstand als Reaktion auf den Ausspruch eines Kindes, dass „da ja Wasser sei unter der Flamme". Er ermöglicht die Diskussion vieler Fragen, z. B wieso die Kerzenflamme nach oben steigt, wozu das Metallplättchen unten am Docht ist etc.

Experiment 3: „*Kerzen-Feuerlöscher*" *und* „*Kerzentreppe*"

Benötigtes Material

- Pro Kind
  - ein Teelicht und ein Glas,
  - ein hohes Schälchen als Behältnis für das Teelicht;
- für je zwei Kinder
  - ca. 250 ml Essig (pro Versuch ca. 50 ml), Backpulver,
  - ein Sicherheitsfeuerzeug (Stabfeuerzeug oder Feuerzeugpistole);
- ein kleines Aquarium oder ein ähnliches, durchsichtiges, möglichst rechteckiges Gefäß,
- eine Handvoll Bauklötze o. Ä. für die „Kerzentreppe".

Worum geht es in dem Versuch, naturwissenschaftlich und didaktisch?

- Naturwissenschaftlich zeigt der Versuch, dass
  a) bei der Reaktion des Feststoffes Backpulver mit der Flüssigkeit Essig ein Gas (Kohlenstoffdioxid) entsteht,
  b) das entstehende Gas Kohlenstoffidioxid (CO_2) schwerer als das Luftgemisch ist,
  c) dieses Gas eine Kerze erlöschen lässt, indem es das benötigte Gas Sauerstoff verdrängt.
- Didaktischer Anlass zur Erweiterung und Veränderung des „Luft-Konzeptes": Einzelne Kinder haben Begriffe wie „Sauerstoff" gehört, jedoch keine Vorstellung von Luft als Gasgemisch entwickelt und diskutiert (vgl. Kap. 3.2.2, S. 148). Hierzu gibt dieser Versuch Anlass.

Versuchsdurchführung

- Die Teelichte der Kinder stehen in den Schälchen und werden dort ange-
zündet.
- Die Kinder geben jeweils etwas Essig in das Glas, dann ca. einen Tee-
löffel Backpulver.
- Nun wird das Glas mit der schäumenden Lösung vorsichtig neben der
Kerze hochgehoben und so schräg gehalten, als würde man die Flüssig-
keit auf die Kerze gießen wollen, ohne das Glas jedoch so weit zu neigen
(Flüssigkeit gerade nicht herausfließen lassen).

Beobachtung

- Der Essig riecht sauer.
- Sobald das Backpulver in den Essig rieselt, wird dieser trüb-milchig und
beginnt zu schäumen.
- Die Kerze erlischt wenige Momente, nachdem begonnen wurde, das Glas
über ihr schräg zu halten.
- Das Schäumen im Glas mit dem Essig und Backpulver wird mit der Zeit
weniger, und es bleiben Schaumreste am Glas.

Kindgerechte Erklärung/Deutung

- Luft besteht aus verschiedenen Bestandteilen, von denen Kerzen (und
Menschen) nur einen benötigen, den Sauerstoff.
- Beim Mischen von Essig und Backpulver entsteht ein anderes Gas, das an
sich nicht giftig ist. Dieses Gas Kohlenstoffdioxid ist schwerer als das
Luftgemisch und entweicht deshalb aus der schäumenden Flüssigkeit
nicht gleich in den großen Luftraum im Klassenzimmer – es sammelt sich
auf der Flüssigkeit.
- Weil Kohlenstoffdioxid so schwer ist, kann es wie eine Flüssigkeit gegossen werden. Beim Schräghalten des Glases fließt es nach unten auf
den Boden des Kerzenglases. Dort wird aber der Sauerstoff von der Kerze
gebraucht! Das Kohlenstoffdioxid ist jedoch schwerer – also sinkt es auf
den Boden und verdrängt dort den Sauerstoff. Wenn sich viel Kohlenstoffdioxid sammelt, wird der Sauerstoff nach oben gedrängt – über die
Kerze, die dann erlischt.

Mögliche Erweiterungen des Versuchs

- Die Kerzentreppe zeigt das Sammeln des Kohlenstoffdioxides: Drei, vier Bauklötze stehen auf Podesten im Glas-Aquarium, eine „Treppe" bildend. Das Backpulver wird vorsichtig auf dem Glasboden verteilt, die Kerzen angezündet, der Essig dazugegossen. Die unterste Kerze erlischt zuerst, dann die nächstobere usw. (Alternativ kann dies auch mit einem großen Becherglas durchgeführt werden; dann ist jedoch darauf zu achten, dass das Gas beim Gießen nicht direkt Kerzen auslöscht).
- Versuche, die Kerzen wieder zu entzünden, misslingen. Von oben angenäherte Feuerzeuge und Streichhölzer erlöschen, sodass gut sichtbar, wo die Schicht aus Kohlenstoffdioxid beginnt.

Didaktische Einrahmung/Bezug zum Alltag

- Siehe Versuch „Chemie des Backens" (Winzer, Bierbrauer und ihre Keller).

Naturwissenschaftliche Vertiefung

- Backpulver besteht aus Natriumhydrogencarbonat („doppelt kohlensaures Natron"). Unter Einwirkung von Säure (z. B. Essig), die Ionen (H^+) abgeben kann, entsteht aus Backpulver und dem H^+ der Säure das Gas Kohlenstoffdioxid (CO_2) und Wasser (H_2O).
- Die Reaktionsgleichung schematisiert dies:
$NaHCO_3 + H^+ \rightarrow Na^+ + CO_2 + H_2O$.

Experiment 4:   „Ballon in der Flasche aufblasen"

Benötigtes Material

- Pro Kind
  - o eine Plastikflasche mit sich rasch weitendem Hals (enge Hälse behindern das Aufblasen),
  - o Strohhalme,
  - o Luftballone (vorab mit einer Pumpe aufblasen, damit sie vorgedehnt sind);
- ein oder mehrere Metallröhrchen (z. B. Eiskaffee-Strohhalm aus Metall),
- eine Ahle oder spitze Schere.

Worum geht es in dem Versuch, naturwissenschaftlich und didaktisch?

- Luft kann zusammengedrückt (komprimiert) werden – zu einem gewissen Grad.
- Es wird erfahrbar, dass man beim Aufblasen eines Ballons zusätzlich zum Dehnen des Gummis gegen den Luftwiderstand arbeitet.
- Didaktisch wird hier ein hypothesen-prüfendes Vorgehen erlebbar: Die Vermutungen bekommen durch die Visualisierung in der Diskussion einen hohen Stellenwert.
- Die Vermutungen zeigen die Heterogenität der Vorstellungen: Entweder wird der Luft in der Flasche keine Bedeutung beigemessen oder ein Platzen der Flasche vermutet oder anderes.

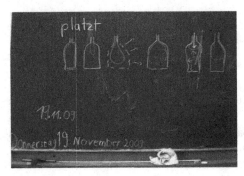

Abbildung 24:
Tafelbild 19.11.2009, Schule 1

Versuchsdurchführung

- Die Kinder versuchen, einen Ballon in der Flasche aufzublasen, was nur begrenzt möglich ist.
- Ein Trinkhalm wird zwischen Ballon und Flaschenöffnung gesteckt, dann wird weitergeblasen.
- Als Drittes werden Metallröhrchen benutzt oder in den Flaschenboden Löcher gebohrt.

Beobachtung

- Die Luftballone lassen sich in der Flasche nur wenige Zentimeter aufblasen.
- Werden Strohhalme neben den Ballonen in die Flaschenöffnung gesteckt, können diese weiter aufgeblasen werden – bis die Halme zerdrückt werden, was sie abknickt und den Luftfluss unterbindet.

- Wird ein Metallrohr verwendet oder unten in die Flasche in Loch gebohrt (z. B mit der Ahle), tritt dieser Effekt nicht auf und die Ballone können weiter aufgeblasen werden.

Kindgerechte Erklärung/Deutung

- Luft ist in allen Hohlräumen, so auch in der leeren Flasche. Versuchen wir, einen Ballon in ihr aufzublasen, dann geht dies nur so weit, wie wir die Flaschen-Luft zusammendrücken können.
- Die zusammengedrückte Flaschen-Luft kann durch die Strohhalme entweichen.
- Die Metallröhrchen knicken nicht, deshalb kann der aufzublasende Ballon sich weiter ausdehnen.

Didaktische Einrahmung/Bezug zum Alltag

- Dieser Versuch kann als Begleitversuch eingesetzt werden zu „Luftballon mit Kohlenstoffdioxid aufblasen". Er lässt den durch die Gasentwicklung entstehenden Druck sinnlich erfahrbar werden.
- In Verbindungen mit Erfahrungen im Freien (z. B. im Rahmen von Stürmen, Gewittern etc.) könnte der Versuch dazu eingesetzt werden, das Phänomen des Luftwiderstandes im Alltag zu thematisieren. Wo lässt sich Luftwiderstand noch erfahren? Zum Beispiel beim Gehen mit einem Schirm, auf dem Fahrrad oder bei der Betrachtung von Bäumen im Wind.

Experiment 5: „*Luftballon mit Kohlenstoffdioxid aufblasen* "

Benötigtes Material

- Für je zwei Kinder
  - eine Plastikflasche (500 ml),
  - ein Luftballon (sowie Ersatz),
  - ein Trichter (als Ersatz können abgeschnittene Hälse von Plastikflaschen dienen),
  - ca. 250 ml Essig (pro Versuch ca. 50 ml) sowie
  - Backpulver.

Worum geht es in dem Versuch, naturwissenschaftlich und didaktisch?

- Naturwissenschaftlich zeigt der Versuch, dass
  a) bei der Reaktion von Essig und Backpulver ein Gas entsteht, das Raum benötigt, und
  b) dieser Vorgang großen Druck verursacht und so den Ballon aufbläst.
- Darüber hinaus bietet er Anlass zur Überlegung, was chemische Reaktionen sind, und bietet ein Beispiel für die Entstehung eines Gases aus einem Feststoff und einer Flüssigkeit.

Versuchsdurchführung

- Die Luftballone mit Backpulver (ca. ein halbes Päckchen) befüllen: Dazu den Ballon über den Trichterhals ziehen, festhalten und dann das Backpulver einfüllen.
- In die Flaschen werden jeweils ca. 50 ml Essig gegeben (evtl. vorab mit Strich markieren).
- Dann werden in Teamarbeit die Luftballone auf die Flaschenhälse gezogen. Ein Kind hält die Flasche, das andere zieht den Ballon über den Flaschenhals und passt auf, dass kein Backpulver in die Flasche rieselt sowie der Ballonhals nicht beschädigt wird.
- Dann die Ballone nach oben halten, sodass das Backpulver in die Flasche rieselt.
- Als Dokumentation können die Kinder den Versuch malen, evtl. mit Vorlage (s. „Arbeitsblätter", Anhang 4).

Beobachtung

- Sobald das Backpulver in den Essig rieselt, beginnt dieser zu schäumen und der Ballon wird aufgeblasen.

Kindgerechte Erklärung/Deutung

- Überall in unserer Umgebung und sogar in uns selbst werden Stoffe umgewandelt!
  Unserer Körper kann wachsen, weil aus Salat und Tomatenspaghetti Teilchen werden, die unsere Knochen, unsere Haut und die Haare aufbauen. Das funktioniert nur, weil überall Stoffe chemisch umgewandelt werden. Eine solche Reaktion können wir auch in der Flasche beobachten. Vorher ist dort Essig darin, dann kommt Backpulver hinzu – von diesem ist später nichts mehr zu sehen, dafür aber ist der Ballon aufgeblasen wor-

den! Offensichtlich ist hier ein neuer Stoff entstanden – ein Gas. (Auch das können wir manchmal bei uns selbst beobachten, wenn nämlich im Magen ein Gas entsteht und wir aufstoßen müssen).

Naturwissenschaftliche Vertiefung

Siehe Experiment 3, S. 218.

Experiment 6:   *„Chemie des Backens"*

Benötigtes Material

- Pro Zweier-Team
  - zwei gleich große (Plastik-) Flaschen (z. B 0,5 Liter),
  - ca. 50 ml Essig,
  - ca. ½ Tüte Backpulver,
  - ein Stückchen Frischhefe (ein Würfel reicht für ca. 8 Teams),
  - ein Stück Würfelzucker oder ein Teelöffel Zucker, leicht warmes Wasser,
  - zwei Luftballone (dazu Ersatz), vorher mit einer Pumpe aufgepumpt und
  - Trichter zum Einfüllen des Backpulvers in den Luftballon.
- Für den Einstieg bzw. die Diskussion:
  - Backzutaten (Mehl, Zucker, Ei, Butter, Milch, Vanillepulver, Backpulver und Hefe), jeweils in handelsüblichen Verpackungen,
  - evtl. zwei Päckchen fertigen Teig (Kuchenteig *mit* Backpulver, Plätzchenteig *ohne* Backpulver), Pausenbrote.

Worum geht es in dem Versuch, naturwissenschaftlich und didaktisch?

- Es ist das Gas Kohlenstoffdioxid, das das „Aufgehen" von Kuchen beim Backen bewirkt: Die Gasblasen können aus dem Teig nicht entweichen, so bekommt er durch sie mehr Volumen.
- Dieser Effekt kann durch Backpulver, aber auch durch Hefe hervorgerufen werden.
- Aus didaktischer Sicht untersuchen die Kinder ein Experiment, das sie evtl. kennen, nun unter einem neuen Aspekt, nämlich der Geschwindigkeit des ablaufenden Prozesses.

Versuchsdurchführung

- Als Einstieg wird von den Kindern zu den auf dem zentralen Vorführtisch liegenden gängigen Backmaterialien erklärt, wozu sie beim Backen jeweils nötig sind.
- Beim Besprechen des Backpulvers oder der Hefe an Experiment 5, „Luftballon mit Kohlenstoffdioxid aufblasen" (S. 252), anknüpfen und gemeinsam überlegen, was das Backpulver/die Hefe im Teig bewirkt.
- Je ein Tandem erprobt beide Ansätze, also einen Ansatz mit Hefe und einen zweiten mit Backpulver (Letzterer wie Experiment 5).
- Für den Hefe-Versuch ca. 100 ml Wasser erwärmen (handwarm) und in die Flasche füllen, Würfelzucker dazugeben und lösen. Die Hefe bröselig dazugeben (je kleiner, desto besser), Ballon über die Flasche ziehen; die Flasche schwenken, bis die Hefe aufgelöst ist.
- Sind beide Ballone auf den Flaschen, beschreiben die Kinder, was sie beobachten. Zügig mit der Dokumentation beginnen! Wie lange dauert es, bis die Hefe-Ballone sich vergrößern? Was lässt sich bei welchem der beiden Ansätze sehen, hören, riechen?

Beobachtung

- Die chemische Reaktion mit Backpulver zeigt sich sofort: Der Ballon bläht sich direkt nach Zugabe des Backpulvers zum Essig auf, verändert sich danach nicht mehr.
- Die biologische Reaktion – der Versuch mit Hefe – erfordert etwas Geduld. Nach einigen Minuten wird das zunächst verhaltene Schäumen der Lösung sichtbar. Die Flasche mit den Händen zu wärmen, beschleunigt den Beginn des Prozesses (weshalb man Hefeteige „am warmen Ort" aufgehen lässt). Zunächst sind wenige Blasen zu sehen, was sich jedoch steigert und ebenfalls zum Aufblasen des Ballons führt.
- Die Reaktion dauert insgesamt – je nach Menge des zugegebenen Zuckers und Aktivität der Hefe – bis zu ca. 30, 40 Minuten. (Möglicherweise über eine Pause stehen lassen oder die Kinder über längere Zeit beobachten lassen, während Vermutungen ausgetauscht werden, was in der Flasche passiert, und gefragt wird, wer schon einmal mit Hefe gebacken hat).

Kindgerechte Erklärung/Deutung

- Wenn wir Brot oder Kuchen aufschneiden und dieses Bild mit dem vergleichen, wie ein Teig aussieht, so sehen wir im rohen Teig eine solide,
  zusammenhänge Masse, im gebackenen Teig jedoch kleine Hohlräume.
  Diese entstehen dadurch, dass (wie im Experiment 5) aus dem Backpulver
  ein Gas entsteht oder die Hefe im Teig kleine Gasblasen produziert.
- Weil die Gasblasen *im Teig* entstehen, können sie nicht entweichen, also
  lockern sie den Teig auf und lassen ihn größer werden. Gibt man keine
  Hefe und kein Backpulver zu einem Teig, so bleibt dieser fest – wie z. B
  bei Keksen. (Hier die Zutatenliste der fertig gekauften Teige lesen – oder
  vorab als Hausaufgabe die Familienrezepthefte mitbringen lassen und nach
  Rezepten suchen lassen, die Backpulver beinhalten oder ohne es aus-
  kommen).

Mögliche Erweiterungen des Versuchs

- Ist eine Schulküche vorhanden, können Muffins mit und ohne Hefe sowie
  mit und ohne Backpulver gebacken werden (oder Kuchen und Plätzchen).
- Muffins eignen sich wegen der benötigten kleinen Teigmenge und der
  schematischen, „rasterhaften" Anordnung der Teigmulden: Die Notwendigkeit zur Dokumentation der Einfüllorte der Backform bietet en passant
  Gelegenheit zu einer methodisch-propädeutischen Vorbereitung auf wissenschaftliche Laborarbeit. Ansätze mit und ohne Backpulver bzw. Hefe
  verdeutlichen so nicht nur den Effekt dieser Substanzen, sondern fordern
  spielerisch auch eine sinnvolle Dokumentation heraus.

Didaktische Einrahmung/Bezug zum Alltag

- Die Einheit eignet sich, um die Naturwissenschaften auch vor Weihnachten
  nicht aus dem Blick zu verlieren, wenn sonst dekorative und narrative Aspekte im Vordergrund stehen. Gleichzeitig zeigt sie, wie sehr auch unser
  Küchenalltag von Chemie durchdrungen ist.
- Ein Bezug kann hergestellt werden zur „Kerzentreppe" (Experiment 3). Lässt
  man die Kinder an der Hefe riechen, assoziieren einige den Geruch mit
  Bier oder Wein. Bei beidem entsteht Kohlenstoffdioxid! Wein- und Bierbrauer wissen, dass es sich auf dem Kellerboden sammelt, und nehmen
  beim Weg in den Keller eine Kerze mit, die sie „am langen Arm" so tief
  wie möglich tragen. Erlischt sie, wissen sie, dass der Keller gelüftet werden muss, bevor sie ihn betreten dürfen.

- Der Versuch eignet sich auch in höheren Klassen zu interdisziplinärem Lernen. Nicht nur kann vertieft auf die RGT-Regel (Reaktionsgeschwindigkeits-Temperatur-Regel, s. u., „Naturwissenschaftliche Vertiefung"), die Effekte großer Oberflächen (→ Hefe-Ansatz) für chemische Reaktionen sowie die Zusammenhänge zwischen biologischen und chemischen Reaktionen eingegangen werden, es lassen sich auch historische Aspekte zur „Erfindung" des Backpulvers durch Justus von Liebig erforschen.

- Diese Frage kann – der aktuellen Konzeption des Sachunterrichts als multiperspektivische Fachdisziplin folgend – parallel als historisch-ökonomische Frage erforscht werden. Wieso war und ist das Backpulver ein gern genutztes Produkt? Hier können die Kinder mit der Lehrperson überlegen und erproben, wie es früher (ohne Kühlschränke und Trockenhefe) war, Hefe aufzubewahren und für das Brot zu sorgen – geschweige denn als Leiter einer Feldküche im Militär unter Zeltlagerbedingungen große Mengen Brot zuzubereiten.

Naturwissenschaftliche Vertiefung

Beide Versuchsteile zeigen, was beim Backen im Teig passiert: Es wird Kohlenstoffdioxid produziert. Dies geschieht mit Hefe durch einen biologischen (genauer biochemischen) Prozess, mit Backpulver durch eine rein chemische Reaktion.

Die Reaktion mit Backpulver wurde bei Experiment 5, „Luftballon mit Kohlenstoffdioxid aufblasen" beschrieben. Hier ist anzufügen, dass beim Backen keine Säuren verwendet werden müssen, da das handelsübliche Backpulver bereits Säuerungsmittel enthält, die in einem wässrigen Medium bei Wärme reagieren.

Back- und Bierhefen sind Stämme von *Saccharomyces cerevisiae* (benannt nach dem griechischen *sakcharon* = Zuckerrohr und *mykes* = Pilz sowie der lateinischen Göttin des Ackerbaus, *ceres)*, also Bier als „flüssiges Brot"). *Saccharomyces cerevisiae* sind von Zucker lebende Pilze. Sie können mit und ohne Sauerstoff existieren. In unserem Versuch produzieren sie unter Sauerstoff Kohlenstoffdioxid; der Stoffwechselprozess heißt „Atmung". Unter Luftabschluss produzieren sie durch Gärung Alkohol, was in der Bierproduktion Verwendung findet.

Hefen verstoffwechseln den Zucker des Zuckerwassers, sodass Kohlenstoffdioxid und Wasser entsteht, wie die Reaktionsgleichung zeigt:

$$C_6H_{12}O_6 + 6\ O_2 \rightarrow 6\ CO_2 + 6\ H_2O.$$

Dabei wird das neu entstehende Wasser in der Lösung nicht sichtbar. Das Kohlenstoffdioxid entweicht aus der Lösung, sodass diese aufschäumt und den Luftballon aufbläst.

Dass der Hefe-Versuch schneller voranschreitet, wenn die Lösung etwas erwärmt wird (ohne den Hefezellen zu schaden), basiert auf den zugrunde liegenden chemischen Prozessen. Ihre Gesetzmäßigkeit wird durch die RGT-Regel beschrieben (s. o.). Sie besagt, dass chemische Reaktionen bei höherer Temperatur schneller ablaufen – als Faustformel ca. doppelt so schnell bei einer Temperaturzunahme von 10°C.

Experiment 7: „*Bäcker Kringelmann"*

Benötigtes Material

- Pro Zweier-Team
  o je ein Schnappdeckelglas mit Puderzucker und eines mit Backpulver. Diese sind eindeutig, aber „anonym" gekennzeichnet (z. B alle Zucker-Gläser mit einem roten Punkt, die mit Backpulver mit einem blauen). Falls keine Schnappdeckelgläser zur Verfügung stehen, eignen sich flache Glasschälchen,
  o Teelöffel für das Umfüllen der Stoffe,
  o zwei Gläser oder durchsichtige Plastikbecher sowie
  o Essig.

Worum geht es in dem Versuch, naturwissenschaftlich und didaktisch?

- Naturwissenschaftsdidaktisch können die Kinder mit dem Versuch „Bäcker Kringelmann" an das systematische, naturwissenschaftliche Vorgehen herangeführt werden, das über den Vergleich von Eigenschaften die Unterscheidung von Stoffen ermöglicht.
- Im Vergleich zur Erstversion des Experimentes (Lück 2005, S. 118) wurden hier nur zwei Stoffe unterschieden, um die kognitive Herausforderung zunächst überschaubar zu halten. So kann sich den Kindern das Prinzip der Vorgehensweise zeigen, ohne dass die Gefahr der Verwirrung durch eine Mehrfelder-Matrix besteht, wie sie bei einer dritten Substanz benötigt würde.
- Es kann anhand der Rahmengeschichte (ebd.) und ihrem schusseligen Protagonisten auch verdeutlicht werden, dass man gerade unbekannte Substanzen nicht in den Mund nehmen und schmecken darf. Schusseligkeiten sind menschlich – und wer weiß schon, ob Bäcker Kringelmann nicht seine Lieferung von Backzutaten mit der Lieferung von Scheuer-

pulver oder Maurergips verwechselt hat? Oder dem Lieferanten ein Fehler passiert war? Also gilt hier die Regel, dass nicht geschmacklich getestet wird, sondern lediglich andere Unterschiede herangezogen werden.

Versuchsdurchführung

- Jedes Kinder-Tandem bekommt von jeder Substanz ein Gläschen. Die farbige Markierung ermöglicht, über die Substanz in dem „roten" oder „blauen" Glas zu sprechen.
- Dann untersuchen die Kinder die Substanzen durch Anschauen, Schütteln, vorsichtiges Riechen (nicht Schmecken!), Betasten, Verreiben.
- Nach einer angemessenen Weile des Explorierens gemeinsam überlegen, wie die Stoffe identifizierbar sein könnten, und die Ideen an der Tafel notieren. Welches Verfahren könnte geeignet sein? Falls die Idee nicht von den Kindern kommt, hier die bereits bekannten Experimente ins Spiel bringen.
- An der Tafel ein kleines Raster – mit Zucker und Backpulver als Testsubstanzen und Essig als Überprüfungsreagens – entwerfen.
- Dann bekommt jedes Team zwei Gläser mit Essig für jeweils eine der Substanzen (jeweils passend farblich markiert). Nun wird das jeweilige Pulver zum entsprechenden Essig gegeben; ein Kind erprobt die Substanz aus dem roten, das andere die aus dem blauen Glas.
- Beim Sammeln der Ergebnisse an der Tafel wird die richtige Lösung schnell offensichtlich.

Beobachtung

- Der in Essig gerieselte Zucker löst sich, das Backpulver schäumt.

Kindgerechte Erklärung/Deutung

- Hier haben wir ein bereits bekanntes Verhalten der Stoffe zu ihrer Identifizierung genutzt: Zucker löst sich in Essig ohne besondere Reaktion, Backpulver schäumt dabei auf.

Mögliche Erweiterungen des Versuchs

- Die Liste der zu untersuchenden Stoffe kann erweitert werden, wenn die Kinder das Vorgehen (Eindeutigkeit der Reaktion, Ausschlussverfahren) verstanden haben (z. B. um Salz [klebt nicht, wenn gelöst, zur Unterscheidung von Zucker] oder Mehl [Lösung wird trüb]).

- Die Erfahrung zeigt jedoch, dass Erstklässler mit zwei Stoffen genug gefordert sind, wenn wirklich durch systematisches Nachdenken (und nicht den Reflex des Schmeckens) herausgefunden werden soll, um welche Substanz es sich handelt. Eine dritte Substanz (Salz oder Superabsorber/Windelpulver) könnte für vorerfahrene oder besonders rasche und gründliche Kinder als Möglichkeit der Binnendifferenzierung zur Verfügung gestellt werden, dessen Erforschung sie dann den anderen auch vorstellen können.

Didaktische Einrahmung/Bezug zum Alltag

- Als Geschichte und Hinführung zur Versuchsanlage dient der Bäcker Kringelmann, der (entweder aus Vergesslichkeit oder nach einer Zutatenlieferung) nicht weiß, in welchem seiner Säcke sich Zucker befindet und in welchem Backpulver (s. Arbeitsblätter, Anhang 4).

Experiment 8: „*Ein unbekanntes Pulver*" *(Superabsorber, Windelpulver)*

Benötigtes Material

- Pro Kind
  - o ein flaches Glasschälchen (oder eine Petrischale),
  - o in diesem eine „Messerspitze" Superabsorber,
  - o eine Pipette,
  - o eine dunkle Unterlage (Platzset) für den Kontrast.
- Pro Bank
  - o ein Glas Wasser.
- Für die Diskussion
  - o eine Rolle Alufolie und Küchen-Klarsichtfolie,
  - o Papiertaschentücher oder Haushaltsrolle,
  - o Frotteehandtuch,
  - o eine Windel.

Worum geht es in dem Versuch, naturwissenschaftlich und didaktisch?

Die naturwissenschaftliche Perspektive bietet hier ein prägnantes Beispiel für Saugfähigkeit. Aus didaktischer Sicht erleben die Kinder hier,

- wie ein (naturwissenschaftlicher, hypothesenbasierter) Erforschungsprozess vom Prinzip her vonstattengeht („Unbekanntes Pulver – wie können wir herausfinden, was es ist?"),

- dass das vermeintlich Einfache und Bekannte Überraschungen bergen kann,
- dass man sich Beweise überlegen muss, um eine Vermutung zu erhärten (*„falls* es Brausepulver ist, dann schäumt es mit Wasser"; *„falls* es Tapetenkleister ist, wird es klebrig").

Versuchsdurchführung

- Zur Frage, was das weiße Pulver sein könnte, stellen die Kinder Vermutungen auf. Dann wird darüber nachgedacht, wie diese belegt werden könnten.
- Das Pipettieren mit Wasser kann als Vorschlag unterbreitet werden, weil viele Kinder wissen, wie sich Salz oder Zucker in Wasser lösen. Die Kinder tauschen beim Pipettieren ihre Beobachtungen aus.
- Nach einiger Zeit werden die Beobachtungen gesammelt und dabei die Vermutungen aufgenommen, um welche Substanz es sich handeln könnte.
- Die Kinder diskutieren, aber nicht raten lassen. Die Nachfrage, wie ein Kind seine Meinung begründet, immer wieder als Standardrückfrage benutzen.
- Die Windel zeigen, öffnen, Superabsorber-Körner heraussammeln und zeigen. Ein Vergleich der Struktur und Saugfähigkeit ist anhand der Vergleichsmaterialien möglich (s. u., Alu- und Plastikfolie, glattes Geschirrtuch, dickes Frotteetuch).

Beobachtung

- Das Pulver ist zunächst weiß, wird aber nach dem ersten Auftropfen und kleiner „Einwirkzeit" langsam durchsichtig, wobei es sein Volumen vergrößert. Es verliert seine kantig-körnige Struktur, wird glibberig und nimmt stark an Volumen zu, wobei die ursprüngliche Körnchenstruktur noch rudimentär zu sehen ist, indem die Masse nicht ganz homogen wird.

Kindgerechte Erklärung/Deutung

- Es wird im Vergleich zu den erwähnten Textilien deutlich, welche Materialoberflächen Saugfähigkeit begünstigen: Je weniger glatt und je mehr gefaltet, desto saugfähiger ist ein Material. Alu- und Klarsichtfolie saugen nicht, Papiertaschentücher oder Küchenrolle sehr gut. Noch besser nimmt Frottee Feuchtigkeit auf, weil seine Fasern dreidimensional gefaltet sind. Ähnlich kann man sich die Windelpulver-Teilchen vorstellen, die stark verknäuelt und verdichtet sind. Bei der Zugabe von Wasser werden diese Verfaltungen entwirrt und das Wasser an diesen Strukturen festgehalten.

Experiment 9:   „Chromatografie" und „Malermeister Tüdelmann"

Benötigtes Material

- Pro Kind
  - ca. vier oder fünf runde weiße Kaffeefilter,
  - ein Glas mit Wasser,
  - ein Holz- (Schaschlik) Stäbchen (oder ein spitzer Bleistift).
- Für alle
  - genügend Filzstifte (vorab testen, ob sie für den Versuch gut geeignet sind); Filzstifte mit dunklen, eher „unansehnlichen" Farben zeigen die Effekte deutlicher als helle.

Worum geht es in dem Versuch, naturwissenschaftlich und didaktisch?

- Naturwissenschaftlich zeigen sich bei diesem Versuch mehrere Prinzipien: Zum einen die Kapillarwirkung, die die Bewegung des Wassers im Papier überhaupt bewirkt, zum anderen das Prinzip der Chromatografie (bzw. der Tatsache, dass unterschiedlich beschaffene Teile unterschiedlich weit im Gewebe bewegt werden).
- Die sich zeigende Farbe von Filzstiften ist aus verschiedenen Farben gemischt, die sich durch das Verfahren der Chromatografie herausfinden lassen.
- Die Chromatografie ist ein Verfahren, mit dem Teilchen unterschiedlicher Eigenschaften getrennt werden können, hier z. B. auf Basis der unterschiedlichen Größe.
- Didaktisch ist die Dokumentation des Versuches anspruchsvoll, weil sich die Ausgangsfarben auf dem Papier verändern und man vergessen kann, welcher Filzstift aufgetragen wurde. Die Kinder erfahren hier den Sinn und Zweck von Laborskizzen – und können in ihrem Forschertagebuch festhalten, aus welchen Stiften welcher Kreis entstanden ist.

Versuchsdurchführung

- Zuerst bohren die Kinder in die Mitte eines Kaffeefilters mit dem Holzstäbchen ein Loch. Um dieses herum wird ein schmaler Ring aus Filzstiftfarbe aufgebracht.
- Ein zweites Filterpapier wird um einen Holzstab herum aufgerollt. Anschließend wird dieser entfernt und die Papierrolle in das Loch des ersten Filterpapiers geschoben.

- Die beiden nun verbundenen Filterpapiere werden so in das halbvolle Glas mit Wasser gestellt, dass nur die Papierrolle in das Wasser taucht. Das Papier mit dem Filzstiftfleck liegt waagerecht auf dem Glasrand auf.
- Die Schritte der Durchführung den Kindern vorab deutlich zeigen! Evtl. den ersten Versuchsansatz gleichzeitig mit der Aufgabe durchführen, *auch* zu schauen, ob der Tischnachbar gut mitkommt, damit wirklich alle Kinder das Experiment später selbst durchführen oder sich gegenseitig helfen können.

Beobachtung

- Zuerst steigt das Wasser in dem „Papierdocht" nach oben, dann in das flach liegende Filterpapier mit dem Farbklecks. Dieser wird nass und die Farbe bewegt sich nach außen, wobei sie sich – häufig erst am Rand – in ihre Farbbestandteile aufteilt.

Kindgerechte Erklärung/Deutung

- Vom Malen mit Wasserfarben wissen Kinder, dass sich Farben in Wasser lösen, und von dem dort häufig verwendeten „Pinsel-Auswaschglas" beim Malen ist bekannt, dass dieses Wasser am Schluss immer schmuddelig-braun wird, obwohl mit allen möglichen Farben gemalt wurde. Diese Erfahrung der Kinder lässt sich gut verwenden.
- Filzstiftfarben sind aus verschiedenen Farben gemischt. Wenn das Wasser im gerollten Filterpapier nach oben gezogen wird und durch den Farbpunkt hindurch zieht, reißt es Farbteilchen mit, wie ein Fluss Steine und Holz mitreißt. Wie dort bleiben Teile dann liegen, wenn der Fluss langsamer fließt oder das Bachbett zu eng wird für sie.
- So ist es auch bei der Chromatografie: In der Mitte bleibt keine Farbe „hängen", weil das Wasser dort schnell fließt, weiter außen bleiben die größeren Farbteilchen – von innen kommend – als Erstes hängen und bilden den inneren Rand, die kleinen werden noch weiter nach außen mitgezogen.

Didaktische Einrahmung/Bezug zum Alltag

- Anknüpfungen an das Phänomen der *Kapillarwirkung* gibt es z. B. über Hosenbeine, die nass geworden sind, obwohl nur bis zum Knöchel über eine nasse Wiese gelaufen wurde.
- Ebenso werden die Blätter in Bäumen über diesen Effekt versorgt.

Mögliche Erweiterungen des Versuchs

- Als didaktische Rahmungen eignen sich Geschichten, die dazu herausfordern, Farbe auf Bestandteile hin zu überprüfen.
- Im Arbeitskreis Chemiedidaktik wurde die Geschichte vom „Malermeister Tüdelmann" (als Kollege des „Bäcker Kringelmann") erfunden, der vergessen hatte, ob er einen Farbmischauftrag der Farbe Dunkelorange bereits gemischt hatte.
- Zur Überprüfung wurde rote und gelbe Lebensmittelfarbe gemischt, von den Kindern mit einem Pinsel aufgetragen und so ausprobiert, ob sie sich auftrennt.

Abbildung 25: Als „Malermeister Tüdelmann" verwendetes Bild
(Bildquelle: http://zigdebeja.blogspot.ch/2010/02/quando-alguem-como-eu.html; 30.06.2012.)

Experiment 10: „Der Weg der Tinte" (mit „Chemie des Spülens")

Benötigtes Material

- Pro Kind oder pro Team
  o ein Glas, ein Holzstäbchen o. Ä. zum Rühren,
  o eine weiße Unterlage (mind. im Format von DIN A3), z. B. Zeichen-
     blockpapier;
- mehrere Messbecher mit Wasser (ca. pro vier Kindern einer),
- Öl und Spülmittel.
- Für die Diskussion
  o ein großer Standzylinder o. Ä. für den Demonstrationsversuch (s.
     Abb. 21, Foto S. 171, in Kap. 4.4.2).
  o Öl/Wasser-Modell: Glaskaraffe mit blauen Glassteinen („Wasser")
     und langen Dübeln („Öl").
- *Verschließbares Gefäß zum Entsorgen des gebrauchten Öls (nicht in die*
  Kanalisation!).

Worum geht es in dem Versuch, naturwissenschaftlich?

- Gleiches mischt sich nur mit Gleichem: Wasser und Öl mischen sich
  nicht, da ihre Teilchen strukturell verschieden sind. Tinte mischt sich mit
  Wasser, aber nicht mit Öl.
- Tenside, wie sie z. B. im Spülmittel vorkommen, besitzen Strukturelemente
  beider Substanzen – eine lange, unpolare Seite, die sich mit dem unpo-
  laren Teilchen des Öls verbindet, und ein polares Ende, das zum Wasser
  kompatibel ist. So können Tenside Ölteilchen „einkugeln" und mit ihren
  polaren Seiten trotzdem im Wasser gelöst bleiben.

Versuchsdurchführung

- Die Kinder füllen ihr Glas ca. zur Hälfte mit Wasser, dazu geben sie ca.
  1 cm Öl und versuchen, dies durch Rühren zu vermischen.
- Daran kann sich eine Sequenz der Überlegung anschließen, woran dies
  liegen könnte.
- Diese wird weitergeführt durch die Frage, wie sich Tinte in dem Gefäß
  mit Wasser und Öl wohl verhält; die Vermutungen dazu werden gesammelt, aber nicht bewertet.
- Nun werden in jedes Glas jeweils ca. fünf Tropfen Tinte gegeben, ohne
  dass gerührt wird.

Beobachtung

Abbildung 26: Kinder beim „Weg der Tinte"

- Auch unter Rühren mischen sich Öl und Wasser nicht.
- Die Tintentropfen sinken langsam durch die Ölschicht und verbleiben dann eine Weile auf der Trennschicht zum Wasser.
- Sie bilden eine Ausbuchtung nach unten, bevor sie die Trennschicht durchdringen, ins Wasser sinken und dieses blau färben.

Kindgerechte Erklärung/Deutung

- Öl und Wasser mischen sich nicht, weil ihre Teilchen strukturell unterschiedlich sind.
- Ein Modell kann dies verdeutlichen: Die schweren, blauen runden Glassteine als „Wasser" bleiben unten in der Karaffe dicht beieinander, die langen, leichten Dübel als „Öl" schwimmen oben auf dem Wasser, weil sie größer und leicht sind.
- Alle neuen Stoffe (Tinte, aber auch Salz oder Marmelade oder Honig etc.) mischen sich entweder in Wasser oder Öl – je nachdem, welcher Struktur sie ähnlich sind.

Didaktische Einrahmung/Bezug zum Alltag

- Das naturwissenschaftliche Prinzip des „Gleiches mischt sich nur mit Gleichem" kann an verschiedenen Phänomenen und Versuchen verankert werden. Ein Zugang, der direkte Versuch des Mischens von Wasser und Öl, ist oben beschrieben.

- Ein anderer Zugang kann sein, auf das Erfahrungswissen der Kinder zurückzugreifen, dass beim Spülen Spülmittel verwendet wird. So wurde der Versuch in Schule 2 mit einer kleinen Sequenz begonnen, in der gemeinsam überlegt wurde, wie zwei mitgebrachte Frühstücksteller zu spülen wären, um sie wirklich zu säubern: Einer war nur mit Marmelade verschmutzt, der andere offensichtlich mit Marmelade und Butter. So lässt sich feststellen, ob die Kinder wissen, dass das Spülmittel nur für die Butter benötigt wird, und wenn ja, was es beim Spülen bewirkt (vgl. die Auswertung der Chemie-Kenntnisse im Rahmen der Bildergeschichten, Kap. 3.2.1.2, S. 145).

Anhang 4: Weniger empfehlenswerte Experimente

Während der Intervention erwiesen sich einige Experimente aus unterschiedlichen Gründen als nur bedingt geeignet für das Experimentieren im schulischen Kontext.

„Richtiger Gebrauch von Streichhölzern": In Schule 1 wurde mit dem Lernen des Umgangs mit Streichhölzern begonnen. Für Schule 2 wurde dieses Vorgehen nach folgender Überlegung verändert: Lehrende und Kinder sollten bei den ersten Experimenten Routine im Experimentierprozess erlangen. Dies wird mit Streichhölzern nicht befördert, da es sich nicht um einen zu beobachtenden Versuch handelt, sondern nur um ihre richtige, sozusagen „handwerkliche" Handhabe. Trotzdem hat dies den Kindern Freude bereitet, weil ihnen der Umgang mit Streichhölzern normal nicht erlaubt ist.[169] Doch auch dies spricht *gegen* die Verwendung von Streichhölzern im Unterricht: Das Wissen, dass man nun etwas sonst Verbotenes tun darf, stellt für die Kinder ein Spannungspotenzial dar, an das andere Versuche nicht heranreichen.

Brausetabletten-Kanone: Dieser weit verbreitete Versuch ist für einen spannenden, aber konzentrierten Experimentierprozess wenig geeignet. Er erlaubt durch sein hohes Spannungspotenzial kaum, zu einer deutenden Besprechung der chemischen und physikalischen Gesetzmäßigkeiten zu kommen. Insofern sollte er nur in Betracht gezogen werden, wenn andere, auf die Vorgänge der Gasentstehung zielende Versuche (wie „Kohlenstoffdioxid-Feuerlöscher" oder „Luftballon mit Kohlenstoffdioxid aufblasen") durchgeführt wurden und verankert sind. Schließt sich die Brausetabletten-Kanone in der gleichen Einheit direkt an, kann die Eindrücklichkeit ihres Effektes den kognitiv verwertbareren Eindruck anderer Versuche quasi „überschreiben".

Zucker in kaltem und in warmem Wasser lösen: Dieser Versuch wurde als erste Intervention in Schule 2 durchgeführt. Für die nach den Hospitationen als experimentier-unerfahren eingestufte Klasse lag es nahe, mit einem Beobachtungsexperiment zu beginnen, das gute Möglichkeiten zur Verbalisierung bietet. Jedoch kannten die „Meinungsführenden" der Klasse den Versuch bereits und fanden ihn nicht mehr spannend, sodass kaum Forscheratmosphäre entstand. Insofern wird das Lösen von Zucker in kaltem und in warmen Wasser – wie von LÜCK intendiert – als eher für den Elementarbereich und weniger für den Primarbereich geeignet bewertet.

---

169 Dass die Kinder mit Streichhölzern umgehen würden, wussten die Eltern seit einem Elternabend. Auch bekamen sie einen Brief, in dem alle mit den Kindern erarbeiteten Regeln – u. a. die, die ihnen den Gebrauch von Streichhölzern nur im Beisein von Erwachsenen gestattete – aufgelistet waren, sodass sie gut informiert waren.

„Was fällt schneller" verdeutlicht den Luftwiderstand aus alltäglicher Sicht. Da er in den Experimenten mit Luftballonen in Erscheinung tritt, wurde hier ein physikdidaktisches Experiment erprobt.[170] Bei diesem Versuch werden gleich schwere Dinge unterschiedlicher Form fallengelassen (z. B. glattes und zerknülltes Papier) oder unterschiedlich schwere Dinge ähnlicher Form (z. B *eine* Bohne und ein Kilo-Paket der gleichen Bohnensorte). Erstere fallen trotz gleichen Gewichtes verschieden schnell, Letztere trotz unterschiedlichen Gewichtes gleich schnell. So wird die meistens geäußerte Vermutung, das Gewicht bedinge schnelles oder langsames Fallen, entkräftet, und die erste Variante initiiert häufig die Betrachtung der „Fläche zum Wind". Trotzdem gestaltete der Versuch sich schwierig, da er in dieser Altersstufe nur als Lehrerversuch durchgeführt werden kann und so den Durchführungsmaximen widerspricht. Für Erstklässler ist es schwierig, zwei Gegenstände gleichzeitig fallen zu lassen. Sie öffneten häufig die Hand zuerst, die den vermeintlich schneller fallenden Gegenstand hielt – als würden sie ihrer Vermutung bestätigen wollen. Neben dem unzureichenden koordinatorischen Geschick der Kinder spricht gegen diesen Versuch, dass die Gesetzmäßigkeiten des Luftwiderstandes trotz der Anschaulichkeit des Versuchs einen hohen Grad Abstraktion behalten.

---

170 Der Sachunterricht der Primarschule zeichnet sich durch seine vielfältigen Fachbezüge aus. Diese Multiperspektivität bietet die Chance, konsequent phänomenorientiert vorzugehen, ohne die Fachlichkeit aus den Augen zu verlieren. „*Phänomene und Probleme führen oft zu fächerübergreifendem Lernen und Lehren: Kinder denken noch nicht in Fachschubladen*" (LABUDDE 2011, S. 6). Deshalb wurde der Orientierung an Phänomenen und Materialien der kindlichen Umwelt ein hoher Stellenwert eingeräumt.

Anhang 5: Beispiele verwendeter Arbeitsblätter

Zweites Experiment: Welche Farben in unseren Filzstiften drinstecken!

Was haben wir heute beim Experimentieren verwendet?
Kreuze an und schreibe den Namen dazu! Du kannst die Namen unten lesen.

Wasser	Plastikbecher	Filterpapier

Filzstifte   Stein   Messbecher   Pinsel   Buntstifte   Bleistift

Datum: _____

Heute haben wir mit Teelichtern experimentiert.
Woraus bestehen sie?

_____

_____

_____

_____

Ein Teelicht besteht aus einer Kerze und der Teelichtschale. Diese ist aus
einem Metall, das Aluminium heißt. Sie sorgt dafür, dass das flüssige Wachs
nicht wegläuft. Am Docht verbrennt das Wachs, das sich hochgesogen hat.
So entsteht die Kerzenflamme.

Welche Teile findest Du auch bei einer normalen Kerze?
Trage ein!

_____

_____

_____

Datum: _____

Vorgestern haben wir Kerzen unter Glas ausgehen lassen.
Beschreibe, was Du beobachtet hast!

Zuerst haben wir die Kerze

_____ .

Danach haben wir ein Glas über die Kerze

_____ .

Wir konnten beobachten, dass die Flamme

_____ .

Nach einer kleinen Weile ist die Flamme ganz

_____ .

Vorher ist etwas Rauch

_____ .

Datum: _____

Bäcker Kringelmann braucht Eure Hilfe!!

Bäcker Kringelmann weiß nicht, in welchem Sack Zucker ist und in welchem Backpulver.

Können wir ihm helfen, <u>ohne</u> die Pulver zu probieren?

Und wenn ja, wie?

Vielleich mit einem Experiment?

	Pulver aus dem roten **Sack**	**Pulver aus dem** blauen **Sack**
Was passiert, wenn du Essig zugibst? Beschreibe Deine Beobachtung!		
Welche Substanz befindet sich also im Sack (Mehl oder Backpulver)? Beschrifte dann den Sack!		

Welches Pulver war in welchem Sack?

Im roten Sack befindet sich ...   Im blauen Sack ist ...

_____   _____

Literatur

Aeschlimann, U./Buck, P./Hugel, A./Østergaard, E./Rehm, M. und Rittersbacher, C. (2008). Phänomenologische Naturwissenschaftsdidaktik II: Der Lernweg und der Lehrweg von den Phänomenen zum Begriff. In: GDCP (Hg.): *Kompetenzen, Kompetenzmodelle, Kompetenzentwicklung* (= Tagungsband der Jahrestagung 2007). Berlin: LIT Verlag, 179–181.

Agel, C./Beese, M. und Krämer, S. (2012). Naturwissenschaftliche Sprachförderung. Ergebnisse einer empirischen Studie. *MNU* 65/1, 36–44.

Aitchinson, J. (2003). *Words in the mind. An introduction to the mental lexicon.* Oxford: Blackwell.

Anderman, L.H. und Kaplan, A. (2008). The Role of Interpersonal Relationships in Student Motivation. *The Journal of Experimental Education* 76/2, 115–119.

Anton, M.A. und Neber, H. (2008). Implementierung von „Forschungszyklen" in den Chemieunterricht. Konzeptionen und Konsequenzen. *Pädagogik der Naturwissenschaften – Chemie in der Schule* 3/57, 35–37.

Anton, M.A. (1999). Phänomen – Sprache – Dialog. Vom Anthropomorphismus zum Fachgespräch. In: GDCH (Hg.): *Zur Didaktik der Physik und Chemie. Probleme und Perspektiven* (= Tagungsband der Jahrestagung 1998). Alsbach/Bergstrasse: Leuchtturm-Verlag, 193–195.

von Aufschnaiter, C. (2008). Mithilfe von Experimenten lernen – (wie) geht das? Experimentierserien als systematischer Zugang zu physikalischen Konzepten. *Unterricht Physik* 19/108, 248–253.

von Aufschnaiter, S. (2007). Müssen sich zentrale fachdidaktische Grundannahmen empirisch bewähren? In: GDCP (Hg.): *Naturwissenschaftlicher Unterricht im internationalen Vergleich* (= Tagungsband der Jahrestagung 2006). Berlin: LIT Verlag, S. 160–162.

Bacon, Sir F. (1605). The Advancement of Learning. (Neuere Ausgabe hrsg. von J. Devey, 1901. New York: Press of P. F. Collier & Son).

Baker, L. und Cantwell, D.P. (1987). A prospective psychiatric follow-up of children with speech and language disorders. *Journal of the American Academy of Child and Adolescent Psychiatry* 26, 546–553.

Baldwin, D.A. (1995). Understanding the link between joint attention and language. In: Moore, C. and Dunham, P.J. (eds.). *Joint attention: Its origins and role in development.* Hillsdale, NJ: Erlbaum. 131–158.

Baldwin, D.A. und Markman, E.M. (1989). Establishing word-object relations: A first step. *Child development 60*, 381–398.

Bashir, A.S. und Scavuzzo, A. (1992). Children with language disorders: Natural history and academic success. *Journal of Learning Disabilities* 25, 53–65.

Bauersfeld, H. (2002). Interaktion und Kommunikation. Verstehen und Verständigung. *Grundschule* 3/34, 10–14.

Baumert, J./Klieme, E./Neubrand, M./Prenzel, M./Schiefele, U./Schneider, W./ Stanat, P./Tillman, K.-L. und Weiß, M. (Hrsg.)(2001). *PISA 2000. Basiskompetenzen von Schülerinnen und Schülern im internationalen Vergleich.* Opladen: Leske und Budrich.

Beck, I./McKeown, M.G. und Kucan, L. (2002). *Bringing Words to Life. Robust Vocabulary Instruction.* New York, London: The Guilford Press.

Beck, S. (2006). Musik und Sprache – Wie kann Sprachförderung im Musikunterricht aussehen? *Grundschule* 4/2006, 22–24.

Becker, H.S./Geer, B./Hughes, E.C., und Strauss, A.L. (1961): *Boys in White: Student Culture in Medical School*. Chicago: University of Chicago Press.

Beitchman, J.H./Nair, R./Clegg, M. und Ferguson, B. (1986): Prevalence of psychiatric disorders in children with speech and language disorders. *Journal of the American Academy of Child and Adolescent Psychiatry* 25, 528–535.

Bierbaum, H. (2007). Zu einigen Gründen des „Scheiterns" naturwissenschaftlichen Unterrichts. In: GDCP (Hg.): *Naturwissenschaftlicher Unterricht im internationalen Vergleich* (= Tagungsband der Jahrestagung 2006). Berlin: LIT Verlag, 172–174.

Bierbaumer, N./Frey, D./Kuhl, J./Schneider, W. und Schwarzer, R. (Hg.) (2003). *Sprachproduktion*. (= Enzyklopädie der Psychologie, Themenbereich C, Serie III, Band 1.). Göttingen, Bern, Toronto, Seattle: Hogrefe.

Bindel, W.R. (2007). Kognitives Modellieren als didaktisches Prinzip. In: Kolberg, T. (Hg.): *Sprachtherapeutische Förderung im Unterricht*. Stuttgart: Kohlhammer, 144–160.

Bishop, D.V.M. (2009). Specific language impairment as a language learning disability. *Child Language Teaching and Therapy* 25,2, 163–165. http://clt.sagepub.com/content/25/2/163.extract (16.05.12).

Bishop, D.V.M. und Adams, C. (1990). A prospective study of the relationship between specific language impairment, phonological disorders and reading retardation. *Journal of Child Psychology and Psychiatry* 31, 1027–1050.

Bishop, D.V.M. und Edmundson, A. (1987). Language impaired 4-year-olds: Distinguishing transient from persistent impairment. *Journal of Speech and Hearing Disorders 52*, 156–73.

Bittner, S. (2001). Learning by Dewey? John Dewey und die Deutsche Pädagogik 1900–2000. Bad Heilbrunn: Klinkhardt.

BMBF (Bundesministerium für Bildung und Forschung; Hg.) (2008). *Referenzrahmen zur altersspezifischen Sprachaneignung* (= Bildungsforschung Bd. 29/1). Bonn: BMBF.

BMBF (Bundesministerium für Bildung und Forschung) (Hg.) (2007a). *Anforderungen an Verfahren der regelmäßigen Sprachstandsfeststellung als Grundlage für die frühe und individuelle Förderung von Kindern mit und ohne Migrationshintergrund* (= Bildungsforschung Bd. 11). Bonn: BMBF.

BMBF (Bundesministerium für Bildung und Forschung) (2007b). Rahmenprogramm zur Förderung der empirischen Bildungsforschung. http://www.bmbf.de/pub/bildungsforschung_band_zweiund zwanzig.pdf (16.05.2012).

Bolte, C./Benedict, C. und Streller, S. (2007). Wie Grundschulkinder Natur-Wissen schaffen (wollen). In: GDCP (Hg.): *Naturwissenschaftlicher Unterricht im internationalen Vergleich* (= Tagungsband der Jahrestagung 2006). Berlin: LIT Verlag, 548–550.

Bolte, C. und Seyfarth, M. (2007). Zur Förderung fachsprachlicher Kompetenzen im Chemieunterricht. In: GDCP (Hg.): *Naturwissenschaftlicher Unterricht im internationalen Vergleich* (= Tagungsband der Jahrestagung 2006). Berlin: LIT Verlag, 313–315.

Bolte, C. und Behrens, J. (2004). Zur Situation des Physik/Chemie-Unterrichts im Förderschwerpunkt Lernen. In: GDCH (Hg.): *Chemie- und physikdidaktische Forschung und naturwissenschaftliche Bildung* (= Tagungsband der Jahrestagung 2003). Berlin: LIT Verlag, 316–319.

Botting, N. und Conti-Ramsden, G. (2000). Social and behavioral difficulties in children with language impairment. *Child Language Teaching and Therapy* 16, 105–120. http://clt.sagepub.com/cgi/reprint/16/2/105 (17.05.2012).

Brandt, A./Möller, J. und Kohse-Höinghaus, K. (2008). Was bewirken außerschulische Experimentierlabors? Ein Kontrollgruppenexperiment mit Follow up-Erhebung zu Effekten auf Selbstkonzept und Interesse. *Zeitschrift für pädagogische Psychologie 22/1*, 5–12.

Brennerscheidt, E. (2007). Konzeption und Evaluierung des SprachEntwicklungsProfils für den Unterricht „Zaubern mit Tamkra". Dortmund (online-Dissertation). https://eldorado.tu-dortmund.de/handle/2003/24886 (17.05.12).

Bundesrepublik Deutschland (2008). Gesetz zu dem Übereinkommen der Vereinten Nationen vom 13. Dezember 2006 über die Rechte von Menschen mit Behinderungen sowie zu dem Fakultativprotokoll vom 13. Dezember 2006 zum Übereinkommen der Vereinten Nationen über die Rechte von Menschen mit Behinderungen. In: Bundesgesetzblatt Jahrgang 2008, Teil II, Nr. 35. http://www.un.org/Depts/german/uebereinkommen/ar61106-dbgbl.pdf (13.05.12).

Burbules, N.C. und Bruce, B.C. (2001). Theory and Research on Teaching as Dialogue. In: Richardson, V. (ed.). *Handbook of Research on teaching*. Washington: The American Educational Research Association, 1102–1121.

Carroll, J.B. (1956). Language, Thought and Reality. Selected Writings of Benjamin Lee Whorf. New York: Wiley & Sons.

Charpak, G. (2007). Wissenschaft zum Anfassen – Naturwissenschaften in Kindergarten und Grundschule. La main à la pâte. Berlin: Cornelsen.

Chomsky, N. (1981). *Lectures on Government and Binding. The Pisa-Lectures*. Riverton: Foris.

Clausmeyer, I. (2009). Vor, auf, unter, hinter, neben.... . Spiele und Lieder zur Unterstützung des Grammatikerwerbs. *Kindergarten heute* 11/12, 28–32.

Cohen, N.J./Barwick, M.A./Horodezky, N.B./Vallance, D.D. und Im, N. (1998). Language, achievement and cognitive processing in psychiatrically disturbed children with previously identified and unsuspected language impairments. *Journal of Child Psychology and Psychiatry 39*, 865–78.

Conti-Ramsden, G. und Botting, N. (1999). Characteristics of children attending language units in England: A national study of 7-year-olds. *International Journal of Language and Communication Disorders 34*, 359–366.

Cromer, R.F. (1991). *Language and thought in normal and handicapped children*. Oxford: Basil Blackwell.

Csikszentmihalyi, M. (1975). Beyond Boredom and Anxiety – The Experience of Play in Work and Games, San Francisco: Jossey Bass Inc. [Deutsch: Das *flow-Erlebnis. Jenseits von Angst und Langeweile: im Tun aufgehen*. Stuttgart: Klett-Cotta 1985/2005].

Danielson, C. (2008). Wie gut ist gut genug? Schulentwicklung durch mehr Unterrichtsqualität. *Grundschule 3/2008*, 50–52.

Dawes, L. (2008). Encouraging students' contributions to dialogue during science. *School Science Review 90/331*, 101–107.

Dell, G.S. (1991). Stages of lexical access in language production. In: Levelt, W.J.M. (ed.). *Lexical access in Speech Production*. Amsterdam: Elsevier Science Publishers., 287–314.

DeLuca, E. (2010). Unlocking Academic Vocabulary. Lessons from an ESOL teacher. *The Science Teacher 77/3*, 27–32.

Denzin, N. und Lincoln, Y.S. (2005) (Hrsg.). *The Sage Handbook of Qualitative Research*. Thousand Oaks, CA: Sage Publications, IX–XIX.

Dewey, J. (1974). *Psychologische Grundfragen der Erziehung*. München: Ernst Reinhardt Verlag (UTB).

Dewey, J. (1960). *The Quest for Certainty: A Study of the Relation of Knowledge and Action*. (Gifford Lectures 1929). New York: G.P. Putnam's Sons.

Dewey, J. (1933). *How we think*. A restatement of the relation of reflective thinking to the education process. Lexington, Massachusetts: D.C. Heath and Company.

Di Fuccia, D. und Ralle, B. (2010). Forschend-entwickelnd und kontextorientiert. Eine Beziehungsanalyse des forschend-entwickelnden Unterrichtsverfahrens und Chemie im Kontext in fünf Denkstufen. *MNU 63/5*, 296–304.

Dieck, M. (2006). „Das könnten aber auch Leitern sein": Bildwahrnehmung und Sprechen als produktives Zusammenspiel. *Grundschule 4/2006*, 18–20.

Dittmann, J. (2006). *Der Spracherwerb des Kindes. Verlauf und Störungen*. München: C.H. Beck.

Dockrell, J. und Lindsay, G. (1998). The ways in which speech and language difficulties impact on children's access to the curriculum. *Child Language Teaching and Therapy* 14, 117–133. (http://clt.sagepub.com/content/14/2/ 117) (17.05.12).

Dollase, R./Hammerich, K. und Tokarski, W. (Hrsg.) (2000). *Temporale Muster. Die ideale Reihenfolge der Tätigkeiten.* Opladen: Leske + Budrich.

Drechsler-Köhler, B. (2006). Naturwissenschaftlicher Unterricht in der Primarstufe – derzeitige Situation und Veränderung durch Lehrerfortbildung. In: GDCP (Hg.): *Lehren und Lernen mit neuen Medien* (= Tagungsband der Jahrestagung 2005). Berlin: LIT Verlag, S. 386–395).

Durkin, K. und Conti-Ramsden, G. (2010). Young people with specific language impairment: A review of social and emotional functioning in adolescence. *Child Language Teaching and Therapy* 26, 105–121. http://clt.sagepub.com/content/26/2/105 (13.05.12).

EADSNE (2003). *Special Needs Education in Europe.* Middelfart, DK: European Agency für Development in Special Needs Education. Paris: OECD Publication Service.

Eibeck, G. und Lorentz, C. (2009). Sprachförderung durch Musik. In: Ministerium für Generationen, Familie, Frauen und Integration des Landes Nordrhein-Westfalen. *Kinder bilden Sprache – Sprache bildet Kinder. Sprachentwicklung und Sprachförderung in Kindertagesstätten.* Münster, New York, München, Berlin: Waxmann, 81–89.

Eifler-Mikat, D./Demuth, R./Kleinert, K. und Kuchnowski, M. (2007). Eine naturwissenschaftliche Sommerschule für Grundschulkinder. In: GDCP (Hg.): *Naturwissenschaftlicher Unterricht im internationalen Vergleich* (Tagungsband der Jahrestagung 2006). Berlin: LIT Verlag, 286–288.

Eilks, I. (2002). Ein Modell zur Chromatografie. *Naturwissenschaften im Unterricht, Chemie* 13/67, 27f.

Eineder, D.V. und Bishop, H.L. (1997). Block Scheduling the High School: The Effects on Achievement, Behavior, And Student-Teacher Relationships. *National Association of Secondary School Principals Bulletin* 81, 45–54.

Ehlich, K. (2007). Sprachaneignung und deren Feststellung bei Kindern mit und ohne Migrationshintergrund – Was man weiß, was man braucht, was man erwarten kann. In: Bundesministerium für Bildung und Forschung (Hg.): *Anforderungen an Verfahren der regelmäßigen Sprachstandsfeststellung als Grundlage für die frühe und individuelle Förderung von Kindern mit und ohne Migrationshintergrund* (= Bildungsforschung Bd. 11). Bonn: BMBF, 11–75.

Epstein, S.-A. und Philips, J. (2009). Storytelling skills of children with specific language impairment. *Child Language Teaching and Therapy* 25, 285–300. http://clt.sagepub.com/content/25/3/285 (13.05.12).

FACHHOCHSCHULE NORDWESTSCHWEIZ (2008). Leitfaden für die sprachliche Gleichstellung. http://www.fhnw.ch/ueber-uns/gleichstellung/gut-zu-wissen/download (13.05.2012).

Feige, B. (2007). Vielperspektivischer Sachunterricht. In: Kahlert, J./Fölling-Albers, M./Götz, M./ Hartinger, A./von Reeken, D. und Wittkowske, S. (Hg.). *Handbuch Didaktik des Sachunterrichts.* Bad Heilbrunn: Klinkhardt, 266–275.

Fleischhauer, J./Rogge, C./Riemeier, T. und von Aufschnaiter, C. (2008). Welche Anlässe regen Schüler zum Argumentieren an? In: Höttecke, D. (Hg.). *Kompetenzen, Kompetenzmodelle, Kompetenzentwicklung* (= GDCH Bd. 28, Band der Jahrestagung 2007). Berlin: LIT-Verlag.

Flick, U. (2009). *Sozialforschung. Methoden und Anwendungen.* Reinbek bei Hamburg: Rowohlt.

Flick, U. (2007a). *Designing Qualitative Research.* Los Angeles: Sage Publication

Flick, U. (2007b). *Managing Qualitaty in Qualitative Research.* Los Angeles: Sage Publications.

Flick, U. (2007c). *Qualitative Sozialforschung. Eine Einführung.* Reinbek bei Hamburg: Rowohlt.

Flick, U. (2002). Qualitative Sozialforschung. Eine Einführung. Reinbek bei Hamburg: Rowohlt.

Freeß, D. (2002). *Ästhetisches Lernen im fächerübergreifenden Sachunterricht. Naturphänomene wahrnehmen und deuten.* (= Grundlagen der Schulpädagogik Bd. 44). Baltmannsweiler: Schneider Verlag Hohengehren.

Fried, L. (2009). *Sprachkompetenzmodell Delfin 4. Testmanual (1. Teil).* http://pdffinder.net/ Sprachkompetenzmodell-Delfin-4.html *(13.05.12).*

Friederici, A.D. (2010). *Passt das Verb zum Nomen? Wie der Mensch Sprache versteht. Sprache und Wissenschaft 6, 398 f.*

Gärtner, H.-J. (2003). Kohlenstoffdioxid im Unterricht. *Naturwissenschaften im Unterricht Chemie,* 14/78, 4–10.

Geiger, M. (2009). Naturwissenschaftsunterricht und Zivilgesellschaft. In: Kirchhöfer, D. und Uhlig, C. (Hg.). *Naturwissenschaftliche Bildung im Gesamtkonzept von schulischer Allgemeinbildung.* Frankfurt/Main: Peter Lang.

Gesellschaft für Didaktik des Sachunterrichts (GDSU) (2002). *Perspektivrahmen Sachunterricht.* Bad Heilbrunn: Klinkhardt.

Gieske, M. und van Ophuysen, S. (2008). Erwartungen an den Übergang: Wie Schüler der Förderschule mit dem Förderschwerpunkt Sprache den Wechsel zur weiterführenden Schule einschätzen. *Heilpädagogische Forschung* 34/2, 80–90.

Glaser, B. und Strauss A. (1965). Awareness of Dying. Chicago: Aldine. [Deutsch: Interaktion mit Sterbenden. Göttingen: Vandenhoek & Rupprecht 1974].

Glück, Ch.W. (2007). *Wortschatz- und Wortfindungstests für 6- bis 10-Jährige.* München: Urban & Fischer.

Glück, Ch.W. (2003a). Semantisch-lexikalische Störungen bei Kindern und Jugendlichen. In: Grohnfeldt, M. (Hg.), *Lehrbuch der Sprachheilpädagogik und Logopädie Bd. 4.* Stuttgart: Kohlhammer, 178–184.

Glück, Ch.W. (2003b). Semantisch-lexikalische Störungen bei Kindern und Jugendlichen. Therapieformen und ihre Wirksamkeit. *Sprache-Stimme-Gehör* 27, 125–134.

Goedhart, M. (1999). Das Gespräch als Mittel zur Begriffsentwicklung, erläutert am Beispiel von Siedepunktbegriffen. In: GDCH (Hg.): *Zur Didaktik der Physik und Chemie. Probleme und Perspektiven* (= Tagungsband der Jahrestagung 1998). Alsbach, Bergstraße: Leuchtturm-Verlag, 97–99.

Gottwald, A. (2009), Herausforderungen und Erfolgsfaktoren für Erzieher/innen-Fortbildungen zum naturwissenschaftlichen Experimentieren. Ergebnisse aus dem Projekt NawiKi. In: Lauterbach, R./Giest, H. und Marquardt-Mau, B. (Hg.): *Lernen und kindliche Entwicklung – Elementarbildung und Sachunterricht.* Bad Heilbrunn: Klinkhardt, 125–132.

Grimm, H. (2003). *Störungen der Sprachentwicklung.* Göttingen: Hogrefe.

Grimm, H. (2000a). Entwicklungsdysphasie: Kinder mit spezifischer Sprachstörung. In: Grimm, H. (Hg.) (2000b). *Sprachentwicklung* (= Enzyklopädie der Psychologie, Themenbereich C, Serie III, Band 3.). Göttingen, Bern, Toronto, Seattle: Hogrefe, 603–640.

Grimm, H. (Hg.) (2000b). *Sprachentwicklung* (= Enzyklopädie der Psychologie, Themenbereich C, Serie III, Band 3.). Göttingen, Bern, Toronto, Seattle: Hogrefe.

Gromadecki, U. und Mikelskis-Seifert, S. (2006). Argumentieren als naturwissenschaftliche Arbeitsweise. In: GDCP (Hg): *Lehren und Lernen mit neuen Medien* (= Tagungsband der Jahrestagung 2005). Berlin: LIT Verlag, 204–206.

Grygier, P. und Hartinger, A. (2009). Grundschulkinder als Forscher – Auf dem Weg zum naturwissenschaftlichen Experimentieren. Grundschulmagazin 4, 43–45.

Hagen, M./Huber, L./Hemmer-Schanze, C. und Kahlert, A. (2007). Zuhören und Erzählen – Qualitätsmerkmale für „gelingenden Unterricht"? Erfahrungen aus zwei Projekten zur Förderung der Sprach- und Kommunikationsfähigkeit an Schulen. In: Möller, K./Beinbrech, C./Hein, A.-K./Schages, R. und Kleickmann, T. (Hg.). *Qualität von Grundschulen entwickeln, erfassen und bewerten.* Wiesbaden: Verlag für Sozialwissenschaften, 183–186.

Hartinger, A. und Fölling-Albers, M. (2002). *Schüler motivieren und interessieren. Ergebnisse aus der Forschung – Anregungen für die Praxis.* Bad Heilbrunn: Klinkhardt.

Hänsel, D. (2005). Die Historiographie der Sonderschule: Eine kritische Analyse. In: *Zeitschrift für Pädagogik* 51, 101–115.

Helsper, W./Kramer, R-T./Thiersch, S. und Ziems, C. (2009). Bildungshabitus und Übergangserfahrungen bei Kindern. In: Baumer, J./Maaz, K. und Trautwein, U. (Hg.). *Bildungsentscheidungen* (= ZfE Sonderheft 12/2009). Wiesbaden: Verlag für Sozialwissenschaften, 126–152.

Hermann, T. und Grabowski, J. (2003). Einleitung. In: Bierbaumer, N./Frey, D./Kuhl, J./Schneider, W. und Schwarzer, R. (Hg.). *Sprachproduktion.* (= Enzyklopädie der Psychologie, Themenbereich C, Serie III, Band 1.). Göttingen, Bern, Toronto, Seattle: Hogrefe., XI–XVII.

Hirsh-Pasek, K. und Golinkoff, R.M. (1996). *The origins of grammar: Evidence from early language comprehension*. Cambridge, Mass.: MIT Press. In: Tracy R. (2000). Sprache und Sprachentwicklung: Was wird erworben? In: Grimm, H. (Hg.). *Sprachentwicklung* (= Enzyklopädie der Psychologie, Themenbereich C, Serie III, Band 3.). Göttingen, Bern, Toronto, Seattle: Hogrefe. 3–39.

Hochschild, A.R. (1983). The managed heart. Berkeley: University of California Press. [Deutsch: Das gekaufte Herz – Die Kommerzialisierung der Gefühle. Frankfurt/Main, New York: Campus Verlag 2006].

Höttecke, D. (2010). Forschend-entwickelnder Unterricht. Ein Überblick zu Hintergründen, Chancen und Umsetzungsmöglichkeiten entsprechender Unterrichtskonzeptionen. *Unterricht Physik 119*, 4–12.

Höttecke, D. (2008). Fachliche Klärung des Experimentierens. In: GDCP (Hg.). *Kompetenzen, Kompetenzmodelle, Kompetenzentwicklung* (= Tagungsband der Jahrestagung 2007). Münster: LIT, 293–295.

Hoff-Ginsberg, E. (1986). Some contributions of mothers' speech to their children's syntactic growth. *Journal of Child Language 12*, 367–385.

Illner, R. (2005). Naturwissenschaften und Sprache. Erarbeitung eines Konzepts zur Verknüpfung des Bildungsbereichs Naturwissenschaften mit der sprachlichen Förderung in Kindertagesstätten. (Expertise des DJI). http://www.dji.de/bibs/384_Expertise_Naturwissenschaften_Illner.pdf (13.05.12).

Jacobs, E.L. (2001). The Effects of Adding Dynamic Assessment Components to a Computerized Pre-school Language Screening Test. In: *Communication Disorders Quarterly 22/4*, 217–226.

Jampert, K./Leuckefeld, K./Zehnbauer, A. und Best, P. (2006). *Sprachliche Förderung in der Kita. Wie viel Sprache steckt in Musik, Bewegung, Naturwissenschaften und Medien?* Weimar, Berlin: Verlag das netz.

Kamhi, A.G. (2004). A meme's eye view of speech-language pathology. *Language Speech and Hearing Services in Schools 35*, 105–111.

Kasper, L. und Mikelkis, H.F. (2008). Lernen aus Dialogen und Geschichten im Physikunterricht – Ergebnisse einer Evaluationsstudie zum Thema Erdmagnetismus. *Zeitschrift für Didaktik der Naturwissenschaften 14*, 7–25.

Kasper, L./Mikelkis, H.F. und Starauschek, E. (2005a). Naturwissenschaften im Disput: das Lernmedium „Tafelrunde". Narration und Diskurs als Zugang zur Physik. *Unterricht Physik 16/87*, 98–100.

Kasper, L./Mikelkis, H.F. und Starauschek, E. (2005b). Narration und Diskurs als Zugang zur Physik im Unterricht. In: Pitton, A. (Hg.). Relevanz fachdidaktischer Forschungsergebnisse für die Lehrerbildung (= GDCH Bd. 25, Band der Jahrestagung 2004). Münster: LIT-Verlag 2005.

Kibble, B. (2008). Becoming a good forces teacher. *School Science Review 89/328*, 77–83.

Kiziak, T./Kreuter, V. und Klingholz, R. (2012). Dem Nachwuchs eine Sprache geben. Was frühkindliche Sprachförderung leisten kann. Berlin: Berlin-Institut für Bevölkerung und Entwicklung.

Klann-Delius, G. (2008). Der kindliche Wortschatzerwerb. *Die Sprachheilarbeit 53/1*, 4–14.

Klann-Delius, G. (2005). Sprache und Geschlecht. Stuttgart: J.B. Metzler.

Klemm, K. (2010a). Gemeinsam lernen. Inklusion leben. Status Quo und Herausforderungen inklusiver Bildung in Deutschland. (Studie im Auftrag der Bertelsmann-Stiftung). http://www.bertelsmann-stiftung.de/cps/rde/xchg/SID-FA93E103A2DF1356/bst/hs.xsl/suche.htm_13.05.12).

Klemm, K. (2010b). Sonderweg Förderschulen: Hoher Einsatz, wenig Perspektiven. Eine Studie zu den Ausgaben und zur Wirksamkeit von Förderschulen in Deutschland. (Studie im Auftrag der Bertelsmann-Stiftung). http://www.bertelsmann-stiftung.de/bst/de/media/xcms_bst_dms_29959_29960_2.pdf (13.05.12).

Klieme, E./Artelt, C./Hartig, J./Jude, N./Köller, O./Prenzel, M./ Schneider, W. und Stanat, P. (Hrsg.) (2010). *Pisa 2009. Bilanz nach einem Jahrzehnt*. Münster, New York, München, Berlin: Waxmann.

Klieme, E./Döbert, H./Baethge, M./Füssel, H.P./Hetmeier, H.-W./Rauschenbach, T./Rockmann, U. und Wolter, A. (Autorengruppe Bildungsberichterstattung) (2008). Bildung in Deutschland 2008. Ein indikatorengestützter Bericht mit einer Analyse zu Übergängen im Anschluss an den Sekundarbereich I. Bielefeld: Bertelsmann.

KMK (2010a), Sekretariat der Ständigen Konferenz der Kultusminister der Länder in der Bundesrepublik Deutschland (Hg.). Statistische Veröffentlichungen der Kultusministerkonferenz, Dokumentation Nr. 190: Schüler, Klassen, Lehrer und Absolventen der Schulen 2000 bis 2009. http://www.kmk.org/fileadmin/pdf/Statistik/SKL_Dok_2009.pdf (15.01.11).

KMK (2010b), Sekretariat der Ständigen Konferenz der Kultusminister der Länder in der Bundesrepublik Deutschland (Hg.). Statistische Veröffentlichungen der Kultusministerkonferenz, Dokumentation Nr. 189: Sonderpädagogische Förderung in Schulen 1999 bis 2009. http://www.kmk.org/fileadmin/pdf/Statistik/Dok_189_SoPaeFoe_2008.pdf (17.05.2012).

KMK (2008), Sekretariat der Ständigen Konferenz der Kultusminister der Länder in der Bundesrepublik Deutschland (Hg.). Statistische Veröffentlichungen der Kultusministerkonferenz, Dokumentation Nr. 185: Sonderpädagogische Förderung in Schulen 1997 bis 2006. Verfügbar über: http://www.kmk.org (13.05.12).

KMK (2007), Sekretariat der Ständigen Konferenz der Kultusminister der Länder in der Bundesrepublik Deutschland (Hg.). Statistische Veröffentlichungen der Kultusministerkonferenz, Dokumentation Nr. 184: Schüler, Klassen, Lehrer und Absolventen der Schulen 1997 bis 2006. http://www.kmk.org/fileadmin/pdf/Statistik/Dok184.pdf (13.05.12).

KMK (1998), Sekretariat der Ständigen Konferenz der Kultusminister der Länder in der Bundesrepublik Deutschland (Hg.). Empfehlungen zum Förderschwerpunkt Sprache. Beschluß der Kultusministerkonferenz vom 26.06.1998. http://www.kmk.org/fileadmin/veroeffentlichungen_beschluesse/1998/1998_06_26-FS-Sprache.pdf (17.05.12).

KMK (1994), Sekretariat der Ständigen Konferenz der Kultusminister der Länder in der Bundesrepublik Deutschland (Hg.). Empfehlungen zur sonderpädagogischen Förderung in den Schulen in der Bundesrepublik Deutschland. Beschluss der Kultusministerkonferenz vom 06.05.1994. http://www.kmk.org/fileadmin/pdf/PresseUndAktuelles/2000/sopae94.pdf (17.05.12).

Koch, A. (2005), Science around the world. Integrierter Naturwissenschaftsunterricht im internationalen Vergleich. *Pädagogik der Naturwissenschaften, Chemie* 4/54, 9–12.

Kohse-Höinghaus, K./Herbers, R./Brandt, A. und Möller, J. (2004). Das *teutolab* – eine chemische Verbindung zwischen Schule und Uni. In: Müller, A./Quadbeck-Seeger, H.-J. und Diemann, E. (Hg.). *Facetten einer Wissenschaft – Chemie aus ungewöhnlichen Perspektiven.* Weinheim: Wiley-VCH, 313–327.

Kraus, M. E. und von Aufschnaiter, C. (2005). Physikalisch argumentieren lernen. Methoden zur Förderung der diskursiven Kompetenz. *Unterricht Physik* 16/87, 92–97.

Kubli, F. (2001). Narrative Aspekte im naturwissenschaftlichen Unterricht. *Zeitschrift für Didaktik in den Naturwissenschaften* 7, 25–32.

Labudde, P. (2011). Phänomene ohne Modelle bleiben blind, Modelle ohne Phänomene bleiben hohl. *Profil – Magazin für das Lehren und Lernen 2011/1*, 4–6.

Lamnek, S. (2005). *Qualitative Sozialforschung.* Weinheim, Basel: Beltz.

Langermann, K. (2006). *Akzeptanz naturwissenschaftlicher Phänomene bei geistig behinderten Vorschulkindern.* Göttingen: Cuvillier.

Langfeldt, H.-P. und Prücher, F. (2004). BSSK: *Bildertest zum sozialen Selbstkonzept. Ein Verfahren für Kinder der Klassenstufen 1 und 2.* Manual. Göttingen: Hogrefe.

Lahey, M. (1988). *Language disorders and language development.* New York: Macmillan.

Leisen, J. und Berge, O.E. (2005). Kurze Rede langer Sinn. Das Verhältnis von Verstehen und Fachsprache. *Unterricht Physik* 16/87, 26–27.

Leisen, J. (2005). Muss ich jetzt auch noch Sprache unterrichten? Sprache und Physikunterricht. *Unterricht Physik* 16/87, 4–9.

Leisen, J. (1999). Fachlernen und Sprachlernen im Physikunterricht. In: GDCH (Hg.): *Zur Didaktik der Physik und Chemie. Probleme und Perspektiven* (= Tagungsband der Jahrestagung 1998). Alsbach, Bergstraße: Leuchtturm-Verlag, 109–111.

Leroi-Gourhan, A. (1984). *Hand und Wort. Die Evolution von Technik, Sprache und Kunst.* Frankfurt am Main: Suhrkamp.

Leuckefeld, K. (2006). Wie viel Sprache steckt in den Naturwissenschaften? Wissen & Wachsen, Schwerpunktthema Naturwissenschaft und Technik, Wissen. http://www.google.ch/search?q= Wissen+und+Wachsen+Leuckefeld&ie=utf-8&oe=utf-8&aq=t&rls=org.mozilla:de:official& client=firefox-a (13.05.12).

Levelt, W.J.M. (Hg.) (1991). *Lexical access in Speech Production.* Amsterdam: Elsevier Science Publishers.

Levelt, W.J.M. (1989). *Speaking: From Intention to Articulation.* Cambridge, Mass.: MIT Press.

Lichtenstern, H. und Berge, O.E. (2007). Unterrichten über den Transformator. Didaktische Aspekte eines problematischen Themas. *Unterricht Physik* 18/102, 214–247.

Lindsay, G./Dockrell, J./Letchford, B. und Mackie, C. (2002). Self esteem of children with specific speech and language difficulties. *Child Language Teaching and Therapy* 18, 125–143. http://clt.sagepub.com/content/18/2/125 (13.05.12).

Lück, G. (2009a). Naturwissenschaftliche Bildung und Sprache. In: Hunger, I. und Zimmer, R. (Hg.): *Bildungschancen durch Bewegung – von früher Kindheit an!* Schorndorf: Hofmann-Verlag, 78–89.

Lück, G. (2009b). Naturwissenschaft und Sprache. Jede Menge Sprechanlässe. *Kindergarten heute* 11–12, 18–24.

Lück, G. (2009c). Naturwissenschaftliche Bildung und Sprache. In: Ministerium für Generationen, Familie, Frauen und Integration des Landes Nordrhein-Westfalen (Hg.). *Kinder bilden Sprache – Sprache bildet Kinder.* Münster: Waxmann, 91–104.

Lück, G. (2009d). *Handbuch der naturwissenschaftlichen Bildung. Theorie und Praxis für die Arbeit in Kindertageseinrichtungen.* Freiburg: Herder.

Lück, G. (2006a). Geschichten erzählen im naturwissenschaftlichen Sachunterricht. Plädoyer für eine narrative Didaktik. *Grundschule 3/2006,* 43–45.

Lück, G. (2006b). Wie die Umgangssprache oft den Blick auf die Naturphänomene und Naturgesetze verstellt. Wissen & Wachsen, Schwerpunktthema Naturwissenschaft und Technik, Wissen. http://www.wissen-und-wachsen.de/page_natur.aspx?Page=a2f6b691-831e-4c98-a345-13796da955b0 (26.09.2008).

Lück, G. (2006c). Animismen und Storytelling – Nicht nur unterhaltsames Beiwerk bei der Vermittlung naturwissenschaftlicher Inhalte und Deutungen. In: Lück, G. und Köster, H. (Hg.). *Physik und Chemie im Sachunterricht.* Bad Heilbrunn und Braunschweig: Klinkhardt und Westermann Schulbuchverlag.

Lück, G. (2005). *Neue leichte Experimente für Eltern und Kinder.* Freiburg: Herder.

Lück, G. (2004). Von einsamen Elektronenpaaren oder: Warum es in der Chemie menschelt. In: K. Griesar (Hg.). *Wenn der Geist die Materie küsst: Annäherungen an die Chemie.* Frankfurt/Main: Verlag Harri Deutsch, 162–175).

Lück, G. (2003). *Handbuch der naturwissenschaftlichen Bildung. Theorie und Praxis für die Arbeit in Kindertageseinrichtungen.* Freiburg: Herder.

Lück, G. (2000). *Naturwissenschaften im frühen Kindesalter. Untersuchungen zur Primärbegegnung von Kindern im Vorschulalter mit Phänomenen der unbelebten Natur.* Münster: LIT-Verlag.

Lück, G. (1999). „Vom Sinn der Sinne" und der Bedeutung der Sprache im Vermittlungs- und Lernprozess. In: Brechel, R. (Hg.). *Zur Didaktik der Physik und Chemie. Probleme und Perspektiven* Bd. 19. Alsbach: Leuchtturm-Verlag, 112–114.

Lütje-Klose, B. und Fuchs, A. (2010). Perspektiven einer ganzheitlich orientierten Sprachförderung im Anfangsunterricht für Kinder mit Spezifischen Sprachentwicklungsstörungen. *Sprachheilarbeit 4/2010,* 184–189.

Maier, H. (2006). Mathematikunterricht und Sprache – Kann Sprache mathematisches Lernen fördern? *Grundschule 4/2006,* 15–17.

Mangold-Allwinn, R. (1993). *Flexible Konzepte: Experimente, Modelle, Simulationen.* Frankfurt/Main: Lang.

Marchmann, V. und Bates, E. (1994). Continuity in lexical and morphological development: A test of the critical mass hypothesis. *Journal of Child Language 31,* 339–366.

Marinellie, S.A. (2010). Improving children's formal word definitions: A feasibility study. *Child Language Teaching and Therapy 26*, 23–37.

Martensen, M. und Demuth, R. (2009). Kontextorientierter Unterricht. Spaß am Unterricht statt Wissenserwerb? *Praxis der Naturwissenschaften – Chemie in der Schule 6/58*, 43–46.

Mayring, P. (2008*). Qualitative Inhaltsanalyse. Grundlagen und Techniken.* Weinheim und Basel: Beltz Verlag.

Mayring, P. und Gläser-Zikuda, M. (Hg.) (2008). *Die Praxis der qualitativen Inhaltsanalyse.* Weinheim und Basel: Beltz Verlag.

Mayring, P. (2007). Designs in qualitativ orientierter Forschung. *Journal für Psychology 15/2.* http://www.journal-fuer-psychologie.de/index.php/jfp/article/view /127/111 (17.05.2012).

Mayring, P. (2002). *Einführung in die Qualitative Sozialforschung. Eine Anleitung zu qualitativem Denken.* Weinheim und Basel: Beltz.

Mehan, H. (1985). The Structure of Classroom Discourse. In: Van Dijk, T.A. (ed.). *Handbook of Discourse Analysis Vol. 3: Discourse and Dialogue.* London: Academic Press, 120–131.

Meyer, H. (2008). *Was ist guter Unterricht?* Berlin: Cornelsen.

Menyuk, P. (2000) Wichtige Aspekte der lexikalischen und semantischen Entwicklung. In: Grimm, H. (Hg.) *Sprachentwicklung* (= Enzyklopädie der Psychologie, Themenbereich C, Serie III, Band 3.). Göttingen, Bern, Toronto, Seattle: Hogrefe. (2000b), 171–192.

Miles, M.B. und Huberman, A.M. (1994). Qualitative Data Analysis: A Sourcebook of new methods. Newbury Park, CA: Sage Publications.

Ministerium für Generationen, Familie, Frauen und Integration des Landes Nordrhein-Westfalen (2009). *Kinder bilden Sprache – Sprache bildet Kinder. Sprachentwicklung und Sprachförderung in Kindertagesstätten.* Münster, New York, München, Berlin: Waxmann.

Ministerium für Schule und Weiterbildung des Landes Nordrhein-Westfalen (2010). Verordnung über die sonderpädagogische Förderung, den Hausunterricht und die Schule für Kranke (Juli 2010). http://www.schulministerium.nrw.de/BP/Schulrecht/APOen/AO_SF.pdf (17.05.12).

Ministerium für Schule und Weiterbildung des Landes Nordrhein-Westfalen (2008). Richtlinien und Lehrpläne für die Grundschule in Nordrhein-Westfalen. http://www.standardsicherung.schul ministerium.nrw.de/lehrplaene/upload/klp_gs/LP_GS_2008.pdf (17.05.2012).

Ministerium für Schule, Jugend und Kinder des Landes Nordrhein-Westfalen (2003a). Bildungsvereinbarung NRW – Fundament stärken und erfolgreich starten. http://services.nordrhein westfalendirekt.de/broschuerenservice/download/1343/bildungsvereinbarung.pdf (13.05.12).

Ministerium für Schule, Jugend und Kinder des Landes Nordrhein-Westfalen (2003b). *Richtlinien und Lehrpläne zur Erprobung für die Grundschule in Nordrhein-Westfalen.* Frechen: Ritterbach.

Ministerium für Schule und Weiterbildung des Landes Nordrhein-Westfalen (1999). *Förderung in der deutschen Sprache als Aufgabe des Unterrichts in allen Fächern.* Frechen: Ritterbach.

Möller, J./Brandt, A./Herbers, R./ Lück, G. und Kohse-Höinghaus, K. (2004). Schon im Grundschulalter für Chemie interessieren. *Grundschule 4*, 54–57.

Motsch, H.-J. (2006). *Kontextoptimierung: Förderung grammatischer Fähigkeiten in Therapie und Unterricht.* München, Basel: Ernst Reinhardt Verlag.

Mroz, M. und Letts, C. (2008). Interview stories: Early years practitioners' experiences with children with speech, language and communication needs. *Child language Teaching and Therapy 24/1*, 73–93. http://clt.sagepub.com/content/24/1/73 (13.05.2012).

Muckenfuß, H. (1996). Orientierungswissen und Verfügungswissen. Zur Ablehnung des Physikunterrichts durch die Mädchen. *Naturwissenschaften im Unterricht, Physik, 7/31*, 20–25.

Muckenfuß, H. (1995). *Lernen im sinnstifenden Kontext. Entwurf einer zeitgemäßen Didaktik des Physikunterrichtes.* Berlin: Cornelsen.

Müller, C.T. und Duit, R. (2004). Die unterrichtliche Sachstruktur als Indikator für Lernerfolg – Analyse von Sachstrukturdiagrammen und hr Bezug zu Leistungsergebnissen im Physikunterricht. *Zeitschrift für Didaktik der Naturwissenschaften 10*, 147–161.

Müller, H.J. (2004). Gesprächskompetenz entwickeln – eine Gesprächskultur aufbauen. *Grundschule* 5/36, 33–35.

Muñoz, V. (2007). Umsetzung der UN-Resolution 60/251. Bericht des Sonderberichterstatters für das Recht auf Bildung, Addendum (von der Bundesregierung übernommene Arbeitsübersetzung der GEW). www.netzwerk-bildungsfreiheit.de/pdf/Mission_on_Germany_DE.pdf (13.05.12).

OECD (1995). *Integrating students with special needs into mainstream schools.* Kapitel 7: Heagerty, S.: Ressources. Paris: OECD.

Osborne, J./Eduran, S. und Simon, S. (2004). Enhancing the quality of argumentation in school science. *Journal of Research in Science Teaching 41/10,* 994–2010.

Østergaard, E. und Hugo, A. (2008). Vom Phänomen zum Begriff – und zurück. Entwicklung phänomenologischer Unterrichtskompetenzen. In: GDCP (Hg): *Kompetenzen, Kompetenzmodelle, Kompetenzentwicklung.* Tagungsband der Jahrestagung 2007. Berlin: LIT Verlag, 182–184.

Parchmann, I./Ralle, B. und Demuth, R. (2000). Chemie im Kontext. In: Der mathematisch-naturwissenschaftliche Unterricht 53, 132.

Pathe, R. (2009). Zusammenhänge musikalischen und sprachlichen Lernens – eine Untersuchung. Regensburg: ConBrio Verlag.

Patrick, H./Mantzicopoulos, P./Samarapungavan, A. und French, B. (2008). Patterns of Young Children's Motivation for Science and Teacher-Child Relationships. *The Journal of Experimental Education 76/2,* 121–144.

Penn, J.M. (1972). *Linguistic Relativity versus Innate Ideas. The Origins of the Sapir-Whorf Hypothesis in German Thought.* The Hague, Paris: Mouton.

Pfeifer, P. (2010). Das Experiment im Spiegel des Chemieunterrichts. Zwischen Tradition und aktueller Bedeutung. *Unterricht Chemie* 21/118, 16–19.

Piaget, J. und Inhelder B. (1975). *Die Entwicklung der physikalischen Mengenbegriffe beim Kinde.* (= Gesammelte Werke 4). Stuttgart: Klett.

Piaget, J. (1972). *Sprechen und Denken des Kindes.* Düsseldorf: Schwann Verlag.

Pinker, S. (1998). *Der Sprachinstinkt. Wie der Geist die Sprache bildet.* München: Knaur.

Pitton, A. (1997). *Sprachliche Kommunikation im Chemieunterricht. Eine Untersuchung ihrer Bedeutung für Lern- und Problemlöseprozesse.* (= Natur-wissenschaften und Technik – Didaktik im Gespräch, Band 28). Münster: LIT-Verlag.

Pobel, R. (1991). *Objektrepräsentation und Objektbenennung. Situative Einflüsse auf die Wortwahl beim Benennen von Gegenständen.* Regensburg: Roderer.

Pommerin-Götze, G./Schmitt-Sody, B. und Kometz, A. (2011). Naturwissenschaften und Sprachenlernen. *Unterricht Chemie* 22/123, 34–37.

Powell, J.J.W. (2004). Das wachsende Risiko, als „sonderpädagogisch förderbedürftig" klassifiziert zu werden, in der deutschen und amerikanischen Bildungslandschaft. Selbständige Nachwuchsgruppe Working Paper 2/2004. Berlin: Max-Planck-Institut für Bildungsforschung.

Prenzel, M. (2003). Brauchen wir einen Science-Ansatz? Das naturwissenschaftliche Verständnis am Ende der Grundschule. *Grundschule* 12/2003, 37.

Preuss-Lausitz, U. (2000). *Kosten bei integrierter und spearater sonderpädagogischer Unterrichtung. Eine vergleichende Analyse in den Bundesländern Berlin, Brandenburg und Schleswig-Holstein.* Frankfurt am Main: Max-Traeger-Stiftung.

Rabe, T. und Mikelskis, H. (2006). Sprache und Sprechen beim Physiklernen mit Multimedia. Ergebnisse einer empirischen Untersuchung. In: GDCH (Hrsg.), *Lehren und Lernen mit neuen Medien.* Tagungsband der Jahrestagung 2005. Berlin: LIT Verlag, 63–65.

Rakoczy, K. (2006). Motivationsunterstützung im Mathematikunterricht. Zur Bedeutung von Unterrichtsmerkmalen für die Wahrnehmung von Schülerinnen und Schülern. *Z.f. Päd. 52/6,* 822–843.

Reich, K. (2006). *Konstruktivistische Didaktik. Lehr- und Studienbuch mit Methodenpool.* Weinheim und Basel: Beltz.

Rewig, J. (2010). *Naturwissenschaftliche Themen in der Primarstufe an Sprachförderschulen* (Schriftliche Arbeit zur Erlangung des Bachelors im Fach Chemie-Didaktik). Bielefeld 2010.

Riegelnig, J./Börlin, J. und Labudde, P. (2009). Klassenmanagement im Physikunterricht. Ein Vergleich zwischen Finnland, Deutschland und der Schweiz. In: GDCP (Hg.). *Chemie- und Physikdidaktik für die Lehramtsausbildung* (= Tagungsband der Jahrestagung 2008). Berlin: LIT-Verlag, 372–374.

Rincke, K. (2007). *Sprachentwicklung und Fachlernen im Mechanik-Unterricht. Sprache und Kommunikation bei der Einführung in den Kraftbegriff.* Berlin: Logos. Verfügbar unter https://kobra. bibliothek.uni-kassel.de/handle/urn:nbn:de:hebis:34-2007101519358 (13.05.2012).

Rincke, K. (2005). Eine fachsprachenorientierte Einführung in den Kraftbegriff. In: GDCH (Hg.), *Relevanz fachdidaktischer Forschungsergebnisse für die Lehrerbildung.* Tagungsband der Jahrestagung 2004. Münster: LIT Verlag, 399–401.

Rincke, K. (2004). Sprechen und Lernen im Physikunterricht. In: GDCP (Hg.): *Chemie- und physikdidaktische Forschung und naturwissenschaftliche Bildung (= Tagungsband der Jahrestagung 2003).* Berlin: LIT-Verlag, 141–143.

Risch, B. (Hg.) (2010). *Teaching Chemistry around the World.* Münster, New York: Waxmann.

Risch, B. (2006a). *Entwicklung eines an den Elementarbereich anschlussfähigen Sachunterrichts mit Themen der unbelebten Natur.* Göttingen: Cuvillier.

Risch, B. (2006b). Farben rennen. Chemische und physikalische Experimente für Erstklässler. *Grundschule* 3/2006, 22–24.

Risch, B. und Lück, G. (2004): Stiefkinder des Sachunterrichts. Lehrplananalyse des naturwissenschaftlichen Anfangsunterrichts. *Grundschule* 10/2004, 63–66.

Roth, G. (2011). *Bildung braucht Persönlichkeit. Wie Lernen gelingt.* Stuttgart: Klett-Cotta.

Roth, K.J. (2002). Talking to understand Science. In: *Advances in Research on Teaching 9/5*, 197–262.

Rothweiler, M. (2001). *Wortschatz und Störungen des lexikalischen Erwerbs bei spezifisch sprachentwicklungsgestörten Kindern.* Heidelberg: Winter.

Rubinstein, S.L. (1977). *Grundlagen der allgemeinen Psychologie.* Berlin: Verlag Volk und Wissen.

Schavan, A. (2004). Sprache als Schlüssel zur Bildung. Universitas 59/697, 691–695.

Schekatz-Schopmeier, S. (2010). *Storytelling. Eine narrative Methode zur Vermittlung naturwissenschaftlicher Inhalte im Sachunterricht der Grundschule.* Göttingen: Cuvillier.

Scheuer, R./Kleffken, B. und Ahlborn-Gockel, S. (2010). Sprachliche Bildung im naturwissenschaftlichen Sachunterricht. In: Giest, H. und Peck, D. (Hg.): *Anschlussfähige Bildung im Sachunterricht* (= Jahresband der GSDU). Bad Heilbrunn: Klinkhardt, 169–179.

Schmidkunz, H. (2010). Das Experiment im Lehrervortrag. *Unterricht Chemie 21,* 12–14.

Schmidkunz, H. und Lindemann, H. (1976). *Das Forschend-entwickelnde Unterrichtsverfahren.* München: List. (Neu aufgelegt 1992 und 1999 im Verlag Westarp Wissenschaften, Hohenwarsleben).

Schiefele, U. (2009). Situational and individual interest. In: Wentzel, K.R. and Wigfield, A. (eds.). *Handbook of Motivation at School.* New York: Routledge, 197–221.

Schulz von Thun, F. (1981). *Miteinander Reden 1 – Störungen und Klärungen.* Reinbek bei Hamburg: Rowohlt.

Schweizerische Bundeskanzlei in Zusammenarbeit mit der Zürcher Hochschule für Angewandte Wissenschaften (2009). Geschlechtergerechte Sprache – Leitfaden zum geschlechtergerechten Formulieren im Deutschen. Eidgenössische Bundeskanzlei. http://www.bk.admin.ch/dokumentation/sprachen/04915/05313/index.html?lang=de (13.05.2012).

Scott, P. und Ametlier, J. (2007). Teaching science in a meaningful way: striking balance between 'opening up' and 'closing down' classroom talk. *School Science Review* 88/324, 77–83.

Seidel, A. (2010). *Enwicklung, Erprobung und Evaluierung eines Moduls zum Thema „Unbelebte Natur" für die Erzieherinnenausbildung an Fachschulen für Sozialpädagogik.* Göttingen: Cuvillier.

Selge, H. und Mika, C. (2005). Eingangsdiagnostik konkret: gezielt beobachten – angemessen fördern. *Grundschule* 1/37, 28–33.

Siegmüller, J. (2007). Sprachentwicklung. In: Kaufmann, L./Luerk, H.C./Konrad, K. und Willmes, K. (Hg.): *Kognitive Entwicklungsneuropsychologie*. Göttingen: Hogrefe, 119–136.

Starauschek, E. (2011). Hat die physikalische Sachstruktur einen Einfluss auf das Lernen von Physik? In: Bayrhuber, H./Harms, U./Muszynski, B./Ralle, B./Rothgangel, M./Schön, L.-H./Vollmer, H.J. und Weigand, H.-G. (Hg.): *Empirische Fundierung in den Fachdidaktiken*. Münster: Waxmann, 217–239.

Stäudel, L./Franke-Braun, G. und Parchmann, I. (2008). Sprache, Kommunikation und Wissenserwerb im Chemieunterricht. Naturwissenschaften im Unterricht Chemie 19/3, 4–9.

Steinke, I. (2000). Gütekriterien qualitativer Forschung. In: Flick, U./von Kardorff, E. und Steinke, I. (Hg.): *Qualitative Forschung*. Reinbek bei Hamburg: rororo, 319–331.

Stokes, D.E. (1997). Pasteur's quadrant: Basic science and technology innovation. Washington D.C.: Brookings Institution Press.

Szagun, G. (2006). *Sprachentwicklung beim Kind*. Weinheim und Basel: Beltz.

Szagun, G. (1991). Zusammenhänge zwischen semantischer und kognitiver Entwicklung. In: Grohnfeldt, M. (Hg.): *Störungen der Semantik*. Berlin: Spiess, 37–53.

Tenzer, E. (2010). „ADHS ist die Folge veränderter Sozialerfahrungen". Der Hirnforscher Gerald Hüther entwickelt eine neue Sicht auf die häufigste psychiatrische Erkrankung von Kindern. *Psychologie heute* 37/3, 12–13.

Tomblin, J.B./Records, N.L./Buckalter, P./Zhang, X./Smith, E. und O'Brien, M. (1997). Prevalence of specific language impairment in kindergarten children. *Journal of Speech and Hearing Research* 40, 1245–1260.

Tomcin, R. und Reiners, C.S. (2009). Auf malerischem Weg zur Chemie. Zum didaktischen Potential von Chemie-Foto-Storys. *CHEMKON* 16/1, 6–13.

Tracy, R. (2000). Sprache und Sprachentwicklung: Was wird erworben? In: Grimm, H. (Hg.). *Sprachentwicklung* (= Enzyklopädie der Psychologie, Themenbereich C, Serie III, Band 3.). Göttingen, Bern, Toronto, Seattle: Hogrefe. 3–39.

Troschka, R. (2003). *Einführung des Gasbegriffs im naturwissenschaftlichen Anfangsunterricht der Primarstufe*. Schriftliche Hausarbeit im Rahmen der Ersten Staatsprüfung für das Lehramt. Bielefeld 2003.

Turner, S./Ireson, G. und Twidle, J. (2010). Enthusiams, relevance and creativity: could these teaching qualities stop us from alienating pupils from science? *School Science Review* 91/337, 51–57.

Ulich, K. (2000). Traumberuf Lehrer/in? Berufsmotive und die (Un)Sicherheit der Berufsentscheidung. *Die Deutsche Schule* 92(1), 41–53.

UNESCO (1994). Die Salamanca Erklärung und der Aktionsrahmen zur Pädagogik für besondere Bedürfnisse, angenommen von der Weltkonferenz „Pädagogik für besondere Bedürfnisse: Zugang und Qualität". www.lebenshilfe-stmk.at/cms/fileadmin/lh_steiermark/ethik_deklarationen/salamanca.pdf (13.05.12).

US Department of Health, Education and Welfare (1979). *Report of the Panel of Communication Disorders*. (NIH Publication No 81-1914). Washington, DC: US Government Printing office.

Voglhuber, H. (2006). Wie brennt eine Kerze? Anfangsunterricht in der 4. und 7. Klasse eines Gymnasiums in Österreich. *Unterricht Chemie*, 17/Nr. 91, 30.

Vygotski, L.S. (1934/1964). *Denken und Sprechen*. Stuttgart: S. Fischer Verlag.

Wagenschein, M. (2003). *Kinder auf dem Wege zur Physik*. Weinheim: Beltz.

Wagenschein, M. (1995). *Die pädagogische Dimension der Physik*. Braunschweig: Westermann.

Wagenschein, M. (1923). Über die Förderung der sprachlichen Ausdrucksfähigkeit durch den mathematischen und naturwissenschaftlichen Unterricht. Staatsexamensarbeit. http://www.martin-wagenschein.de/Archiv/W-320.pdf (17.05.2012).

Wagner, L. und Bader, H.J. (2006a). Wirksamkeit von Fortbildung in der Förderschule. In: GDCP (Hg): *Lehren und Lernen mit neuen Medien*. Tagungsband der Jahrestagung 2005. Berlin: LIT Verlag, 189–191.

Wagner, L. und Bader, H.J. (2006b). Probleme des Chemieunterrichts an Förderschulen. *CHEMKON* 13 (3), 111–116.

Wagner, L. und Bader, H.J. (2005a). Das Unterrichtsfach Chemie – Ein Stiefkind an hessischen Förderschulen. *Behindertenpädagogik* 44(2), 204–212.

Wagner, L. und Bader, H.J. (2005b). Naturwissenschaftliche Schwerpunktbildung an einer Sprachheilschule. In: GDCH (Hg.), *Relevanz fachdidaktischer Forschungsergebnisse für die Lehrerbildung.* Tagungsband der Jahrestagung 2004. Münster: LIT Verlag, 104–106.

Weaver, M.C. und The National Storytelling Association (1994). *Tales as tools. The power of story in the classroom.* Tennessee: The National Storytelling Press.

Wehmeier, M. (2012). *„Experimentier' nach 4": Steigerung der Bildungschancen von Lernenden aus sozial benachteiligten Schichten durch außerschulische Projekte zur unbelebten Natur.* Göttingen: Cuvillier.

Weiner, P. (1985). The value of follow-up studie. *Topics in Language Disorders* 5, 78–92.

Weinert, S. (2000). Beziehungen zwischen Sprach- und Denkentwicklung. In: Grimm, H. (Hg.). *Sprachentwicklung* (= Enzyklopädie der Psychologie, Themenbereich C, Serie III, Band 3.). Göttingen, Bern, Toronto, Seattle: Hogrefe, 311–361.

Weiß, P. und Barattelli, S. (2003). Das Benennen von Objekten. In: Bierbaumer, N./Frey, D./Kuhl, J./Schneider, W. und Schwarzer, R. (Hg.). *Sprachproduktion* (= Enzyklopädie der Psychologie, Themenbereich C, Serie III, Band 1.). Göttingen: Hogrefe, 587–622.

Weiss, S./Braune, A. und Kiel, E. (2010). Lehrkraft im mathematisch-natur-wissenschaftlichen Bereich: Motive und Selbstbilder. *MNU* 63/7, 435–440.

Wenck, H. (2001). Zum chemischen Aspekt im Sachunterricht der Grundschule – Neurere Projekte. In: GDCP (Hg.). *Zur Didaktik der Physik und Chemie* Bd. 21 (= Tagungsband der Tagung 2000). Alsbach: Leuchtturm-Verlag, 171–173.

Wespel, M. (2006). Jeder Unterricht ist immer auch Sprachunterricht – Sprachverständnis ist eine Voraussetzung, um Wissen aufzubauen. *Grundschule* 4/2006, 6–8.

Westdörp, A. (2010). Möglichkeiten des gezielten Einsatzes der Lehrersprache in kontextoptimierten Lernsituationen zum sprachfördernden Unterricht. *Sprachheilarbeit 1/2010*, 2–8.

Whorf, B.L. (1956/1963). Sprache, Denken Wirklichkeit. Reinbek bei Hamburg: Rowohlt. (Originalausgabe: Carroll, J.B. [Hg.]: Language, Thought and Reality. Cambridge, Ma.: MIT press).

Wocken, H. (2005). Andere Länder, andere Schüler? Vergleichende Untersuchungen von Förderschülern in den Bundesländern Brandenburg, Hamburg und Niedersachsen (Forschungsbericht). bidok.uibk.ac.at/download/wocken-forschungsbericht.pdf (13.05.2012).

Wood, S. (1992). Language, Learning and Education. *Educational Child Psychology 9*, 17–27.

Yahya, L. und Hagemann, C. (2008). Von Dampfmaschinen und dicker Luft... Naturwissenschaftlicher Unterricht an der Förderschule. *Praxis Förderschule* 3/2008, 4–6.

Yahya (geb. Wagner), L. und Bader, H.J. (2007). Förderschullehrkräfte durch Fortbildung für das Unterrichtsfach Chemie qualifizieren – geht das? *Zeitschrift für Heilpädagogik,* 58/08, 101–109.

Zimmer, R. (2009a). *Handbuch Sprachförderung durch Bewegung.* Freiburg: Herder.

Zimmer, R. (2009b). Sprache und Bewegung. In: Ministerium für Generationen, Familie, Frauen und Integration des Landes Nordrhein-Westfalen (Hg.). *Kinder bilden Sprache – Sprache bildet Kinder. Sprachentwicklung und Sprachförderung in Kindertagesstätten.* Münster: Waxmann, 71–80.

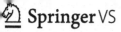

Printed in the United States
By Bookmasters